L'ALPHABET MAGIQUE

Du même auteur:

— Ce traité de science globale remplace «Le Berceau des Anges», Leuven, Peeters, 1988.

— Radioscopie des Évangiles, Bruxelles, 1989 (dépos. Peeters, Leuven).

— La Bête de l'Apocalypse, Monaco-Bruxelles, 1991 (dépos. Peeters, Leuven).

en préparation: le Berceau des Phéniciens

Maria N. SANTANGELO

L'ALPHABET MAGIQUE

PEETERS
LEUVEN-PARIS
1992

Tout ce qui est caché sera découvert
et tout ce qui est secret sera connu.

(Luc 12,2)

«Je ne crois pas qu'il y a d'autres planètes habitées; je crois que la Terre est la seule que Dieu a choisie pour nous».

Irving (astronaute)

ISBN 90-6831-437-8
D/1992/0602/71

TABLE DES MATIERES

page

Avant propos 7

I° Section: les lettres et l'esprit

— Introduction 11
— 1° Chapitre: Le Mythe 13
— 2° Chapitre: La part du Mythe dans le Christianisme 64
— 3° Chapitre: Oraison funèbre pour l'Indo-européen 73

II° Section: Développements

— Introduction 81
— La logique lunaire 82
— Critères de classement des langues 86
— Nomenclature 117
— Production de vocables 131
— Préhistoire de l'écriture 160
I. Ecrire: p. 160; II. Les hiéroglyphes égyptiens: p. 170; III. sceaux et encres: p. 177.

III° Section: Données extra-linguistiques

— Introduction 193
— Sujets divers: Cosmogonies (Trinités et triades, p. 194; Dionysos Zagreus, p. 201; le petit reste, p. 201; Shintoïsme, p. 201; Création de dieux multiples, p. 202; le mythe babylonien de la création, p. 202; cosmogonie hermétique, p. 202; orphisme, p. 203); Anthropogénèses (Prajapati, p. 203; Génèse 2,1.8, p. 203; Génèse 6, p. 206); les syzygies, p. 206; Barnasha, p. 207; les années-semaines, p. 208; angélologie, p. 208; la Loi, p. 209; correspondance, p. 209; le contrat céleste, p. 209; le Sacré Cœur, p. 210; la Chambre Nuptiale, p. 211; stylistique, p. 212; l'implicite, p. 212; la Gnose, p. 213; ethnika, p. 213; pronoms personnels, p. 215; héraldique, p. 216; numismatique, p. 216; enseignes apotropaïques, p. 216; totémisme, p. 217; zoolatrie, p. 217; la Belle et la Bête, p. 225; sagesse indienne, p. 225; définition de l'art, p. 231.
— Le souffle créateur 234

AVANT-PROPOS

La linguistique est la science la moins onéreuse qui existe. C'est pourquoi j'y ai eu accès: si elle réclamait un budget de l'ordre prévu pour n'importe quelle autre discipline, elle serait un domaine réservé à quelques privilégiés.

Le linguiste travaille sur des mots, imprimés dans des dictionnaires ou des textes d'école qu'on peut consulter gratuitement ou se procurer à peu de frais. Comparez le prix coûtant d'une telle fouille avec celui des fouilles archéologiques. Comparez aussi les rapports respectifs qualité des résultats/prix. La fouille linguistique circule librement même si vous restez assis, traverse en lame de couteau tous les âges, et, si elle est bien conduite, atteint des vérités bien plus essentielles que les vestiges mis au jour dans un site archéologique délimité.

À vous de juger si je me suis ou non accomplie, et même surpassée dans mes excavations, puisque au-delà de l'écriture symbolique une réponse est donnée à toutes les questions qui se posent à mesure qu'on avance, jusqu'à l'éclosion du langage articulé, laquelle toutefois, je le souligne dès maintenant, n'a pu se faire sans un texte sous les yeux. Écriture et lecture sont complémentaires comme les deux moitiés de la lune. On a *lu* le texte, c'est-à-dire les lettres inscrites sur l'écran céleste, et pour ce faire, les hommes ont utilisé d'une façon consciente des organes qui, au départ, n'étaient pas prévus pour parler. Je ne me suis donc pas arrêtée à l'analyse de l'alphabet, car il fallait aussi établir comment était autorisée la lecture de chaque lettre.

PREMIÈRE SECTION

LES LETTRES ET L'ESPRIT

INTRODUCTION

Cette première section correspond à une partie d'un livre publié en 1988 et reprise ici à peine modifiée, même si certaines conclusions paraîtront aujourd'hui soit dépassées, soit en concurrence avec les derniers résultats. Il est d'autres écrivains qui, la grâce des éditeurs aidant, ont pu développer tout au long de 50 essais ou plus, des théories qui tiennent en quelques lignes, ou qui se sont entretemps démodées. Cet ouvrage par contre ne se démodera jamais et il est d'une telle densité qu'il est impossible de le résumer. On me pardonnera j'espère les petites bavures enclavées dans une pensée éclairée par l'intuition et que j'avais écrite d'un seul venu. Au lieu de saluer ce don et les fruits qu'il portait, certaines personnes avaient classé tout cela comme du délire[1].

Dans mon livre, *Le Berceau des Anges*, publié en 1988 (Leuven-Paris, Peeters), je m'étais égarée dans l'exégèse profane (la seule qui avait cours d'ailleurs jusqu'à ce jour) des lettres qui composent chaque parole, chaque syllabe pourvue d'un sens. Tout en désavouant les résultats moissonnés avec une méthode, une optique qui rabaisse même les dieux au niveau des hommes (Evhémérisme), j'espère avoir été le dernier maillon de la longue chaîne de chercheurs qui ont donné une interprétation profane aux caractères de quelque écriture que ce soit, parce que j'affirme désormais que même lorsque un signe représente sans équivoque un objet ordinaire, derrière cet objet s'occulte invariablement une des phases lunaires. Cela doit paraître tout aussi naturel que le poussin ou le mollusque dans leurs coquilles. Il faut se tenir à la philosophie de Platon: tout ce qui existe a sa cause, son modèle, dans le Monde Idéal, ce que les gnostiques appellent le Royaume. Or, la tradition parle de 22 lettres fondatrices: le monde qu'elles créent n'est autre que le Royaume. Leur importance était trop grande, leur caractère trop sacré pour en permettre une divulgation indiscriminée. Le mot Ésotérisme existe et n'est pas un vain mot, et il est tout à fait concevable qu'on puisse enseigner oralement la religion ou d'autres formes de connaissance, philosophiques, astronomiques, etc.: les Druides, par exemple, interdisaient de confier à l'écriture les vérités dont ils étaient dépositaires (César, de B.G., VI, 13). Il serait inconcevable par

---

[1] Ainsi (après s'être assuré que derrière l'auteur il n'y avait aucun réseau d'influences) J. Sch. s.j. dans la Nouvelle Revue Théologique, juillet-août 1989, p. 632-633.

contre que l'alphabet, l'écriture et la production de lexique aient pu être enseignés par la voie orale uniquement. Les supports de l'écriture sacrée étaient très fragiles, cependant je crois qu'on aurait trouvé des échantillons si on ne les avait pas détruits d'une façon systématique, même en les avalant: Ézéchiel n'a-t-il pas dévoré le rouleau (Ez. 3,1-3)? Ceci prouve qu'on avait cette habitude. Des colophons font allusion d'ailleurs au secret qui frappait l'écrit, surtout dans le domaine de l'astronomie: calculs, mouvements des astres. Or, je ne saurais classer autrement que sous la rubrique «astronomique» tout le savoir qui touche à l'alphabet et au patrimoine linguistique. Nos idiomes sont le résultat d'un travail souterrain presque aussi mystérieux que la face cachée de la lune jusqu'il n'y a pas longtemps. Entretemps cette face occultée a été fouillée, et voici qu'on vous révèle la nature du langage aussi, à quelques décennies d'intervalle.

CHAPITRE I

LE MYTHE

Nous avons appris à l'école que l'alphabet a fait son apparition assez tard — vers la moitié du IIe Millénaire av. J.-C. — si par *alphabet* on entend un répertoire de signes qu'on épèle, chacun étant doué d'une valeur phonétique qui lui est propre. Tout ce qui précède l'irruption de cet instrument s'appelle *écriture*, avec son imposante arsenal de pétroglyphes, idéogrammes et dessins pour bande dessinée (cf. Ev. Mt. 5,2: Jésus, *ayant ouvert la bouche*, se mit à les instruire) et on distingue entre:

— idéogrammes (les plus anciens sont ceux trouvés à Sumer environ 3300 ans av. J.-C., suivis par les hiéroglyphes égyptiens qui constituent l'exemple plus achevé), et

— écriture cunéiforme, propre des peuples sémitiques (qui est une écriture idéographique dont les éléments sont des clous et qui, pour être syllabique, se distingue à la fois des idéogrammes sémantiques et de l'alphabet phonétique).

L'ancienneté de ces systèmes est indiscutable, pourtant un alphabet de 24 consonnes existait déjà en Égypte, où il était ajouté à la masse des autres signes; mais on relucte à lui reconnaître le statut d'alphabet parce qu'il servait d'appoint aux idéogrammes existants: voilà qui est une idée reçue. Même s'il servait d'appoint, même si les caractères représentaient des objets courants, utilitaires, je veux rendre justice à ce témoin d'une existence ancienne de symboles sacrés mais divulgués en forme profane.

Oui, tout ce qui s'épèle (traits, clous, dessins) est un masque derrière lequel se cachent des **mystères**, d'où le nom de **magique** donné à l'alphabet, sous quelque forme qu'il se dissimule et on le travestit: il n'a été précédé par aucun autre, et par les idéogrammes non plus, qui s'épanouissent beaucoup plus tard, qu'ils soient du sumérien, de l'égyptien ou du hittite, et qui n'auraient jamais pu recevoir une lecture sans l'existence des phonogrammes. Mais si vous croyez qu'il faut percer la croûte terrestre au plus profond pour trouver les traces de l'alphabet astrologique, détrompez-vous: ce caractère sacré, je le trouve dans les lettres dont nous nous servons tous les jours pour écrire, et qui remontent à des prototypes phéniciens, grecs ou latins, issus d'un répertoire vieux de huit à dix mille ans; certains symboles toutefois étaient trop secrets pour qu'on puisse les reconstituer autrement que par hypothèse. Je suis par exemple convaincue que la lettre 'n' (comparée tantôt à une vague d'eau, tantôt à un serpent) devait s'écrire secrètement .

Si nous examinons une par une les lettres de nos alphabets, leur symbolisme astral n'est pas toujours évident, mais souvent le nom que porte la lettre nous éclaire quant à sa signification de luminaire.

Les astronomes le savaient bien, qui désignaient les étoiles par les lettres de l'alphabet grec, même si celui-ci paraît plutôt laïcisé. Le grec Ptolémée a ainsi codifié ses 48 constellations.

Les comparaisons des alphabets issus d'un même modèle m'ont parues toujours plutôt superficielles, c'est pourquoi je voudrais en entreprendre une de mon côté, fût-elle limitée à la famille gréco-latine:

latin		grec	
cursif	capitale	cursif	capitale
a	A	α	A
b	B	β	B
c	C	γ	Γ
d	D	δ	Δ
e	E	ε	E
φ	F	ζ	Z
g	G	—	—
h	H	η	H
—	—	θ	Θ
i	I	ι	I
—	—	κ	K
l	L	λ	Λ
m	M	μ	M
n	N	ν	N
—	—	ξ	Ξ
o	O	ο	O
p	P	π	Π
q	Q	—	—
r	R	ρ	P
s	S	σ	Σ
t	T	τ	T
u	U	υ	Y
v	V	φ	Φ

latin		grec	
cursif	capitale	cursif	capitale
x	X	χ	X
z	Z	—	—
—	—	ψ	Ψ
—	—	ω	Ω

On peut d'abord se demander, quant à l'ordre des 22 ou 24 lettres, à quoi ça correspond. Suivant une tradition indienne, lire les lettres dans l'ordre conduit à la manifestation, les lire dans l'ordre inverse conduit à la réintégraiton. Même si j'anticipe ici en disant que lorsqu'il est question de manifestation, il s'agit de la Lune en plénitude, et que le dieu caché de la Cabale est la Néoménie, on n'a pas l'impression, en suivant le conseil indien à la lettre, de découvrir un lien de croissance continue dans l'ordre de succession adopté par les Gréco-latins.

Il y a donc sans doute eu des manipulations et des déplacements dans nos alphabets, il y a eu des camouflages de lettres trop sacrées, et on a même essayé d'escamoter celles qui représentaient le Tabou absolu à ne pas divulguer. Par ailleurs, un alphabet peut ne pas être d'un seul venu. Par exemple, en ce qui concerne le grec, un contingent de lettres, 16 précisément, aurait été apporté (c'est du moins ce qu'affirme Hérodote, V, 58) par Cadmos le Phénicien à Thèbes. Palamède en aurait ajouté quatre pendant la guerre de Troie, et quatre encore seraient à créditer à Simonide de Céos. Ceci pour la légende. De notre côté nous pouvons grouper les consonnes qui s'épèlent be, ce, de,... te comme étant d'origine différente de celles qui s'épèlent ef, el, em, en, er, es. Les voyelles devaient se prononcer accompagnées d'une laryngale: le grec en conserve la trace dans l'esprit doux, laryngale légère et inspirée, et l'esprit rude, laryngale expirée.

Il y a une tradition manuscrite ou cursive, et une pour caractères à imprimer sur matière dure.

Les *majuscules* paraissent avoir été inventées pour redoubler la lettre, du moins cela se laisse voir dans quelques cas éloquents:

b > B
h > H (⧖)
c > Σ (c/s)

tandis que dans les autres cas l'accroissement est seulement dimensionnel.

Mais il y a aussi des lettres doubles en minuscule comme o et ω, v et w.

Lorsque Σ et W sont appuyées sur des hastes pour des raisons de calligraphie, on risque de les confondre avec le bêta grec, d'autant plus que, comme on le constate déjà à Sumer, les idéogrammes (ou tout symbole) avant de se convertir en cunéiforme, avaient commencé par pivoter de 90°: donc W devient d'abord B, puis M (et les règles phonétiques n'ont rien à voir avec tout cela).

Une remarque s'impose toutefois lorsque la cursive et la capitale d'une même lettre diffèrent entre elles: par le cursif on pourrait avoir introduit subrepticement un symbole de type nouveau, ou de nature magique.

— Remarques lettre par lettre:

— La première lettre des deux alphabets est A, α (alpha), tête de vache par le dessin, et vache (cf. all. K-alb) et demi-lune par la dénomination: cf. all. halb, angl. half et all. elf pour 11, angl. twelve pour 12 (respectivement une demi-lune et deux demi-lunes dans le système duodécimal).

Pour l'alphabet magique cette lettre était sans doute la lune lorsqu'elle est demi.

L'identification lune-vache a été si étroite et ancienne que l'alphabet s'en est ressenti. Et il n'est donc pas exclu qu'il s'agisse d'un camouflage voulu.

— La deuxième lettre est B ou β, qui dans l'approche magique, c'est-à-dire astrologique, signifie les deux moitiés de la lune. Le cursif 'b' indique une seule moitié; la lettre capitale montre les deux: en effet le nom de cette lettre signifie both ou beide = tous les deux.

Ces deux demi-lunes, on les a disposées l'une sur l'autre, le style vertical de l'écriture étant une vieille habitude héritée des scribes en cunéiformes: l'essentiel, pour eux, était de conserver tous les éléments constitutifs du symbole.

Couramment on croit que cette lettre signifie «maison», cf. Betel, it. baita, mais cette interprétation profane est postérieure à celle que je viens de donner et on peut me faire confiance si je dis que la maison ne se serait jamais appelée 'bet' si déjà auparavant la lettre B ne s'était pas appelée bêta = both.

L'angl. to be, le russe быть, l'all. bi(st) se rapportent à la lune B, qui est, qui vit, gr. Bios.

— Le C latin est la faucille lunaire pour l'alphabet magique, l'arc dans une approche profane où il préfixe tout ce qui se rapporte à la chasse ou aux animaux à cornes.

Comme pour le cas précédent, le symbolisme astral de C a préexisté à toute autre interprétation: arc de chasse, cornes, crochet.

En grec, K correspond à C avec une hampe auxiliaire en plus. À la différence des lettres latines qui gardent les courbes nous permettant de deviner ce qu'elles représentent, le tracé grec est linéaire: K est en fait acrophonique pour kappa = akkad. ḫuppu, arc.

C'est à partir de cette troisième lettre que tout change. En grec, le gamma cursif γ est comme l'upsilon y, qu'on a introduit dans l'alphabet par la petite porte, c'est-à-dire comme cursif. Par la suite, cette lettre est entrée par la grande porte, mais en fin de série.

Ceci explique pourquoi on a d'un côté ma-γ-e, de l'autre ma-y-a, ou: lay/legen, Day/Tag, way/Weg, pray/Preg-, loyal et lige, d'où re-ligion. Comme il est dit en remarque préliminaire, lorsque le cursif est différent, il faut se méfier: un scribe est intervenu pour réaffecter.

Le cas est encore plus flagrant pour le digamma. Lorsqu'il y a gémination (deux n, deux r, etc.), la consonne ne devrait pas changer de son, sauf éventuellement un glissement vers l'aspiration, à l'intérieur de la catégorie phonétique, comme par exemple 2 p = φ (ph), 2 t = Θ (th). Pourquoi Ϝ qui est 2 fois le gamma échapperait-il à la règle et se lirait F ou V/B, au lieu et place de «gh»? Parce qu'on a opéré une réaffectation.

Cette mésaventure est arrivée au digamma pour avoir cohabité avec φ, qui l'a dominé phonétiquement. Nous ne le constatons plus dans l'alphabet grec classique ou préclassique, mais dans la série latine, F, qui par la forme est le digamma et précède G (gamma) en égard peut-être de son rang, a vu s'introduire par la petite porte, c'est-à-dire comme cursif, le φ des Grecs, qui est un signe éminemment astrologique (2 p = 2 demi-lunes = pleine lune). Le légitime locataire de la 6ᵉ place de l'alphabet latin s'est effacé devant l'intrus perdant le son qui lui était propre. Entre Γ et F il n'y a, sur le plan phonétique, rien de commun; la graphie seule révèle leur identité foncière.

Les avatars de gamma. Avant d'être sacrifié, dans l'alphabet latin, au profit des arcs C et G, le gamma a dû occuper une place à côté du digamma devenu F. Tout comme le digamma, il a perdu le son guttural sous l'influence de ϕ, depuis qu'on l'a récupéré et logé aux dernières marches de l'alphabet en tant que 'v' (qui se prononce *f* ou *v* suivant les aires géographiques). Le magnificatif de v, avatar de Γ, est W.

— D représente la demi-lune et, en numération, le chiffre romain 500, qui est la moitié de ϕ.
Il est hors de doute que le delta Δ, ne pouvant pas être arrondi à cause du support, ait représenté cette demi-lune. Sa dénomination delta ou dalet, résulte de D + lat. alt.

— e ne ressemble ni à E ni à epsilon. On peut soupçonner aussi à son endroit une tricherie des scribes, qui auraient introduit par la petite porte un signe astrologique provenant de la liste grecque: θ (double demi-lune, soit lune réintégrée dans l'invisible).

— f (grec φ) a été introduit par la petite porte et a dominé phonétiquement le digamma Ϝ.

— G est, comme C, un arc de lune pour l'alphabet magique, alors que pour l'usage profane il est l'arc expliquant ag-ere, j-ag-en, etc. L'usage profane toutefois est secondaire au symbolisme astrologique.
Le nom grec gam-ma est formé par mimmation (qui est ici la particule sumérienne 'ma') sur le nom de l'arc-de-lune Gam à comparer à l'all. kom-ma et à l'O-gam, écriture magique celtique consistant de lignes verticales là où le support ne permet pas de tracer des curvilignes.
Successivement, l'arc en question a évolué; il se présente décalqué du Θ grec qui lui fait face dans le tableau comparatif des alphabets. On l'a donc déplacé, ce qui explique son décalage par rapport à γ en 3e place. Pourquoi cela? Parce qu'il fallait récupérer le symbolisme de Θ.
G latin est le facteur de réunification dans l'invisible dès lors qu'il est le substitut de Θ (v. ci-dessous). Ainsi s'explique la particule allem. Ge collectivisante, ce qui est corroboré par l'infixe G dans intèGre par rapport à inter-us, niGer par rapport à noir.

— Θ: représenté de trois façons: ⊙, ⊗ et Θ.

Le premer est l'archaïque et il symbolise la virtualité dans l'enveloppe, l'embryon dans l'œuf, l'all. Tüpf-el ou Point dans le Topf, le vase mystique rempli de pure essence (pour les humains que nous sommes, on parle de l'âme dans le corps).

Le deuxième est le modèle phénicien et grec préclassique et figure la lune barrée parce qu'absente, ou le mouton immolé et écartelé ou victime crucifiée (cf. l'uDu sumérien), ou encore les tibias croisés. Les Araméens employaient ce signe pour le t emphatique, tout comme ils rendaient le K emphatique par φ: la prononciation emphatique souligne ici la dimension dramatique. Pour cette raison la lettre θ grecque est celle de la passion et de la mort: πάθος et θάνατος, et de θάπτω, ensevelir, et préfixe la victime ou offrande: θῦμα et θήκη, le cercueil. Toute cette terminologie de passion, y compris le θ suffixé pour le passif, s'est formée avant le VIe siècle. La Chambre nuptiale, hymen, Θάλαμος, est aussi normalement assimilée à la face cachée de la lune, cf. angl. wed, s'unir, et fr. vide.

Pourquoi ce rôle a-t-il été dévolu au thêta? Parce qu'il est la prononciation emphatique de tau, lui-même symbole du sacrifice suprême (v. sous cette lettre).

Du point de vue graphique, Θ se présente aussi comme un disque de plénitude, d'où son ambivalence. Dans le syllabaire brahmi, il y a un 'tha' comme disque entier, et un 'tha' comme virtualité dans l'enveloppe, le brahmi étant considéré par certains (Weber, G. Bühler) comme un rejeton du phénicien.

La dimension plénière de thêta qui est le modèle adopté pendant l'époque classique du grec ressort de θαῦμα, merveille, θεά, spectacle, θερμός, chaud, θόλος, maison ronde, θέατρον, théâtre.

La dimension du thêta est incertaine dans des termes comme θεός, dieu, θρόνος, thrône, θῆλυς, femelle, θεσμός, loi. Il y a eu un temps pour glorifier le dieu de la face éclairée, mais par la suite on a considéré celui de la face cachée comme le plus grand. D'ailleurs les véritables connaissances ésotériques concernaient ce Dieu Inconnu, ses volontés et ses interdictions (c'est pourquoi, en tirant toutes les conséquences, la Loi a été considérée par certains gnostiques comme l'œuvre de Satan).

— H: on a déjà vu que par la majuscule c'est le disque entier (visible ou invisible) qu'on a voulu représenter. Ce symbolisme correspond à Kh égyptien, dessiné comme une hostie, celle de l'An χ (Corpus Domini).

Cette laryngale n'a eu aucune difficulté à s'imposer dans l'aire chamito-sémitique; ainsi l'alphabet phénicien l'affiche comme telle, et le latin aussi; mais les Grecs, qui n'aspirent pas, ont retenu uniquement la voyelle pivot et l'ont introduite dans leur alphabet comme η qui s'écrit H en capitale. C'est comme ça donc que les voyelles se sont insérées dans nos alphabets: non pas par vertu propre, mais comme pivot des aspirées (' ayn, ' gaYn, het).

Parce qu'il représente l'astre rond, H a été préfixé, infixé, suffixé à ce seul titre dans plusieurs termes: par exemple en all. se-H-r il a fonction de pleine lune; il équivaut toutefois au Noûs caché dans des termes tels que all. fe-H-len, manquer, E-H-e (Chambre nuptiale), lat. ni-H-il, rien et même dans les noms du Dieu Suprême, comme Elo-H-im (avant Ia-H-vé) qui est, lu dans l'autre sens, Mi-Kh-ael, l'Ange protecteur d'Israël, aram. Mleac alias Calam (terre de Sumer). En infixe aussi dans Bra-H-man (l'Absolu) et le Ma-H-di (l'Imam caché), il remplit la fonction de divinité ronde de l'invisible. H se trouve aussi en préfixe (hosanna, heil, Herr). Dans les langues sémitiques, à cause du sens de l'écriture, sa place est en finale: Allah, Sarah.

Le Messie attendu par les Samaritains s'appelle Ta-H-eb, c'est-à-dire Tabou (le nom de toutes les interdictions). Une autre divinité de la face cachée est Ana-H-ita, lat. Anaïtis, déesse persane mazdéenne des eaux fécondantes, celles de la pluie et celles des fleuves (car les eaux correspondent au Noûs caché, égypt. *nun*).

— I est acrophonique pour iota ou YoD, nom qui désigne la lune au départ d'un logogramme présumérien, UTU, squatterisé par le soleil (v. page 242), père-mère spirituel(le) de Juda et les Judéens, président du tribunal de l'au-delà: lat. iud-ex, russe sudia satem de Gudéa roi sumérien.

La forme de iota, qui est la divinité réduite à sa plus simple expression (degré zéro en sanscrit) en fait un dieu caché, noir, c'est pourquoi le iode a reçu son nom.

Parce qu'il y a des correspondances i/j/g, ce dernier se lisant soit comme dj, soit comme en allemand Ge (qui se prononce d'ailleurs i dans des sous-dialectes), on a prétendu que cette voyelle était une demi-voyelle ou demi-consonne. Erreur! I, degré zéro, est interchangeable avec G pour la simple raison que ce dernier est, comme Θ, la virtualité dans l'enveloppe.

Quelques exemples: Magonza et all. Mainz; España et lat. Hispania; Bretagne et Britannia; russe Bog (dieu arc) et it. buio (noir nocturne); lat. pagan(us) et fr. païen. L'œuf est egg en angl., Ei en all., tandis que lat. ov-um est digammé. MaGasin et maison (cf. ar. ma-ghzan, guéniza): le G/i infixe signifie à lui seul «entrepôt» et est absent de l'espagnol al-macen-. Un phénomène analogue est celui de monnaie = moneta où la voyelle degré zéro i se substitue à t, consonne zéro.

— L ou Λ: jamais ne pourrait-on imaginer que cette forme cache un luminaire, mais grâce au nom que les Grecs donnent à cette lettre, nous savons qu'il s'agit de la lampe (lambda = grec lampad-).

— M et N sont des lettres camouflées, à mon avis. Leur forme ne correspond pas aux noms qu'elles portent: la première devait représenter la demi-lune, puisque μ en grec se lit mu = mi, c'est-à-dire demi.

Lorsqu'on sait que pour les Sumériens ce qui maintient le cosmos en état de marche et en harmonie, ce sont le «me» ou règles, on a vite compris que Me est la lune avec ses lois cosmiques. Le mantra hindou est Om.

Quant à N (nu) à l'allure ophidienne comme Z, il vous faudra admettre, comme je le fais moi-même, que la seule figuration possible du Noûs invisible est . Vous voyez combien de précautions a-t-on prises, lorsque les Phéniciens ont demandé 22 lettres à vulgariser, pour que la Face Cachée (le Saint de Saints) ne tombe pas sous un regard profane. Ce symbole a survécu uniquement dans les calendriers, qui avaient à l'origine une fonction religieuse. Pour cette raison, je pense que M a été camouflée moins parce qu'elle était la 'Mi', que parce qu'elle était la μή (particule prohibitive).

— O est trop rond pour ne pas faire songer à un astre. Je ferai remarquer que les lettres capitales de l'alphabet grec sont nées sur un support qui ne permettait pas de tracer les curves (comme pour bêta B). L'écriture cunéiforme a dû se plier à cette nécessité. On peut dès lors se demander si tous les signes curvilignes, dont O, qui y figurent, ne s'expliquent par une introduction postérieure.

À cause de sa contiguité avec N, la voyelle O qui se classe en sanscrit comme «degré plein» et qui de fait se dessine comme une pleine lune, a pu convenir comme remplacement de N pour des scribes scrupuleux. Ce serait une preuve indirecte de la forme ronde du Noûs.

À ce sujet, je voudrais prendre le parti contraire à celui de A.

Carnoy, *Les Indo-Européens* (Bruxelles-Paris, éd. Vromant, 1921), page 38, affirmant que les dialectes helléniques *perdent* beaucoup de consonnes, par exemple lat. viginti; grec eikosi.
Du côté latin il y a, me semble-t-il, un enrichissement en consonnes-symboles: dans l'exemple proposé, viginti affiche en plus, par rapport à eikosi, le préfixe V et l'infixe N. Or à la place de ce N (◉), nous avons en grec la voyelle O (tout comme à l'all. Ga◉s, oie, répond l'angl. gOOse et dinde = dodo).
De l'avis de L. Chabot, p. 30 de l'*Histoire de nos écritures* (Paris, Hachette, 1983), la h gutturale, qui en phénicien s'écrivait C, devint chez les Grecs O. «Car la langue grecque exigeait des voyelles et l'ingéniosité des Grecs consista à utiliser des consonnes inutiles pour eux et à en faire des voyelles». C'est à peu près ce que je pense, avec la réserve toutefois que les Grecs n'ont pas transformé les H en voyelles, mais qu'ils sont affiché les voyelles-pivot.

— p ou P sont des lettres latines éloquentes: il s'agit du croissant, appuyé sur une hampe: cf. akkad. huppu, arc.
Ce qui leur correspond en grec semblerait camouflé.
Cette lettre a été préfixée à titre d'article lunaire pour des mots tels Plerôma et Pneuma, puis à des noms divins ou humains, tels Po-seidon et Py-gmalion. Dans la langue russe, Po est préfixé aux verbes (souvent connotant 'un peu') ou s'est rendu indépendant comme préposition multi-usage.

— q ou Q se trouve seulement dans l'alphabet latin, où il fait double emploi avec C. Mais il s'agit d'un abus de prononciation, car ce son spécial venant de la gorge est d'origine sémitique, mais il a été rendu par toute la gamme des gutturales, ex.: qop(te) (la chouette) est devenu it. gufo, grec gup-s et fr. hib-ou (laryngale).

— R a reçu une hampe supplémentaire pour le distinguer de P. Ceci n'a pas été nécessaire en grec, où ρ et P n'ont pas de concurrent.
Il clôture la série latine des signes à hampe, dont quatre ont le même dessin: b, d, p, q.
On sait qu'il y a deux types de R, celle qu'on roule, et celle qu'on crache de la gorge (comme le gaYn arabe, grasseyé). Le carrefour de ces courants se trouve dans l'alphabet grec, où ῥ devait se prononcer roulé, mais dont l'esprit rude représentait le reliquat de la prononciation concurrente. En fait, r roulé et h

n'ont rien en commun, mais il arrive que dans un signe cohabitent deux sons différents, comme c et tch, ou g et dj.
On remarque que les langues indo-eur. qui roulent la R, comme par exemple l'italien (et probablement le latin et le grec) ou le russe, rejettent H, absente ou presque dans la morphologie lexicale. Les langues comme l'allemand ou l'anglais qui ont fait un bon accueil à H, en le préfixant, voire infixant, ne roulent pas R, mais grasseyent. Le français se trouve à mi-chemin.
Conclusion: R et H ont cohabité dans un même symbole. On peut parler d'un clivage phonétique R/H tout comme il y a celui satem/centum.
L'esprit rude du rhô nous renseigne sur l'aspect que devait avoir R grasseyant: ʽ est l'esprit de la lune qui se creuse et qui devait se prononceer d'une façon plus chargée que l'esprit doux, esprit du croissant.
Donc le rhô grec — P — devait à la rigueur être tourné dans l'autre sens: le prototype phénicien semblerait être resté fidèle au modèle originaire, tout en laissant impréjugée la question des autres caractères.
Parmi les lettres de l'alphabet latin il y en a qui s'écrivent à droite ou à gauche de leur haste, selon les phases: b et p à droite (lunes croissantes), d et q à gauche (lunes décroissantes), mais comme le sens de l'écriture peut avoir pivoté de 180°, et il y a une tradition dextroverse et une sinistroverse pour les écritures, on ne peut plus dire avec certitude quelle était la direction originaire de ces arcs; par contre le sens de l'écriture était dextroverse à l'origine, et j'en donnerai plus loin la raison irréversible.
— S est la seule sifflante retenue dans notre répertoire, mais on peut la prononcer de différentes manières: en sifflant, en chuintant, en zézayant; c'est pourquoi certains alphabets modernes et même anciens possédaient plusieurs lettres pour S, chacune avec son nom.
D'un point de vue pictographique, S a pu convenir comme classeur des serpents à cause de ses spirales (s-nake, Sch-lange), mais avant tout il est un symbole astrologique auquel d'ailleurs fait allusion le nom de Sig-ma rappelant la Lune (sica, six, P-syché). Le sigma cursif a gardé la forme du chiffre 6, représentant le croissant.
La majuscule grecque est un agencement vertical de deux faucilles (ce que peut être aussi le S latin, avec torsion). On a voulu

représenter la lune en plénitude. Mais une écriture négligée de ce caractère peut donner lieu à des confusions, parce que, en le faisant pivoter de 90°, Σ correspond à M, tout comme Z est un N couché. Dans les étymologies il faut tenir compte d'une telle éventualité, qui ne doit pas être sous-estimée, ni surestimée: cf. par ex. Mwami, «roi» rwandais, et Σwami, seigneur en hindi.
La faucille à laquelle fait allusion le nom sig-ma (lat. sica) a été bien conservée dans l'alphabet russe, qui écrit s comme c. Voici l'explication du classement «satem-centum» des langues indo-européennes, fruit de la méthode comparative ré-inaugurée au XIXe siècle. Certaines concordances mal interprétées semblent faites pour entretenir l'ignorance sur la véritable nature de la langue, qui se serait corrompue dans les gorges de nos ancêtres, en produisant des mutations consonantiques comme celle-ci (s pour c), ou m pour v dans l'aire bretonne, ou l pour d, d pour h et h pour f en espagnol. Les dialectes indo-européens ont été partagés entre deux catégories: satem et centum, où — explique A. Carnoy, *op. cit.*, page 19 — une série de gutturales (k, g, kh, gh) «paraissent s'être prononcées assez en avant du palais, si bien qu'à une époque très ancienne, dans la partie orientale i.e., elles sont devenues des sifflantes».
Essayez si vous pouvez.
À ce propos, Meillet, p. 71 de «Les langues indo-européennes» (Paris, 1912), parlait déjà de «Traitement phonétique des gutturales». On est au niveau des raffineries.
Soyez certains que les mutations consonantiques ne se sont pas produites dans la gorge, mais au niveau de l'écriture et de la lecture. La faucille se lit bien s en cyrillique, mais en latin se lit c. Les exemples couramment cités pour illustrer ce phénomène de division si mal interprété sont: grec δέκα, lat. decem, sanscr. daça; lat. centum et sanscr. satem; Ecba-tane (capitale de la Médie) et Ispa-han, Breslau-Wroclaw. Comment rangera-t-on le russe δécять dix, ou сто, cent, et исфахан (avec C prononcé S)? L'écriture cyrillique est réputée récente — elle a paru au Xe siècle de notre ère en Bulgarie —, mais comme pour tout autre alphabet, la divulgation des signes a été empêchée par l'ésotérisme. Lorsqu'on propose une datation, celle-ci concerne la divulgation et jamais l'invention.
Un sondage même superficiel dans les langues les plus anciennes

montre toute l'ampleur des ravages faits par notre signe S/C, à commencer par Satan = χ-θon-.
Une autre série aberrante est celle «q/p» opposant Q en latin à p dans les dialectes osques/ombriens. Dans ce cas aussi, c'est au niveau de l'écriture et de lecture qu'on a dû se méprendre, car p et q sont comme une image reflétée dans un miroir.

— T est la dernière lettre de nos alphabets, car celles qui suivent ont été ajoutées après. Mais on se sent concerné par la dernière place occupée par le Tau, alors qu'il est largement représenté dans la morphologie sémantique, beaucoup plus que θ par exemple qui occupe la 8e place.
On se sent concerné aussi par le nom de la lettre: tau ou taw, c'est-à-dire Tabou. Sa forme primitive était une croix (tracés préhistoriques du IVe et IIIe millénaire av. J.-C.). L'alphabet ougaritique cunéiforme nous montre un bâton ou clou dont le symbolisme est: le dieu réduit à sa plus simple expression (*t* est pour les consonnes ce qu'est *i* pour les voyelles: degré zéro).
Plus près de nous, T est une croix, X, dans l'alphabet phénicien du XIIe siècle et grec archaïque du VIIIe siècle. Dans l'alphabet étrusque de Caere, une croix clôture la série mais reste lettre morte. Symbolisme: lune barrée, annulée, tibias croisés ✕ ou mouton immolé, cf. fr. tuer et all. tot.
En Ézéchiel 9,4 Jahwé marque d'un Tau le front des élus. Personne n'a songé à rapprocher le terme «tatouer» à Tau, c'est-à-dire marquer la peau de Tau comme signe d'appartenance à ce dieu-tabou (duquel se réclament les Ta-hi-tiens comme cela se lit dans leur nom). Ceci parce que la face cachée de la lune (le dieu-tabou) était considérée comme le plus sacré de ce qui existe. Pour d'autres, par contre, elle était le synonyme du Mal, ce qui explique le sens péjoratif de stig-ma-tiser, c'est-à-dire marquer des *stik* pour blâmer.
Le caractère latin, T, est une table, qui symbolise la table du sacrifice.
À l'instar d'Ankh, le Tau comme croix ou comme autel est un signe de salut et de résurrection (en sumérien, 'ti' signifie vivre). Il y a eu une véritable idéologie du Tau pour tout ce qu'il implique de sacrifice, victime expiatoire, mort et résurrection. Cette idéologie s'oppose à celle du Noûs tout en convergeant sur l'objet de la vénération: la face cachée. On a vu que le caractère correspondant à N est , qu'on a fait disparaître des alphabets.

On a essayé de faire la même chose avec T pour le préserver d'une profanation en le vulgarisant. C'est à regret qu'on l'a inséré, à la dernière marche. Sa forme a été habillée (du moins dans le taw hébraïque ת) de façon à ressembler à une balance avec un poids pendant d'un côté et depuis, dans l'approche profane, postérieure à la signification théologique profonde, cette lettre préfixe toute une terminologie de commerce, comme gr. τάλαντον (balance et poids), russe торг (marchandage, marché), troc, trade, tarer, et l'international 'trafic'.

J'ai déjà fait valoir l'hétérogénéité des origines suivant la façon d'épeler les consonnes (p. 15). Au début de l'alphabet, on trouve be, ce, de, ge. Le retour à ce modèle avec t épelé te prouve que la place de *t* était parmi les premières lettres, ce qui est le cas dans l'alphabet arabe par exemple.

À cause de son symbolisme, T a sa place dans l'hostie, l'hosteon et tout ce qui est enfui dans la terre, comme les tibias, la truffe ou lat. tuber-us, l'all. Kar-toffel = patate (soit Ptah, dieu des morts, soit all. tot).

On trouvera de plus amples informations sur tout ce qui touche au tabou dans les pages 163 ss.

La signification du Tau sacré est valorisée dans le sacrement du baptême (all. Taufe = tief, it. tuffo ou immersion avec signe de la croix en vue de la nouvelle naissance). Tout ce symbolisme existait avant que Paul ne l'énonce aux chrétiens de Rome, en invitant à renaître dans le Christ[2]:

Rom. 6,3-6:

3) Baptisés dans le Christ Jésus, c'est dans sa mort que tous nous avons été baptisés.

4) Nous avons été ensevelis avec lui par le baptême qui nous plonge en sa mort, afin que, comme le Christ est ressuscité des morts par la gloire du Père, nous vivions, nous aussi, dans une vie nouvelle.

5) Si nous sommes devenus avec lui un même être par une mort semblable à la sienne, nous le serons aussi par une semblable résurrection...

6) Notre vieil homme a été crucifié avec lui.

La condamnation capitale de Jésus voulue par Caïphe pour des

[2] Pour ne pas se soustraire à sa fatalité de Messie crucifié, Jésus a demandé lui-même à Pilate de le mettre à mort, comme il appert des Actes de Pilate, 4,3 de la Ie partie, très fiable pour le procès, et de moins en moins ensuite.

motifs aussi personnels (Jésus l'avait qualifié de Gérant malhonnête, cf. Luc 16,1) scelle l'opposition séculaire en terre de Canaan entre deux traditions: celle du judaïsme officiel basée essentiellement sur la Loi mosaïque, et celle plurimillénaire du Tau, du Noûs, de la Cabale et de la Magie et Angélologie sumériennes (qui avait prévalu pendant l'Exile). Le nom de Dieu est Jahvé pour la première, Elohim, c'est-à-dire Michel, pour la seconde.

Le symbolisme du Tau a été entraîné dans le christianisme, dont les églises ont le plan en forme de T. Il y a cependant au moins un témoignage égyptien des liens qui unissent la Croix et la Mort (tombe à plan cruciforme de la XVIIIe dynastie).

La résurrection du Tau dans l'alphabet a ouvert les vannes de la liberté pour une série d'autres signes sacrés, qu'on voulait escamoter pour en empêcher la profanation, d'autant plus que chaque signe, après avoir été astral, se prêtait à une approche profane et préfixait nombre de choses taxées d'impureté. Il s'agit dans la plupart des cas des signes cruciformes X, χ, ψ, et peut-être Y.

— U = Y est l'acronyme de upsilon, lequel comme epsilon a indiqué l'étoile du Nord (it. bússola) après avoir été la lune probablement cachée, à la différence d'ε qui aligne deux arcs. À cause de la forme, il alterne avec γ en faussant les étymologies (v. sous C, au sujet de gamma).

— V se confond avec U, soit à cause de la ressemblance, soit à cause de la contiguité. Phonétiquement, V et U ne se ressemblent guère.

Du point de vue *phonétique*, V est la sonore de la consonne qui est logée en face, dans l'alphabet grec: ϕ. Le frottement produit par cette dernière, prononcée soit comme ph, soit comme f, comporte une expiration totale, une déflation voisine de la mort, ce qui explique l'embargo mis sur elle, face au black-out sur l'écran céleste.

«Les dieux eux-mêmes nous ont instruits à nous taire», comme dit Plutarque (Sur le bavardage, 8).

Du point de vue *graphique*, la face cachée de ϕ passe abusivement pour une forme de plénitude, comme sa consœur aspirée Θ.

Dans la série latine, la lettre en question s'est casée comme φ parmi les minuscules, comme digamma Ϝ parmi les majuscules, en 6e position.

Dans l'alphabet grec, Φ et Θ sont entrés par la grande porte, alors que les scribes latins ont dû les introduire subrepticement (le second a été coulé dans le G latin). Ces deux signes sont interchangeables comme on peut s'en apercevoir dans le russe où l'on écrit par exemple фéodora pour Théodora, скиф pour Scythe ou Σκύϑης, фemides pour Thémis tandis qu'en italien, Maffeo oncle de Marco Polo traduit Μαϑϑίας; par contre la graphie de Matteo/Mattia est un pis-aller dû à un alphabet dépourvu de ϑ, tout comme lat. mater serait un pis-aller par rapport à it. madre et angl. mother au départ d'un alphabet qui n'aurait ni ϑ (c'est le cas du latin), ni les sonores telles *d* (comme c'est le cas de l'étrusque).

À mesure qu'on se rapproche des temps historiques, le souci du scribe devient phonétique; les modernes n'ont plus d'ailleurs que ce souci-là, parce qu'on a désormais désappris la signification de chaque lettre.

Dans l'étrusque, 8, le dernier né, correspond à ϕ: transposition verticale des 2 demi-lunes, comme en B, ou — ce qui est plus probabale en raison de son occultation[3] dans l'alphabet — le 8 couché, c'est-à-dire l'Infini, l'Innommable, l'Ogdoade des hermétistes égyptiens.

Dans les alphabets modernes, on a introduit W comme double de V, surtout là où cette dernière se prononce comme F: je pense surtout à l'allemand, qui a donné à V le nom de Vau, tout comme T s'appelle en grec Tau. La lettre phénicienne correspondante se nomme «waw» et serait l'ancêtre de quatre lettres latines: F, U, V, Y de l'avis de J. Naveh, *Die Entstehung des Alphabets*, Benziger, 1979, p. 69.

Pour ma part, je me refuse à relier U et V sur le plan phonétique et à qualifier U de demi-consonne et V de demi-voyelle, parce que s'il est vrai qu'on trouve souvent l'une pour l'autre, cela s'explique soit par la ressemblance graphique, soit par la contiguïté. Le véritable ancêtre de V, W et Ϝ est γ/Γ.

Le digamma n'avait pas raison d'exister puisqu'on avait le γ, mais il a été introduit dans un but de magnification. Chronologiquement, les mots affectés de Γ précèdent ceux avec Ϝ. Voici des

[3] En français, l'orthographe nous offre, avec l'accent circonflexe, un exemple de système d'occultation de lettres sacrées: ex. âme pour aNima, bête pour beStia, rênes pour it. reDini (p-rd = cheval) etc. De la même manière l'angl. speake par rapport à all. spRechen, serait un cas d'occultation.

exemples: âge et lat. aev-um, lé-g-er et le-v-is, vague et angl. wave, di-w-an et do-g-ana (douane), ser-v-ant et ser-g-ent, Galles et Wales, Hage et Haven/Hafen, Haïfa et Haye, russe kniga et lat. in-cunab-ulum, magia et maϜia, aguacate et avocado, jaguar et javari (Amazonie), all. Bog-en et angl. bow, all. eig-en et angl. ow-n, grain et Ϝarine, grêle et vérole, all. morg-en (demain) et angl. to-morrow. Il y a lieu de remarquer que dans les langues slaves, notamment le russe, le génitif masculin s'écrit го (go) mais se prononce во (vo), tellement les deux signes sont interchangeables.

Pour la réciproque, l'anglais écrit laugh, tough, enough mais prononce'f', ou ne prononce pas du tout la diphtongue dans kniGHt, thouGHt, neiGHbours, liGHt, niGHt, riGHt où elle se trouve en enclave. On la prononce par contre en GHost (all. Geist), esprit (avec l'adj. ghostly, spectral, et ghastly qui veut dire à peu près la même chose).

Les noms propres, qui sont des noms astrologiques, comme on verra dans la IIe section de cet ouvrage, sont souvent préfixés: le père de Darius par exemple, Hyst*aspe* que nous voyons ici préfixé par H, est connu dans l'Avesta à la fois comme Gustasp, Wistasp et Kistasp. Des trois préfixes γ-Ϝ-K, le troisième s'explique probablement comme substitut de γ là où cette gutturale sonore est inconnue. Les Étrusques par exemple n'avaient pas le son g, et employaient ⟨, C = K. Le K de Kistasp est devenu H dans nos graphies non pas pour l'avoir aspiré dans la gorge, mais parce que les scribes ont arrondi C par un montage en H.

— X alias c-s, est la réplique du χ grec qui lui fait face et qui est la gutturale K + le disque de H servant à arrondir. La raison pour laquelle des lettres qui devaient être rondes sont devenues cruciformes est peut-être la même qui a inspiré les scribes à barrer par X une lune mourante ou morte, croix qui alterne avec l'autel et s'appelle Tau. Pour signifier que quelque chose n'est plus, le latin dit «ex» en plaçant c-s en forme de croix, tandis que s-c est le suffixe des verbes inchoatifs. En arithmétique, x ou n désignent l'inconnue: une valeur cachée.

Si la lettre X était si sacrée que ça, le cursif grec ξ devrait être un camouflage, tandis que Ξ majuscule suggère la virtualité dans l'enveloppe.

— Ψ, alias p-s, annonce encore une fois, me semble-t-il, la résurrection sur l'autel et est de ce fait un symbole sacré, tout autant que

T (la table d'offrande) ou l'Ankh égyptien (cette même table couronnée de l'hostie — lune en résurrection). Dans l'église, la partie qui lui correspond est l'abside. Par la suite les navigants phéniciens qui escortaient les Égyptiens vers leur terre promise ont donné ce nom à l'étoile polaire. Le -l suffixé à upsil(on) est celui de la boussole.

On dirait que Y et Ψ se sont influencés mutuellement quant à la forme et le sens.

Le verbe ψευδω, tromper, fait allusion à la lune cachée, au vu de pseudo-nyme = nom caché.

— Z est entré bon dernier dans l'alphabet latin, pourtant sa place était seulement la 6ᵉ en grec. Sa forme, soit cursive ou capitale, devrait être camouflée. Il est indiscutable que les Latins l'ont reçu des Grecs, le nom même l'indique, puisque cette lettre est la seule à avoir gardé le nom zet(a) made en Grèce, et éminemment astrologique puisque Zet = all. Zeit, temps. Lu dans l'autre sens, on a en russe O-tiez, le Père, à identifier à Celui qui engendre dans l'∞ (qui est un 8 couché), et dont Jésus disait dans un logion qualifié de «johannique» qu'il est le seul à connaître le Fils, comme le Fils est le seul à connaître le Père.

— Le dernier signe de l'alphabet grec est Ω, qui doit être astrologique, comme on déduit de l'Apocalypse 1,8: «le Seigneur Dieu tout-puissant déclare: Je suis l'alpha et l'oméga» (c'est-à-dire la demi-lune et la pleine lune, ou aussi la totalité des étoiles, marquées par les lettres de l'alphabet grec).

*
* *

Remarques complémentaires:

La *gémination*:

Cette forme d'écriture peut s'expliquer de trois manières:

— l'assimilation: ex.: colonne issu de lat. colum-na; essieu issu de lat. axis;
— le souci d'arrondir la lune, comme gr. kaθédra, (sedes sapientiae) it. cattedra; ou dans les verbes duratifs, pendant lesquels la lune est censée être en plénitude, ex.: akkad. siparru, présent duratif;
— le complément phonétique. C'est la catégorie plus abondante. Le complément phonétique est typique de l'akkadien, de l'hittite et de l'égyptien, et relativement plus rare en sumérien.

Des exemples: sum. apin, araire: akkad. apin-nu; Hyp-po-lyte = Plutus, Plautus; all. Im-me, abeille; Ak-ka-d (al Qods = akkad + s (satem pour ki) déterminatif pour 'pays' + al-u, ville); Em-me-rich = Amerigo, d'où Amérique.

La tâche de marquer la plénitude ou l'effacement a été acquittée soit par le choix (qui n'est jamais arbitraire, comme on verra plus loin) des consonnes et des voyelles, soit par leur gémination; cette dernière pouvait être suggérée aussi par des signes diacritiques. L'orthographe persane présente la marque diacritique dite sheddé pour redoubler une consonne: ex. berré, agneau, erré, scie. Ce terme de plénitude évoque le Shaddaï de la Bible.

Quant aux voyelles, on distingue, d'après les grammairiens en sanscrit, celles à degré zéro et celles à degré plein, et même long, c'est-à-dire les diphtongues. Les grammairiens en français qualifient de «muet» l'*e* qu'on ne prononce pas, parce qu'il marque une absence, degré zéro. Les linguistes empruntent à l'hébreu le terme «schwa» pour désigner la voyelle centrale, caduque, comme en fr. cheval (inscrit dans la face de Shiva, de la morte lune); à comparer à l'it. sciv-ol-are, glisser, avec idée d'élision.

Les deux esprits

Dans les interminables diatribes autour de la Loi, S. Paul opposait:
— la lettre, qui tue (ou qui est morte),
— l'esprit, qui vivifie.

Ceci signifie que la lettre est inerte sans la force dynamique de l'esprit, à l'instar de:
— la forme (arc, demi ou disque: C, D, O), qu'on distingue de
— l'esprit, ou sens.

Pour savoir ce qu'est l'esprit, regardons l'alphabet grec! C'est le sens de l'arc: esprit doux ☽, esprit rude ☾, tout comme il y a de bons et de mauvais archontes.

Ces deux esprits sont aussi à l'origine des signes conventionnels (en linéaire ou cunéiforme): ⟩ et ⟨:
⟩ signifie: devenir plus grand,
⟨ signifie: devenir plus petit
(c'est un critère infaillible pour savoir si la lune est croissante ou décroissante).

À ma connaissance, il n'y a eu que les Grecs pour marquer l'esprit sur chacune des voyelles, comme si celles-ci ne pouvaient jamais être plates, mais exigeaient l'appui d'une consonne laryngale, de préférence: inspiration ou expiration.

Alpha est presque toujours affecté d'un esprit doux, celui légèrement aspiré de la lune croissante, mais s'il y a l'esprit rude, correspondant à la lune décroissante, la translittération sera tantôt un h bien expiré comme ἁρμονία = harmonie, Mont Αἷμος = Hémus, tantôt s, comme ἅl(s) = s-el, c'est-à-dire mer, cf. ἁλυκόψ, salé, par métonymie. Un bon antécédent est donné par le visarga sanscrit qui est le souffle expiré alternant avec s en finale, ex. devas/devaḥ.

Êta (hêta) qui à l'origine était bel et bien une expiration marquée ou H, est presque toujours accompagnée de l'esprit rude. On peut considérer aberrantes les rares dérogations.

Pour toutes les voyelles de l'alphabet grec, la règle est donc que l'esprit rude, ῾, est translittéré *h* ou *s* (ex. Hipparque pour Ἵππαρχος; super et hyper pour ὑπερ; hémi ou sémi/demi pour ἥμι-, sol ou helio pour ἥλιος et les Hellènes, dont la mère était Selène), après quoi nous tenons la clé du problème connu sous l'étiquette «satem-centum»: l'esprit rude réunit C qui est son expression graphique, et h et s qui en sont les expressions phonétiques.

Pour revenir à la diatribe débouchant sur l'opposition forme-esprit, les choses n'en sont pas restées là. À mesure que les savants s'éloignaient du ciel pour ne s'intéresser qu'aux phénomènes terrestres, on a opposé à la forme non plus l'esprit, doux ou rude, mais la matière (Aristote surtout), d'où des quiproquos interminables dans les diatribes philosophiques, la forme étant désormais accusée de travailler la matière d'une façon plus ou moins parfaite.

Les *mutations* dont j'ai dit qu'elles ne se produisent jamais dans la gorge, peuvent s'expliquer aussi par la *contiguité* des lettres dans une série donnée: ainsi le rhotacisme (R pour S),

ou S pour T (grec τεσσαρες/τετταρες, ou all. weiss, angl. white)

ou U pour V dont on a déjà parlé.

*

* *

J'ai délibérément limité la confrontation aux alphabets grec et latin sans inclure le phénicien parce que je ne suis pas sémitologue.

Vous voyez combien d'étincelles ne fait-on jaillir par simple frottement des caractères entre eux. Ces caractères que nous employons, si modernes, sont plus anciens que n'importe quel pictogramme ou signature sur sceaux trouvés à Sumer ou dans la vallée de l'Indus. Loin de me désoler de l'absence de preuves matérielles pour l'affirmer, je m'en complais.

La Magie

La magicienne par excellence est la lune, qui ne cessait d'étonner les hommes par ses merveilleuses transformations. Les termes ma-G-e ou ma-G-ia et ma-φ-ia contiennent l'astre nocturne en croissant ou en entier; mais si les scribes grecs écrivaient Μαγ-οι, on comprend la distorsion opérée par la suite à l'endroit des Maya (γ = y), ou des Maγyars.

Le phonème M (qui peut se lire 'mu' ou 'em') signifie déjà la lune tout seul, dans le sens de mi- (= demi), grec ἡμι- car il n'y a qu'un corps dont on puisse dire qu'il est moitié, et c'est la lune. S'il fallait imaginer un signe astrologique pour M, qui aurait été camouflé à usage profane, ce serait un globe coupé en deux.

Mais ce globe coupé en deux existe, avec le son «d», et c'est D, la demi-lune (et aussi 500 en latin). La terminologie métaphysique affixant D s'explique par la lune, même si parfois les scribes nous étonnent par des choix qui ne paraissent pas pertinents, en écrivant par exemple lat. iDus (pleine lune, écrite à l'aide de la demi-lune). Le calendrier latin était éminemment lunaire: il commençait par la nouvelle lune, et cette période s'appelait Ca-lendae (croissant préfixé), suivie par les Nonae qui occupaient 9 jours avant Idus. Les jours se comptaient par rapport aux futures Idus ou Nonae du mois en cours, ou aux Calendae du mois successif. Il faut reconnaître que comme Idus correspond à la moitié du mois, le choix de D n'est peut-être pas si déplacé: le sens de pleine lune s'est déplacé vers la demi-lune. Mais en lat. Dies, jour, la fonction de D n'a rien à chercher, sauf si l'on admet que pour les nomades du désert, le jour commence avec la lune. Si on prend le phonème des Mages: M, et on le combine avec D, on obtient soit 'demi' (D + M), soit 'medium' (M + D).

Terminologie préfixant la demi-lune D:

Deus ou Dea: la demi-lune (tandis que gr. Θεός est la pleine lune).
I-dea: renvoie au monde idéal de Platon.
Dominus: le Seigneur du ciel.
Dé-mon: 1/2 Moon.
Dy-namis: puissance, ange ou esprit — la lune — dans son office d'intermédiaire, exigence philonienne, cf. aussi Actes 8,10; Rom. 8,38; Cor. 15,24; dans le sens de miracle, cf. Mt. 7,22; Marc 6,5; Luc 19,37; Act. 8,13.
Dy-naste: roi du ciel d'abord.
διά: mot grec signifiant «par l'intermédiaire de».
διάδχος: remplaçant, successeur (titre du prince héritier en Grèce).
Delphinus: Dauphin, gr. Δελφίς: l'héritier (comme le fils aîné en France). La lune est fils du Roi Soleil.
Démi-urge: l'intermédiaire de la création pour la Gnose et les philosophes grecs, n'est autre que la Dame/Demi (cf. aussi Hébr. 11,10).
Dog-ma: ce qu'il fut croire sur la lune.
Dé-meter est la mère lune (au masc.: Di-mitri).
Dé-votion: l'amour des hommes pour la Déesse.
Δίκη: la justice ou loi.
Donc: 'ergo' pour le discours théologique-astrologique-métaphysique.
Duch: mot russe signifiant esprit (identité lune-esprit).
Dobr-: bon, en russe, adressé à la lune. La formule magique «abra cadabra» préfixe à Dobr- le croissant. Les Mages tenaient de la lune le pouvoir de faire des miracles (Θaumaturgie).
Discus (disque): graphie aberrante, qu'il s'agisse du soleil ou de la lune.
Demain: la lune du jour suivant.
Dann: expression allemande de temps, qui se rapporte à la lune.
Dünn — mince — n'est pas logique: il fallait préfixer C.
Dick — gros — n'est pas logique: il fallait préfixer φ, ou alors θ. Mais comme les Allemands n'ont pas th, D pourrait être, dans ce cas, un pis-aller phonétique, tout comme Danke par rapport à angl. thank, et Denken par rapport à think (l'objet des actions de grâce et de la Pensée étant la lune).

Combien de chose ne fait-elle pas, la Demi-lune? Elle Dé-clare (éclairer), Dé-voile (alors que ré-véler est du soleil), De-meure (gr. μένω, rester, en diminuant...), Dé-ambule (demi-lune par le préfixe, pleine lune par 'ambo'), Dé-rive, Dé-bute (cf. sa-baot), Dé-croît ou Diminue (1/2 moon devenant toujours moins, où Moins = Moon), De-vient (ou aD-vient), Dissimule (cf. semel, une fois, et similis = comme sa jumelle), Dé-çoit (lat. De-ludere; con-cevoir renvoie à la lune enceinte), Dé-roule (tout se déroule à la perfection dans le monde des idées), Di-rige (pendant que le soleil dort); elle annonce et Dé-nonce.

Elle est l'objet de désir (lat. De-sider-ium, où Sider est l'astre), de Dé-mystification (en nous faisant croire qu'elle meurt — et puis eCCe), de De-mande (demander: confier au 'Mond'). Le Soleil la Dé-lègue pour nous gouverner.

De là-haut, elle nous Donne tout, même des enfants... (v. plus loin).

Le médiateur

Dans la religion de la Perse ancienne, le médiateur entre la lumière et les ténèbres (Ormuzd et Ahriman) était Mithra, c'est pourquoi — nous dit Plutarque (De Is. et Os., 46, 369) — les Perses l'appelaient Μεσίτης.

La demi-lune inspire toutes les notions de moitié: gr. ἥμισυ = 1/2 et μετα- qui veut dire «transformer»; it. metà, fr. moitié; lat. meto nous dit que c'est elle qui féconde les champs en faisant pousser les moissons. On a déjà rencontré med-ius, it. mezzo. Medius ou Media sont à la base du Médiateur céleste, notion gnostique et hellénistique. Le verbe «méditer» ne se comprend qu'en relation à la Media (demi-lune), objet de cogitation des contemplatifs.

Le fr. Sémi = 1/2 est encore la lune, mais elle nous vient du froid (de la Russie, ou par delà de la ligne de démarcation satem-centum). Le russe семь qui se prononce 'sem' est le chiffre 7 (d'où le fr. samedi) et représente la demi-lune encore que le préfixe soit ici le croissant; le chiffre suivant est la pleine lune, car le préfixe est B: Восемь = 8. La forme de 8 rappelle deux demi-lunes.

La forme de la spirante cyrillique russe est d'ailleurs la clé d'interprétation de sig-ma: la sica ou C, l'arc de lune. On n'a pas toujours la chance de voir conservé le nom ou la forme astrologique des lettres magiques. Dans le cas de S, il faut chercher le nom dans l'alphabet grec et le dessin dans l'alphabet russe, issu du grec. Saint Cyrille, un missionnaire et donc un prêtre, avait accès à la série gardée secrète de signes magiques, et il savait que C n'était pas une gutturale mais une spirante.

Ainsi Sera (soir, devenu Zéro), Sûrya nom du soleil en Inde et l'étoile Sirius devaient-ils s'écrire avec un arc de lune. Pour comprendre pourquoi un même nom signifie soleil, lune, étoile, il faut supposer que la toute première signification était le Ciel avec tout ce qu'il contient: astres, nuages, air, gaz, pluie, vent, oiseaux avec ailes et plumes comme p-ter-, aquila, grue, phénix, quetzal... Si donc Zéro est la lune, le soleil et Sirius, c'est que, d'abord, il était le ciel: A-zur.

La lune en tant que Moon (cf. gr. mono, l'unique) atteint la plénitude lorsqu'elle va se maniφester (le dieu manifesté de la Cabale). Son jour est Monday, lundi. Les Allemands ajoutent à la fin de son nom la demi-lune: Mond, qui explique Mund parce que la lune a une bouche. Le monde est la projection terrestre des réalités célestes.

Avec sa bouche, la lune ne parle peut-être pas, mais elle fait des grimaces: mimique. La bouche d'ailleurs tient lieu de visage, comme 'ro' en copte signifie en même temps bouche et face, ou la main en russe signifie main et bras, et le pied signifie pied et jambe (la partie pour le tout).

En même temps que la lune est le Moteur de l'univers (cf. Aristote), elle bouge (lat. movere) et se transforme dans la mesure où elle 'mu-e', où 'mu' est le nom de la lettre grecque. La lune est notre amie, l'Amour même. Elle nous aime et nous l'aimons. Amen. Om!

L'intellect

N est une des lettres favorites pour parler des luminaires: le dieu An (Ciel ou Soleil), Sin et Sonne, respectivement lune des Chaldéens et soleil des Allemands, ainsi que sen-ior, le Seigneur. Malgré l'absence d'évidence comme dans le cas de sigma, un symbole magique devait avoir précédé les différentes formes connues et lues comme N. Je répète que si les astronomes employaient l'alphabet grec, c'est que toutes ses lettres avaient une fonction astrologique précise, connue seulement par la classe sacerdotale, et oubliée. La lecture N en grec ne débouche pas sur naga, mais — comme nu — sur le Noûs ou l'Intellect d'Aristote (lat. Mens-mentis; angl. mind), moteur de l'univers, Dieu horloger de Voltaire, source de la connaissance (cf. gr. gi-g-nosko et lat. co-g-nosco).

Devant choisir entre le soleil et la lune, c'est plutôt vers cette dernière qu'on penche lorsqu'on parle de Noûs, que les philosophes hellénistiques plaçaient au-dedans de leurs systèmes trinitaires; Plotin en particulier pose au sommet le «Un» ou source, qui est pure transcendance (la virtualité dans l'enveloppe), d'où émane le Noûs ou Intelligence éternelle, contenant les essences idéales (cf. Platon). Du Noûs émane la Psyché ou âme universelle.

Sur le plan éthique, la contemplation ou méthode d'assimilation au divin est le but extrême des actions humaines.

À l'instar du P-Neu-ma qui signifie εννέα (nouvelle) et a été identifié à l'Esprit, le Noûs est un autre qualificatif de la lune en tant qu'intelligence.

Si les philosophes, grands consommateurs de traditions, écrivaient en toutes lettres: Lune, Soleil, Demi-Lune, Changement de phase..., leurs textes cesseraient d'être impénétrables. Malheureusement, depuis qu'on a divinisé les hommes, comme par exemple les héros éponymes, ces nouveaux dieux, tout en devenant anthropomorphes, parés des qualités mais aussi des défauts des mortels, ont accaparé les qualificatifs des astres; mais l'exigence d'un être suprême n'a pu être gommée. Au-dessus du Panthéon, on a toujours voulu asseoir sur le trône un Dieu asbtrait, impersonnel, qui était éternel, tout-puissant, sachant tout, voyant tout, réglant tout, juge suprême (en somme: le soleil ou la lune).

Au gré des traditions et des sensibilités individuelles, le Maître du ciel nous regarde impassible et ne se mêle pas de nos affaires — ou alors il avait des colères, qu'il manifestait par des orages, des tempêtes et des déluges; il frappait de la foudre l'impie (qui est sans reproche?) et envoyait des fléaux (disettes, insectes...), mais aussi il comblait de bénédictions; il guérissait (cf. all. heilen et Hélios, sanare/soin et Sonne), il sauvait et exauçait si on le priait. La manne est un cadeau de Moon.

Parmi les philosophes grecs, les stoïciens surtout ont développé l'idée que Dieu est Providence et s'occupe du monde. Il est la πρόνοια, à comprendre comme l'ordre des choses, et cet ordre est bon: conception matérialiste, impersonnelle de Dieu. Saint Paul a voulu corriger cette image d'un Dieu qui n'a pas de visage, ne parle ou se révèle, et pendant la captivité il a préféré à la «pronoia» le mot Oikonomia, qui fait de Dieu l'Intendant, le bon père de famille qui dirige l'histoire du salut. Son Oikonomia a coexisté avec la Théologie, terme philosophique trinitaire répondant à l'exigence d'un Dieu qui envoie *ad extra* le Fils. Pour le dire en toutes lettres: le Soleil qui envoie la Lune, son Fils, le Dauphin, l'Héritier.

La Gnose confirme l'approche astrologique: il y a un Dieu supérieur et un médiateur (cosmocrator ou démiurge) assisté par les planètes, les constellations ou les anges. Les exigences intellectuelles de la Théologia (opposée à Oikonomia) se reflètent dans la Transcendance de Dieu par rapport au monde. Déjà la source élohiste (post-exilique) de la Bible présentait Dieu comme plus majestueux, se servant des Anges comme intermédiaires. Cette tradition est tributaire de l'angélologie, qui reflète les croyances chaldéennes et persanes. Mais on aurait tort de croire que celles-ci sont conditionnées par les monarchies fortement centralisées assyro-babyloniennes et persanes: ces Empires au contraire se sont inspirés du modèle fortement centralisé du Royaume des Cieux.

La Loi

Dans les livres rabbiniques on lit que Dieu, dont on n'ose même pas prononcer le nom (qui était tabou à cause de la Face cachée), crée par la Parole, la Sagesse (cf. Sagesse, 9,1-2) et la Loi. (La théologie chrétienne a assimilé la Parole au Fils et la Sagesse au Saint-Esprit.)

Pour Philon, la Loi était le seul intermédiaire valable pour nous communiquer la vérité révélée. Une telle Loi absolue, source de toutes les lois, qui a ses règles imprescriptibles auxquelles les astres et les hommes ont à se conformer, est encore la Lune, qu'on connaît comme Moon (M + N) ou (N + M): Νομος à comprendre aussi comme Nécessité (ἀνάγκη), et O-νομα, alias Numen (dieu).

La lune et le soleil ont été les premiers êtres à avoir été nommés et invoqués, à recevoir des hommages, des prières et même des imprécations.

En principe, le Soleil règne sur l'Univers; la Lune, régente, est soumise à une Loi et l'administre au nom du Soleil, comme Moïse, puis Jésus apportent la Loi au nom de Dieu.

L'énigme

Mais la lune intrigue plus que le soleil par ses manigances, elle est l'ae-nig-ma, le secret céleste ou mystère sur lequel on reviendra à propos du mythe. Parler par énigmes, c'est parler de cet astre insaisissable.

Ce mot résulte de N + le caractère G, rendu en grec par gamma.

La nuit

La nuit, lat. noc-t- est un des noms de la lune, avec le croissant en suffixe et la terminaison 't' à interpréter soit comme marque-féminin, soit comme demi-lune égyptienne. À la nuit renvoie aussi le mot copte P-noute pour Seigneur, et le hiéroglyphe P-neter formé de lettres de l'alphabet et de deux oiseaux (les prêtres ne lâchaient pas volontiers les symboles astrologiques, même pour les hiéroglyphes).

Le phonème en N est à la base du Néant, absence de lune Néa ou nouvelle lune, qu'on ne voit pas. (Le fr. rien préfixe R qui tourne comme all. um.) La notion si abstraite de néant (nihil), de création ex nihilo, est reconduite au concret dès lors qu'on songe à la lune et à son absence. Il faut chercher la racine de l'abstrait dans le terrain métaphysique ou de la Transcendance.

Néa est la source de toutes les négations à base de N: lat. nec, gr. aneu, all. ohne = lat. sine (visant probablement la lune Sin).

Les luminaires

Lambda veut dire luminaire. Dans tous nos alphabets toutefois c'est, par camouflage, une crosse, un clou ou un aiguillon qui s'est imposé. Même saint Cyrille n'a pas trouvé mieux. On peut imaginer que la lettre magique était toute ronde comme le soleil, puisque El était la divinité suprême sémitique, et Hél-ios est le soleil. All est le nom de l'univers anglo-saxon. Par le biais des différentes affixations on obtient un mélange de sens: le Ciel (Co-El-) (qu'on invoque: angl. call), lauD-are (louer), Luna, Laune, Lebana, plena (c'est la lune qui explique la notion de plénitude), pluvia, (H)imm-el (ciel: M + L) et Mille (M + L) qu'on écrit aussi φ, deux fois D, valeur conventionnelle du système décimal. Les Allemands comptent en ajoutant 'mal' (ein-mal, zwei-mal, etc., signifiant: I^e^ jour de la lune, IIe jour de la lune, etc.). On revient au soleil avec Sol, Bel et Baal; celui-ci avait pour ennemi le dieu de la mort Mot (moitié = lune).

Lux et lumen peuvent s'appliquer au soleil ou à la lune, ou au ciel éclairé.

Lampe et lanterne (all. Amp-el suffixe l au lieu de préfixer) ont été des luminaires ou des étoiles avant d'être des ustensiles.

LorD, le Seigneur, devrait être la lune à cause de D.

Le Logos et le Verbe

Héraclite disait que le Logos (Lux: premier-né de Dieu selon saint Justin) gouverne le monde et nous transmet le sens. Toutes les choses arrivent selon le Logos. Il occupe une place éminente, mais il est clair qu'il n'est qu'un intermédiaire. Dans la théologie johannique, Logos est synonyme de Parole créatrice et s'identifie à Jésus. Origène, en commentant l'Évangile de S. Jean, partage la Monade en trois hypostases et dit que Dieu a créé le Logos; celui-ci est une Pensée de Dieu et devient le Fils au moment de la création, voire de l'Incarnation. Le symbole de Nicée s'exprime en ces termes:

> «Son Fils unique (du Dieu créateur) né du Père avant tous les siècles. Il est Dieu, non pas engendré, mais créé. Par l'Esprit Saint il a pris chair dans la Vierge Marie».

On diminue la dignité du Logos ou Verbe en le mettant au niveau des intermédiaires. Le stoïcisme favorisait cette tendance parce que le Verbe est entendu d'abord comme caché au sein du Père, puis manifesté à l'acte de la création universelle. Les verbes «cacher» et «manifester» disent clairement qui est cet intermédiaire cosmogonique: la Lune, fils de Dieu. Philon renchérit en précisant que le Logos est la loi de l'univers.

Le synonyme de Logos, le Verbe, nous amène à nous pencher sur Rhô, autre lettre magique employée pour Ra, le dieu-soleil que les Égyptiens dessinaient par un cercle ayant un point dans son milieu. Les Indiens l'appelaient Sûrya (à comparer, comme la lune toute ronde ou Zéro, à all. sehr, beaucoup).

Le soleil est aussi Va-runa dans l'hindouisme; rien n'échappe à son regard. Les Raṃa s'efforçaient de démontrer par leurs généalogies qu'ils descendaient directement de Ra, le soleil. Mais on aurait tort de croire que ce phonème n'a servi qu'à désigner le soleil. Si D est correctement préfixé, le nouveau mot prend valeur de lune, et en effet le Dharma hindou (la loi de l'univers) est à comparer à l'angl. Dream et à lat. Dormire, deux activités nocturnes du domaine de la lune. Le Verbe en tant que Logos et le Prana en tant que Pneuma sont la lune. «Arbiter» ne se laisse pas attribuer avec précision. Hébr. Ruah est l'Esprit.

D-rôle s'applique à la Lune: elle est drôle, même Dingue; la voilà à nouveau Grosse. Quelle GarCe!

Le soleil Ra donne l'idée de rond (rotundus), de rutilans (rouge ardent), d'orbite ou cours (rota); il naît (orior, tandis que nascor est enraciné dans la lune). Il regarde (gr. ὁράω) et a une face/bouche comme la lune: copte ro-, la partie pour le tout. Il marque le temps (all. Uhr, hor-loge). Le verbe «or-are», prier, s'adresse à la Hora, le soleil dans une étape de sa course, ou à la ère, le soleil qui règne une année. L'esp. R-ostro est la face de l'astre.

Le dieu suprême du panthéon hindou, Brahman, correspond à russe Время temps. En grec, le Verbe est Rhe-ma, qu'on écrit soit R — M, soit M — R, lu mem-ra (la parole, en hébreu). Brahman est, dans le panthéon hindou, un dieu asbtrait; mais l'abstraction n'existe pas en absolu; ce sont les philosophes qui l'ont créée. Ce qui existe, c'est la Transcendance, suivie de l'éloignement de l'homme par rapport aux choses du ciel (Cherchez d'abord le Royaume de Dieu et sa justice...).

La Thora

La lettre Θ nous fait revenir à la Loi. Se trouvant dans pa-θ-os (souffrance), θά-νατος (mort), angl. Deaθ, θαπτω (mettre au tombeau), cette lettre a de toute évidence symbolisé la lune morte, mais par la suite on ne fait plus de distinction et on la rencontre même pour le soleil.

La θora est la volonté divine, la Loi divine ou de l'univers. Donc Therah ou Terah s'explique par la lune ou demi-lune (astrolâtrie du patriarche).

Son homologue égyptienne est Ha-thor, régente du Ciel.

La Lune comme synonyme de Loi se comprend à la lumière de ses règles parfaites (les Me des Sumériens) qui assurent l'harmonie de l'univers.

«Cherchez d'abord le Royaume et sa Justice, et tout le reste vous sera donné par-dessus», dit Jésus en Mt. 6,33, comme en invitant à chercher la paix dans la contemplation du ciel et de la lune. «Ne vous inquiétez pas du lendemain... À chaque jour suffit sa peine».

Terminologie préfixant la lune ronde:

Θu: 'un' en étrusque: un luminaire rond — soleil ou lune.

Θème, synonyme de radical, et précisément celui de la lune (cf. scr. tamas, ténèbres). À noter, en grec, le suffixe 'ma' sumérien.

Θéorie nous place au cœur des débats et des spéculations philosophiques sur la nature de l'astre nocturne.

Θauma: est l'objet d'étonnement, le signe ou miracle.

Θῆλυς: femelle; par inversion des symboles on a ἀλήθεια, Vérité.

Θron-os (trône ou siège du dieu). Au pluriel, les trônes sont mentionnés par l'apôtre Paul comme des puissances à l'instar des anges et archanges. Le préfixe renvoie à un astre rond comme la lune ou le soleil, mais en tant que siège il peut s'agir des constellations comme le Char de l'Ourse avec ses sept archanges.

Ryθme: ici la lune est en infixe (alternance jour/nuit).

Dans θéâtre par contre, θ est décoratif et indique la forme de l'âtre: un amphithéâtre. L'allusion au feu faite par l'âtre ou foyer dans un lieu de spectacles mérite une enquête.

Sophie ou la sagesse

Voici les termes les plus évidents se rattachant au dieu manifesté:
φῶς = lumière, d'où Phosphoros, étoile du matin;
lat. φas, la justice (droit divin);
φoebus: Apollon;
φare, et Di-ffero: être divers;
φέγγος, éclat (comme lat. φulgere, φulgur, etc.);
φυλακή, poste de garde (la lune qui veille);
φαῖνω, briller (cf. les O-phannim);
φase, ne s'applique qu'à la lune;
φυσις: nature (s'applique au macrocosme et au microcosme);
φides: confiance dogmatique;
φidel: un des attribut de Dieu;
φateor, ou conφiteor: confesser, dans le sens d'avoir confiance. Lorsque Paul dit: «confessez de la bouche le nom de Jésus», ici «confession» = «foi», et l'expression «confession de foi» est un pléonasme;
φée: la lune, avec idée de fatalité à la clé (cf. lat. fatum);
On a déjà rencontré Sera ou Zéro. En infixant φ, on a la s-φ-ère;
Si-φ-r est le chiffre ou lune;
La lune a une φace. L'all. -φach permet de compter: dreifach, etc. On compte soit les lunes, soit les étoiles;
φull, c'est la face lorsqu'elle est complètement ronde;
φe-h-len: ici c'est du dieu caché qu'il s'agit;
φorme, et son contraire Dé-former (la lune qui change, s'épuise);
Maφia: potentat de mages: superlatif de Magia;
φ-λεγ-μα: le 'ma' sumérien indique qu'il s'agit d'un régent du ciel, probablement le soleil (phlegma = inflammation);
φabula: le tout premier conte de fées a concerné certainement la fée-lune;
φenêtre: cause exemplaire éclatante, à double D, de nos pitoyables baies carrées à deux battants (cf. lat. fe-nestra et si-nister, de mauvais augure; Nestor est donc un nom lunaire anagramme de Ostern);
Soφia est la sagesse, source de connaissance (d'où: souffète) et objet de

dévotion (cf. soufisme). Normalement le soleil n'est pas considéré comme une source de sagesse, mais comme un dieu puissant, créateur, sauveur et guérisseur (et comme tel: φarmakon).

Les étoiles ou constellations qui enseignaient le chemin, comme l'Ourse par exemple, étaient prisées pour leur sagesse par les tribus qui se déplaçaient, surtout pour retrouver le chemin du retour. La lune, de son côté, était le phare qui éclairait les nomades s'acheminant la nuit dans le désert. Le berceau de la dévotion lunaire doit se trouver dans une des régions désertiques.

Le mythe de la Sagesse a revêtu, dans de nombreux écrits gnostiques, une forme féminine dans le personnage de la Pistis-Sophie, être céleste tombé dans le monde des démons. Il lui faudra un Sauveur pour s'en sortir. Ce sauveur sera soit Jésus, pour une tradition docétiste, soit Simon le magicien qui s'inspire de la Cabale ou de l'Avesta. Sa femme Hélène était la sagesse descendue du ciel.

La Sagesse divine forme l'objet de plusieurs mashals des Livres Sapientiaux; la forme littéraire est le distique, et la paragon suit tantôt le modèle antithétique, tantôt le modèle synonymique: des paraboles donc, comme il se doit pour expliquer l'énigme lune.

On peut dire des tas de choses sur cette lune épanouïe: qu'elle se maniφeste, qu'elle φuit (lat. fuG-ere), qu'elle φeint, qu'elle oφφicie ou fait φonction (sauf si elle est De-φuncta), qu'elle «fait», lat. φac-ere, qui est d'abord un «faire» atmosphérique (il fait beau, il fait froid), mais également créatif (le Démiurge qui φabrique le ciel, le firmament et la terre).

Le Bluff

En absence de Φ et de Θ, la lettre B a fait de son mieux pour indiquer que la lune comptait deux moitiés, qu'elle était toute grande (angl. Big, russe Beliki et Bolchoï), aveuglante de splendeur (all. Blendend, angl. Bright). Alors, elle Bluϕϕe.

Le feu cosmique

φ et θ ont été employés également pour le soleil, dans les mots θermos, chaud (car la lune ne réchauffe pas) et φocus, feu, alias φax, facis, qui veut dire flambeau et lumière des astres. Le feu allumé par les hommes ou apporté par la foudre était considéré de la même nature que le soleil.

L'équivalent grec est πυρ, c'est-à-dire s-pir-itus. Que le feu soit pneuma, Zénon de Cittium, fondateur du stoïcisme l'affirme; il assimile le souffle vital qui nous anime et anime tout, crée tout, cette force intelligente qui est le pneuma, au Feu artiste. Notre pneuma est une parcelle de cette force divine, à laquelle Zénon ne donne ni le nom de soleil, ni le nom de lune (soit dit en passant, l'angl. fu-el est El ou soleil précédé de φ pour indiquer qu'il s'agit d'un astre rond).

Un autre stoïcien, Cléanthe d'Assos, est plus explicite: le cosmos est un organisme énorme dont le soleil est le centre hégémonikon. Voilà quelqu'un qui appelle les choses par leur nom.

Le dieu d'Aristote ne s'appelle ni soleil ni lune, mais il est Intelligence et habite dans la sphère des fixes, se tenant à l'écart du monde.

Héraclite d'Éphèse voit dans le feu ce à partir de quoi s'expliquent les différents phénomènes de l'Univers. Il appelle «feu» ce qui pour Platon est le monde des idées. Dans son Fragment 90 il apparaît que le feu est le principe de tout changement, et même du cycle air-eau-terre-ciel. Dans son Fragment 64, il est même question du Logos, qui est la Foudre qui gouverne le monde et l'éclaire... Trop de syncrétisme empêche d'établir si Héraclite pense soleil ou lune: normalement le Logos est la lune, tandis que le feu et la foudre ont la nature même du soleil.

À quoi peut faire allusion Parménide en comparant le Principe universel à une sphère bien ronde, immobile, qu'il appelait sφaïros, enserré dans les liens puissants de la nécessité? Au centre du Sphaïros, Héraclite a placé le Logos, qui préside à l'unité du multiple, raison qui gouverne, car toutes les choses arrivent selon le Logos.

Du Sφaïros en question, Empédocle, philosophe-mage, dit qu'il est Esprit Saint, lumière pure (il n'a ni pieds, ni genoux, ni organes génitaux...) à qui on reviendra après la mort, pour goûter la paix et l'harmonie, si notre vie nous l'aura mérité. Il est intéressant de remarquer qu'il était aussi astronome, et un thaumaturge qui ressuscitait les morts (il avait ramené une femme à la vie), qui exorcisait les malades et transmettait aux hommes le message ou la Vérité venue de la divinité dont il était l'Envoyé (cf. Jean 18,37 où Jésus dit à Pilate: «Je suis venu dans le monde pour rendre témoignage à la vérité»).

La nature de la divinité nous concerne de près lorsqu'on s'efforce d'affirmer, ou de nier, la parenté du pneuma humain avec les corps célestes. Le très spiritualiste évangéliste Luc mis à part, les écoles médicales ramenaient le pneuma psychique au niveau de l'atmopshère terrestre. La pneumatologie stoïcienne est d'un autre avis. Sénèque affirme l'origine divine de l'homme (Ep. 92,20); chaque homme porte en lui une étincelle divine ou ἱερόν πνεῦμα, de la même nature ignée que les astres. Ce n'est pas dans les temples que l'homme rencontrera la divinité bienveillante, mais au-dedans de lui-même (Ep. 41,5). Posidonius d'Apamée appelle l'âme «Démon», ce qui nous ramène à la Lune (1/2 Moon). Epictète, qui a connu l'apôtre Paul en Phrygie, appelle πνεῦμα le germe de vie divine déposé dans chaque homme. C'est un air connu: identité du Moi avec l'Absolu ou Brahman (Chandogya Upanishad); l'âme humaine émanant de l'Absolu (Ramanuja, védantiste).

Le mois et la semaine

On connaît les noms officiels de la lune: Nannar pour les Sumériens, Sin pour les Chaldéens, Esera pour les Étrusques, Séléné pour les Grecs, Luna pour les Romains (Lunus en Asie Mineure), Lébanah et Yârêah pour les Hébreux, Berchta pour les Scandinaves, Soma pour les Indiens. Plus personne ne la soupçonne derrière l'AnGe (la pleine lune: en tant que telle elle est l'Ange de Yahwé) ou l'elfe (la demi-lune avec graphie de pleine lune). Encore moins on la soupçonnerait derrière les noms de la semaine et du mois.

Voici pour la *semaine*: all. Woche, une des phases (tantôt croissant: cf. wachsen, tantôt décroissant: cf. weichen, s'en aller; schwach, faible), d'où Wechsel = changement de 'Woche' ou phase; et wachen: veiller la nuit, vigiler — ce que fait la lune. Lat. in-vocare, c'est appeler la Woche ou lune, avec identification de l'appelant et de l'appelé: vox.

Russe Nedelka, semaine, et po-nedelnik, lundi ou jour de la nedelka.

Il est courant de dire «l'arc de la semaine» en faisant allusion à une des phases; par extension on dit «l'arc du mois».

Voici pour le *mois*: lat. mensis, it. mese, russe mesiaz, all. Monat, à comparer à Mond, la lune, Montag = lundi ou jour du Mond; angl. month, monday = lundi; l'angl. moon est à comparer au russe meniat (changer de phase).

La lune est Miss pour les Anglais, Muse dans le panthéon romain (et comme il y a l'Ange de Yahwé et aussi les 7 archanges, ainsi il y a aussi les sept Muses).

De la lune/mensis, l'all. a tiré Mensch, homme sans précision de sexe et sans pluriel, à ne pas invoquer à la légère, tout comme d'ailleurs le fr. mince (la lune jeune).

Les termes mensis/mese sont à l'origine du verbe mesurer, d'où mensurations et Di-mension. L'all. a messen. L'idée de «masse» vient de mesurer et de la lune. On dit que la Messe s'explique par lat. «missa est», mais tout le rituel, basé sur la mort et la résurrection d'un corps rond comme l'hostie, résume les phases du culte à Miss Lune, l'occulte.

Le terme grec pour mesurer est μετρέω, à rattacher à Miθra (avec le magnificatif de t, qui est θ) et à Maitreya ou prochain avatar de Bouddha, attendu pour restaurer la vérité et la loi. Bien que par la suite assimilé au Soleil, Mithra, dieu indo-iranien du contrat avec ses cultes élitaires à mystères, dont le sacrifice du taureau, a été un sérieux concurrent de Jésus à cause justement de la mythologie lunaire dont il était porteur. Dans le monde gréco-romain, le dieu des contrats était Hermès, figure de Médiateur. Tout ceci laisse supposer qu'en concluant les marchés (basés sur des mesures), on prenait l'astre nocturne à témoin et médiateur du bon déroulement de l'affaire. (Tout comme «jurer» signifie qu'on prend l'Uhr/Hora à témoin de ce que l'on dit.)

L'idée que la lune est Intelligence et Sagesse, lat. Mens, repose sur le fait qu'elle est la source du savoir et du souvenir ou mémoire (cf. lat. me-mento, mentor), de la numération, du calendrier. Le côté pile existe et c'est «mentir», à expliquer avec les cachotteries de celle qui feint de mourir. (L'all. Lüge, l'angl. lie, convainc la lampe de mensonge.)

Le vicaire

Lat. vice (débouchant sur «vigere», être en vigueur, «vicissim», alternativement, vicissitudes, etc., tous à rattacher à all. Woche) pose la lune en régente, subordonnée au Soleil, roi de l'univers qui lui délègue ses pouvoirs pendant qu'il dort la nuit. Il lui donne les clés du Royaume, comme fera Jésus avec Simon-Pierre. En même temps qu'elle vigile, la lune voyage (cf. all. Weg, voguer, angl. voyage, tour en bateau).

Par extension, tous les corps nocturnes veillent comme la lune; la traduction donnée par le Doc. de Damas, de «Veilleurs» pour les Anges qui sont les étoiles affectées de l'arc, classeur astrologique, est donc justifiée.

L'homologue oriental de «vice» est Vizir, titre du premier ministre. L'allégorie lunaire est évidente. À la place de 'z' nous devons imaginer un symbole apte à représenter le Temps, all. Zeit. L'angl. clock, all. Glocke, respectivement horloge et cloche, sont là pour marquer le Temps (heures du soleil ou de la lune).

Le Serviteur souffrant

Le premier ministre est aussi le Chéri, le Serviteur de Dieu. Toutes proportions gardées, la lune est en même temps le Mini-ster et le Magister. C'est elle encore dans le servus ou φa-mulus (cf. mille ou lune). Ses souffrances se lisent dans πάθος, après quoi survient la mort et la résurrection. Le serviteur souffrant d'Isaïe est la Pâque, hébr. Pessah, alias Lune. En Jésus il y a télescopage de deux mythes: la lune qui doit mourir et l'agneau ou bouc émissaire chargé des péchés collectifs. Lat. Hostia veut dire victime, donc le bouc, mais sa forme rappelle la lune.

Le mythe

Les définitions des maîtres à penser ne nous apprennent rien: «récit fabuleux à l'antipode du discours rationnel», ou bien «produit d'un état sauvage de la pensée» (A. Lang), ou encore «récit qui fait revivre une réalité originelle et qui répond à un profond besoin religieux, à des aspirations morales, à des contraintes...» (B. Malinowski), etc.

Il y a un mythe solaire, des mythes astrologiques comme pour les Dioscures, des mythes planétaires (Vénus, Mars), et puis il y a le mythe de la lune, héroïne du D-rame céleste, la mort du dieu. Il n'y aurait pas de mythe sans la lune, laquelle est le mythe par antonomase, parce qu'elle s'appelle Mythe (égypt. Mot, all. Mut), dieu lumineux qui souffre, s'efface, se cache ou meurt (ou est tué et mis au tombeau) pour renaître trois jours après, croître jusqu'à atteindre la plénitude ou Plérôme.

Lat. splendere (luire) dérive de «plen», la pleine lune, et de planète — tout comme all. scheinen et schön s'appliquent à Sin.

Le «mysticisme» a été avant tout la dévotion à la lune/mystère. Les contemplatifs ont été avant tout ceux qui s'extasiaient des astres comme la Lune, les Ourses et autres constellations, et en méditaient les lois et nécessités. Par la suite, l'objet de la contemplation a changé; il y a même une contemplation intérieure.

Le hasard et la nécessité

L'angl. body (corps: céleste/terrestre) est Sa-baoth, et son verbe de nécessité est le russe ьуδу qui sert à former le futur, tandis que nous le formons en suffixant -ra/-ro qui est le soleil, lequel se lève chaque jour, c'est pourquoi les itératifs préposent 're' au verbe, même à l'endroit de la Lune, qui en étant le relais du soleil prend la re-lève, où lever fait songer à la Lebanah.

En grec, c'est μέλλω (visant la Mille ou lune) qui sert à former le futur, ou implique prédestination (verbe de nécessité).

Les autres auxiliaires de nécessité sont le russe 'nado' à rattacher à la semaine/lune Nedelka, l'angl. must (visant le mystère), l'all. müssen (cf. it. mese) et Not/nötig, et évidemment lat. necesse et debet, grec δει.

Le soleil revient en angl. shall ou all. sollen, lat. sol-ere (tandis que Ptah forme pot-esse: idée de puissance). Ce sont des verbes «consuetudinis» comme l'all. p-φ-legen (qui a également le sens de soigner). Les auxiliaires de probabilité sont l'all. mögen et l'angl. may qui renvoie à la Maya ou illusion qui explique Maiestas, la lune en état de plérôme; si elle est entamée, elle est mut-ilée, moitié. Cette moitié est symbolisée dans un autre verbe allemand de probabilité: Dürfen, à rattacher à la terrifiante déesse Durga.

L'angl. can, all. können, est du domaine des possibilités.

L'all. werden, qui sert à former le futur et le conditionnel, est à confronter à lat. forte: il arrive que, Fors étant la déesse du hasard.

Pour Avicenne qui a écrit un Livre de science, Section Métaphysique, il y a identité de la Sagesse et de l'Être nécessaire: «L'Être nécessaire connaît toutes choses telles qu'elles sont et Il les connaît par la totalité de leurs causes — et cela parce qu'Il connaît les choses non par des choses mais par Lui-même, du fait que toutes procèdent de Lui et que leurs causes procèdent aussi de Lui. Donc, en ce sens, Il est sage et Sa sagesse est identique à Sa science. L'Être nécessaire est celui dont procède l'existence de toutes les choses». Toutes ces circonvolutions pourraient être évitées si on écrivait à leur place: la lune et ses lois contraignantes.

La Cabale

On a préfixé à la boule ou Baal le croissant de lune pour désigner l'ensemble des doctrines ésotériques et mystiques des Hébreux sur Dieu et l'Univers. On y trouve entre autres la théorie de la formation du monde, sorti de Dieu par émanation dans la forme de 10 Sefirot (nombres) et 22 lettres de l'alphabet. Les noms des Sefirots sont donnés, mais Dieu est l'Infini, le Mystère des mystères et ne peut pas être saisi par l'esprit humain, qui l'appréhende uniquement dans sa manifestation dans l'univers. Entre Dieu et les hommes il y a des intermédiaires: les anges Mikael, Gabriel et Raziel.

Parmi les théories enracinées dans la Cabale il y a celle suivant laquelle toutes les âmes de tous les hommes se seraient trouvées en Adam, l'homme primordial. Cet A-Dam/Démon (à ne pas confondre avec celui de l'Eden) est la Lune, mère spirituelle de tous les êtres.

Soit la Cabale, soit le Midrash, le Sépher ou livre et le Seder contiennent la sagesse astronomique évoluée en spéculation magique ou enseignement moral.

Les doctrines cabalistiques sont en contradiction formelle avec les enseignements de l'Ancien et du Nouveau testament.

Il y a identité entre la Cabale et Cybèle, la déesse qui conçoit les idées, comme l'enseignaient les maîtres à penser d'époque hellénistique tardive.

*

* *

On a dit, en analysant les caractères de l'alphabet latin, que C symbolise l'arc et G davantage une forme ronde que le croissant. Comme la lune est la source de ces deux lettres (ainsi que en grec Γ, gamma, lequel à cause de 'ma' ou règle sumérienne devrait désigner la lune en tant que arc ou comma dessiné sur un support comme l'argile), on pourrait remplir des pages avec des mots se rapportant à la lune.

D'ailleurs, on en connaît déjà:

— l'ange (avec fingere, fungere, all. funkeln, hängen ou être suspendu);
— le vicaire ou vice;
— vig-ere, terme propre à la loi, dont on dit qu'elle 'viget' (entre ou est en vigueur);
— guru, ou égérie suivant le cas (la conseillère);
— face, terme employé couramment pour les deux luminaires (la face de la lune, comme dit aussi Plutarque: De facie in orbe lunae). En plus de facies, le latin a aussi fauces (gorge), qui explique le verbe φάγειν, manger;
— voc-s, à rapprocher de vac-uum, parce qu'on invoque la lune surtout quand elle n'est pas là et que sa place est vide;
— cacher, lat. celo, qui identifie la lune au ciel (cœlum); à noter aussi grec ka-lyp-to et l'e-c-lypse.
  L'it. nasc-ondo rappelle lat. nascor (la lune qui va naître est presque cachée);
— gr. μεγα (grand) est correct seulement si on l'écrit 'meGa'.

Il n'est pas rare de trouver parmi les grands noms issus de l'alphabet magique des termes pneumatiques cruciformes comme le russe Duχ, esprit, ou le grec Psyχé, âme, et le verbe ἄρχω, commencer (de l'arc) et commander. Celle qui est la grâce ou la charité: Xaris/Xaritos, fait défaut, en lat. carere.

Pour la même raison, chaos s'écrit en grec χαος. Ce mot est affecté du signe cruciforme parce qu'il désigne l'univers privé d'un gouverneur, comme la lune par exemple, qui fasse régner l'harmonie.

Les Arχontes sont, comme le nom l'indique, des arcs ou puissances présidant à tout ce qui advient; ils peuvent être mauvais, cf. Paul, 1 Co 2,6-8; Eph. 2,2 et Évangile de Jean, 12,31.

L'univers s'appelle aussi Cosmos, firmament bien agencé puisqu'un autre sens du cosmos est aussi «bon ordre», ce qui nous fait songer à l'ordre stoïcien, qui est «bon».

La lune est un G-lobe, sur lequel il y a beaucoup de choses à accepter comme vraies (cf. all. G-laube). On le représente par un G-ram-ma ou lettre (on retourne dans le monde sumérien des 'Ma' qui président au déroulement des choses en haut et en bas).

L'angl. high peut être le soleil ou la lune; lat. calid- (chaud) est le soleil; par contre l'angl. cold ou all. kalt contient l'allusion à la lune (la température nocturne est froide), d'autant plus qu'il se rattache à 'occulte' (caché).

On est autorisé à voir dans le russe Bog, dieu, l'astre nocturne (nom à rapprocher à angl. to beg, prier), puisque it. buio concerne la nuit, règne de Bog.

Le verbe lat. ced-ere (se retirer) et ses composés (accedo: s'approcher; concedo: céder sa place; incedo: avancer; succedo: succéder, etc.) pourraient être le soleil qui cède sa place à la lune. Dans ce cas, le préfixe C est abusif, ou n'a d'autre fonction que de classer astrologiquement l'idée exprimée. Ceci vaut aussi pour D. Occasus, ou occident, est réservé au soleil.

Lorsque Ra ou Re est paré de C, il devient la lune, par exemple en c-res-co (ou De-cresco, verbes s'appliquant à la Lune), et en c-red-o (shradda en régime satem).

Vacare est également un verbe lunaire dans ses acceptions d'être vacant, être vide — et son contraire: vaquer à...

Le serviteur souffrant est la lune malade ou angl. sick, l'astre épuisé.

Au départ de l'Ange, on déduit que la lune a des joues: all. Wange, it. Guancia (avec alternance Γ/Ϝ en forme de W). W, comme avatar du gamma, préfixe dans la langue allemande plusieurs attributs de la lune: Würde, la dignité de la Erde qui est d'abord le monde des idées et seulement après, la terre comme projection; werden, devenir; Wort, la parole; Wonne, délice; Welt, l'univers régi par le Alt; Wahn ou folie de cet astre irrationnel (Warm, chaud, désigne le soleil/Rama). Son efficacité se lit dans l'all. wirken; sa miséricorde dans G-râce ou all. G-nade, tandis que sa Gloire est à comprendre comme le halo qui la pare (on dit: «auréolé de gloire»).

Lat. effigies est la forme de la lune, ou figure correspondant à angl. figure: chiffre.

Les charmes — ou les maléfices — de la lune se lisent dans lat. fascinum.

La lune est féconde dans le sens actif et passif: soit elle est enceinte, soit elle ensemence comme Logos spermatikos.

La Zoé

Ce mot signifie non seulement 'vie biologique', mais aussi 'vie spirituelle'. Comme l'Esprit Saint est normalement la lune, soit Zoé, soit Zeus (qui se décline en alternance avec Dios, avec demi-lune), soit l'all. Zeit, devraient converger vers la lune, qu'on peut appeler également Azimut (terme tout à fait astronomique), puisque le pain azyme est mangé sur son lit de mort (Pâque).

La Psyché

On a vu que pour la Cabale, les âmes avant de naître sont cachées en Adam (ou Démon, 1/2 Moon). L'âme du monde, c'est la lune, réceptacle des âmes individuelles. Le terme se décompose en P (préfixe astrologique) et sex ou six ou la 'sica' (faucille, arme des Sicaires, alias Dioscures), qui nous regarde (cf. angl. sigh-t, all. Sich-t avec t marque-fém.) et nous montre sa face ou all. Ge-sicht.

Père-Mère

«Or le Noûs Dieu, étant mâle-et-femelle», lit-on dans le traité Poimandrès d'Hermès Trismégiste (I, 9). Sur le plan sémantique, la lune peut être perçue comme un être mâle (homo, i-mam), ou comme un être femelle (φ + Moon = femina; angl. wo-man).

Tout d'abord, la lune est le sexe transcendant. Lorsqu'il y a Plérôme, celle qui est «gratia plena» va accoucher. Elle est enceinte ou all. Schwang-er (se rattachant à Wange, mais aussi à it. Pancia, ventre, grec γ-αστήρ, l'astre).

La grossesse de la lune coïncide avec le Plérôme; alors elle lâche des petites étincelles ou âmes (ceci explique le mythe de l'Homme primordial, Adam contenant en puissance tout être qui doit encore naître). Le mythe de l'incarnation, qui n'est pas seulement chrétien, puisque les Indiens ont les avatars, qui sont toutefois des ré-incarnations, remonte à la grossesse de la lune. En Judée, on attendait la réincarnation d'Élie. L'âme est, pour les gnostiques, un germe spirituel tombé du haut en bas, dans la matière (noyau de lumière qu'il faut dégager de toute souillure).

Mutatis mutandis, Sénèque dit que l'âme humaine est une parcelle de la divinité qui anime le cosmos (Ep. 66,12). La division des âmes se fait déjà au sein de Dieu. Ainsi se réaffirme, en termes païens, l'origine divine de l'homme.

Avant qu'on ne découvre les lois de la génétique, la femme enceinte tenait pour responsables de son état: la lune, les étoiles, éventuellement le soleil, le regard de l'homme entrant dans sa bouche (d'où la nécessité de voiler le visage) et le fait de lui parler (d'où la nécessité de noces réparatrices lorsque deux personnes se parlent, dans les régions aux mœurs conservatrices).

Les enfants comme don d'Allah (cf. don et angl. down: ce qui descend ou tombe, cf. lat. cadere et cadeau) ou de Dieu, c'est une des plus anciennes croyances due à l'ignorance des lois naturelles. (Il n'en reste pas moins vrai que c'est Dieu qui donne la vie, les parents n'étant jamais que les intermédiaires.) C'était au moins avec la coopération du Saint-Esprit que les prophètes étaient conçus.

Voici ce que déclare l'âme sur une inscription gravée sur une lame d'or trouvée à Pételia (Inscr. gr., it et sic. 638): «Je suis fille de la Terre et du ciel étoilé. J'ai une origine céleste...».

La lune, plus spécialement, était tenue pour responsable, parce qu'elle était enceinte vers le 16e jour, et accouchait des étincelles qui s'incarnaient dans les girons des femmes terrestres.

Simon le Mage, gnostique samaritain, enseignait ouvertement qu'il était le Soleil, et sa femme était Hélène, la Lune, Mère de l'Univers; que lui, il était le Père ou Puissance suprême, et elle, l'Ennoia (la Néa ou lune nouvelle) ou la Sagesse descendue des Cieux.

Chez les philosophes hellénistiques, consommateurs industriels des traditions véhiculées dans les cercles fermés, et spécialement chez les néo-platoniciens comme Philon, recourt la notion capitale de Logos Spermatikos, à savoir lune séminale, fécondante, entité créatrice ou Démiurge. Le sexe est de genre masculin parce qu'on voit dans la lune un dieu qui ensemence. La terminologie vulgaire à cet égard s'explique par la lune, de préférence en tant que fax et face.

Les chiffres

Dans le chapitre consacré à la numérologie, on verra que les chiffres 0, 6 et 9 symbolisent la lune et sont par là divins. Zéro est le dieu manifesté de la Cabale; entre 6 et 9 se situe le tombeau du dieu caché (peut-être θαπτω = sept-em, anagramme d'angl. em-pty, vide).

À côté des chiffres dits «arabes», il y a la série romaine, dont C et D qui symbolisent le croissant et la demi-lune, celle-ci valant 500, soit la moitié de φ, mille. On doit arguer qu'un des noms (très nombreux) de la lune était (C)entum ou (S)atem: et en effet, nous avons ici encore une fois l'identité de la lune et de l'esprit ou all. Atem, l'indien Atma, et aussi Etymo- avec convergence de la pensée et de la parole (convergence séminale ou sémantique).

L'atmo-sphère est d'abord la sphère lunaire, puis elle devient toute la région concernée (comme C-lima).

Les points cardinaux

Est, qui est le lieu où naît le soleil, veut dire Soleil; Ἀστ-ήρ en est issu. Russe Vostok, Est, est le soleil-svastika.

West ou Ouest, désigne, lui aussi, le Soleil là où il se couche.

Il est dès lors possible que Nord et Sud soient à leur tour des repères astronomiques, avec Norθ = θrône (de Dieu). Sud est le Juge, russe Sudià.

Le soleil anglo-saxon est féminin. Voici trois preuves: 1) die Sonne, 2) S-ist-er (sœur en anglais), 3) Sch-west-er (sœur en allemand): le soleil est la sœur de Mister Lune.

Le soleil Est devient la lune si le préfixe est D: D-est-in.

Les Arabes réservent pour l'Occident la dénomination de Al Gharb, à comparer à all. Grab (tombe).

La Pistis

Le soleil est juste (j-ust-, à rattacher à lat. ustio, action de brûler) et il est l'αστήρ par antonomase, l'auGuste.

Mais affecté de classeurs, il devient la lune comme par exemple all. G-eist (esprit), et grec P-istis, la foi, qui s'écrit comme une lettre magique parce que e-pist-ola = lettre. Le verbe grec pisteuo, avoir confiance, est à comprendre en relation à la piste du désert, pour suivre laquelle il faut l'éclairage lunaire. À cette Pistis on attribue le fléau de la peste. Dans le lexique russe, la Pistis est arrivée dans le sens de «vide de lune»: pustoi (la lune vide explique aussi lat. vidus, veuf).

La préfixation est donc importante pour découvrir la vraie identité du luminaire, pourvu qu'elle soit correcte.

L'Ast-er par exemple, si affecté du croissant, devient C-astor, l'un des deux Dioscures (patrons des matelots). Il serait alors la lune, et précisément une seule moitié: l'autre s'appelle Pollux (cf. Jumeaux célestes, p. 71).

La numismatique

La forme de la lune a inspiré cette science où nummus est la monnaie et correspond à Nomen/Numen. De son côté, la mine d'extraction des minéraux porte le nom de Moon. Voici les correspondances:

Moneta: cf. Mond
money: cf. Moon
denarius: D + (lune) noire
médaille: media, modèle

metallum: cf. mutil-er
aurum: couleur de la Hora comme Geld/Gold
arg-entum: métal couleur de l'arc de lune

Unités monétaires qu'on trouve à la Frappe:
coin, Rappen, G-roschen, D-rach-me, Dollar, o-bole (avec o pictographique)...

Analogies célestes-terrestres

L'analogie, ou mieux symétrie, entre ce monde-ci et celui d'en-haut, est entretenue et même accrue par la terminologie parallèle (ex.: Mond et monde, ordo et Erde, myriades et russe мыр) et on passe tout naturellement de la terre au ciel et du ciel à la terre, qui sont comme la boîte et son couvercle. De là vient l'idée de couple (lat. copula): la coupole ou voûte céleste implique gémellarité.

Il y a deux sortes de gémellarité: celle des hommes, soumis chacun à un astre; et celle de la lune, qui est deux fois demi, c'est pourquoi le Paraclet ou Esprit Saint s'appelait, dans la tradition copte, At-Taum = le jumeau, à comparer à all. Atem ou ind. Atma, dont l'interversion donne Moitié (meta). Dans le nom de Thomas (θomas), la gémellarité est encore plus évidente. Ce disciple de Jésus a fini par passer pour son frère jumeau.

À cause de la symétrie, il y a une Mer en haut et une ici-bas. La forme de la lune est celle des bateaux. Voici en parallèle:

θα-λασσα ici, et là-haut	Ga-laxie, et la Voie Lactée, ou ensemble de barques circulant chargées d'étincelles lumineuses (théorie gnostique)
bateau, cabotage et pa-quebot	(Sa)baoth (régime satem)
arche ou barque	arc
grec naûs	Néa

La lune est une gondole: c'est l'amour pour la lune qui a poussé les marins à donner cette silhouette à leurs embarcations légères.

C'est au départ de naûs qu'on a bâti les églises en forme de navire, ce qui explique la vocabulaire relatif au temple, dont la partie centrale se dit en grec νεώς (à comparer à ναῦς, νεῶς, navire), tandis que certaines parties de nos églises s'appellent «nefs».

Nous avons des corps (σαρξ en régime satem) et les étoiles sont des corps célestes. Dans la Cabale, qui veut dire Lune, il y a des planches montrant comment on a établi l'analogie entre le corps humain et l'esprit, le maître et le disciple, etc. Par cette voie royale s'est instaurée l'analogie entre la nomenclature céleste et terrestre. Par exemple l'analogie entre lat. filius et folium (feuille) ressort en juxtaposant une planche de l'arbre et une du ciel, où la Lune, les Esprits, les Archontes, etc. sont les fils du Soleil. C'est une voie un peu détournée de donner le nom aux choses, mais elle aboutit quand même au monde des idées. Il faut prendre Platon à la lettre lorsqu'il dit que la chose a sa cause exemplaire dans l'idée. On devrait toujours préférer, à l'étymologie terrestre, celle qui fait de nous et des pauvres objets qui nous entourent, des copies imparfaites des archétypes divins.

En plaçant côte à côte la planche de la forme humaine et celle de l'arbre, ou du poisson, etc., on établit les correspondances entre les parties en donnant le nom de l'une à l'autre, par exemple là où l'arbre de vie a les branches, l'homme a les bronches et le poisson les branchies. Là où dans le système planétaire il y a deux lampes ou El, dans la planche de l'oiseau il y a ses deux ailes, qui lui donnent la supériorité sur l'homme.

De telles planches ne nout sont pas parvenues parce qu'il y a toujours eu le couvre-feu du savoir, qui rend libre et puissant. Mais beaucoup d'autres modèles du type théosophique ont surnagé jusqu'à nous, à cause peut-être de leur propre inaccessibilité. Ils permettent de se rendre compte du procédé métaphorique des cabalistes: par exemple le visage d'Adam Kadmon allégorise la grâce divine. Pour masquer les secrets de n'importe quel genre (science, métier) on a eu recours au symbolisme, l'outil des cercles ésotériques: les francs-maçons utilisaient le symbolisme du Temple de Salomon.

Presque toutes les structures de la Cabale sont des arbres de vie portant des fruits aux noms/attributs divins. La tradition chrétienne nous a conservé un modèle différent, qui nous est parvenu par la voie orale uniquement. Le schéma septénaire, du type 4 + 3, prouve que la réalité supérieure symbolisée est la Grande (ou la Petite) Ourse. La catéchèse chrétienne enseigne que l'homme reçoit par le baptême des vertus «infuses», c'est-à-dire venant du haut, de Dieu, à ne pas confondre avec les autres vertus naturelles ou héréditaires.

Les sept vertus sont au fond sept attributs de Dieu. On distingue quatre vertus cardinales, correspondant aux quatre étoiles du Char, ainsi appelées parce qu'elles sont le pivot (lat. cardo, cardinis) de toutes les autres. En fait le «cardo» est le point culminant, l'étoile ou esprit-guide. Elles se nomment prudence, justice, tempérance et force d'âme. Les étoiles du Timon correspondent aux vertus théologales qui sont la foi, l'espérance et la charité.

Le gnostique égyptien Satornil enseignait qu'il y a sept anges créateurs, parmi lesquels le Dieu des Juifs. Il y a donc une tradition qui place le trône de Dieu non pas au soleil, mais dans l'Ourse. Le diagramme de la Ménorah ou chandelier à sept branches, qui devrait correspondre lui aussi à l'Ourse, résulte d'axes portant le nom de la Grâce, de la Miséricorde et de la Rigueur.

Miséricorde, Sagesse, Connaissance, Intelligence, Justice, Splendeurs cachées sont autant de noms qui reviennent sur les planches théosophiques tributaires d'une dévotion astrologique.

Platon, un initié, qui fut également pythagoricien, a comparé sa «société idéale» au corps humain (tête, cœur, ventre); l'idée doit lui être venue des planches juxtaposées.

Anatomie

On a vu que la lune a une face, lat. vult-us (visant le haut, puissant 'alt-' qui est la lune qui s'altère), à comparer à it. volt-are ou tourner la face. (Le verbe re-garder s'applique mieux au soleil à cause de lat. ardere; l'angl. look ne précise pas le luminaire; l'all. B-lick s'applique à deux demi-lunes: ce regard est parfois de travers, d'où «o-bliq-»).

On prête notamment à la Lune:

— *côté face*: les yeux (oculi), le nez (Noûs), la bouche et la gorge. Sa langue est le logos.

— *côté pile*: le Dos, angl. Back. Le Derrière en tant que Ciel (Co-el) et en tant que An (ciel ou lune ou soleil), cf. lat. nates, fr. φesses.

Elle voit tout: (lat. s-pic-) avec son œil οφ-ϑαλμ-; elle a, ou est, une vision: οπ-τασία; le russe смотр-еть rappelle Mithra qui nous observe.

Elle entend tout: oreille, lat. auris.

Pourquoi n'aurait-elle pas un odorat? lat. olf-act-um. Elle nous renifle de là-haut (et sonde nos cœurs et nos reins).

La magicienne a un estomac, all. Magen (qui explique ma-n-ger). En mangeant, elle devient toujours plus grosse.

Elle est comme un foie (lat. ficatum, it. fegato) ouvert à la prospection, comme celui des animaux, pour en tirer des présages.

Elle a une peau: Derma, et des Cornes.

Elle est en outre un ventre de femme enceinte (all. Schwanger), un sexe enfin en tant que «sex» et P-syché, maîtresse de l'Amour, soit humain ou divin.

Pudique, elle couvre sa nudité par des vêtements (angl. cloth à comparer à cloud, nuage).

L'idée de «changer» (ou it. c-angiare) s'explique par la lune Ange qui change de phase. C-ambiare vise Ambo, les deux demi-lunes de B. Modifier vise la Media, altérer celle qui est en haut (lat. alt-us; l'all. Alt est l'Ancien).

La lune en tant que «Mince» forme le verbe «commencer», avec un croissant fort à propos (celui de la lune qui naît, débute), mais aussi le verbe «manquer», lors du dernier quartier, cf. aussi émacié. L'all. anfangen, commencer, nous met devant une lune qui est pleine en préfixe et arquée en suffixe. Dé-marrer, Dé-buter ont des préfixes abusifs.

Après avoir changé, elle De-meure, puis elle meurt. Lat. morior (s'éteindre, d'un astre) vise sans doute la lune (M niant 'orior', naître), car le soleil se couche et dort. L'angl. to die pour mourir, et aDieu sont logiques (la lune commence à s'effacer à partir de la moitié).

Les corps célestes ressuscitent, et nous avec eux, pour autant que nous nous identifions à eux (le Fils de l'Homme s'identifiait à la Lune et devait ressusciter le IIIe jour). S. Paul nous invite à laisser tomber le vieil homme et à ressusciter dans le Christ. Le doublet S-tern et ae-tern- (étoile et éternel) éclaire l'immortalité des astres.

Les Sadducéens, qui s'en tenaient à la Torah, n'admettaient pas la résurrection (pourtant θora = Loi/Lune).

S'il n'y avait pas la Lune, je crois que nous ne parlerions pas. Il n'y aurait même pas de philosophie. Quelle est la philosophie des populations qui n'ont pas réfléchi sur le cas de la Lune? Platon avait distingué un monde intelligible, noétique, et un monde sensible, esthétique, et avait imaginé une causalité exemplaire (la chose a sa cause dans l'idée). Disons que la chose a le nom dans la Déesse.

Dans le dernier message de la philosophie grecque, le néo-platonisme, les Éons ou Démiurges dont le Logos, échelonnés entre Dieu et la matière, transforment cette dernière en imitant les idées. Le Logos séminal ou spermatikos informe le monde matériel.

L'influence réciproque de la pensée et de la chose est si forte que lat. cap-ere (attraper avec l'arc) se double de cap-ere (concevoir, comprendre les mystères célestes ou énigmes), tout comme «saisir» est en même temps 'attraper' et 'comprendre'. Il n'est pas toujours facile d'attribuer une priorité entre ce qui se fait dans la boîte et ce qui se joue là-haut, dans le couvercle.

La lune est le vizir du soleil, son «oint», mais l'onction était un acte accompli par les mages sur terre et transféré au ciel.

Sur terre, le chef de tribu, le roi, délègue ses pouvoirs à son fils, l'héritier, le dauphin, le bien-aimé, ou à son ministre favori; au ciel, Ra, le dieu-soleil, délègue ses pouvoirs au Fils (unique), le Chéri, le Serviteur souffrant et obéissant (cf. lat. oBedio, Beide, Mc 14,26).

Sur terre, le roi envoie un messager ou ange. Ce messager s'appelle au ciel «Sa-baoth», c'est-à-dire all. Boote (d'où beten, prier) ou aussi Ambo, d'où vient Ambassadeur.

Les *ordinaux*: p-rimus et sec-undus sont astrologiques: Primus est superlatif, le suivant est la «sex» ou lune (cf. lat. sequor).

La lettre Q, astrologique, qu'on remarque en sequor, préfixe la Reine du Ciel dans l'angl. Queen. Les pronoms quis, quel, etc. ont probablement d'abord désigné le Quartier. Ceux comme angl. that, all. das ont désigné la pleine lune ou demi-lune.

Les *cardinaux*: un, deux, etc. sont les nombres symbolisant le dieu du ciel, le point le plus élevé comme l'indique le nom lat. cardo, cardinis qui caractérise aussi les attributs de l'Ourse (les vertus cardinales).

Est-ce la lune qui nous a suggéré la notion de Vicaire, ou cette fonction existait-elle déjà chez les hommes et a-t-elle été transférée à la lune? Laquelle, de toute façon, servait de modèle, car tout se déroule à la perfection dans le monde des idées.

Et l'Avatar (= aventure), a-t-il d'abord été le Vater ou Wetter revenant périodiquement pour inaugurer une ère nouvelle, ou avait-on déjà l'exemple du délégué du roi, venu réclamer son dû à la fin d'une époque (terme désignant le cycle de l'Apex ou point culminant) de labourage et récolte, avec rétribution et jugement, et dont la venue coïncidait avec la fin d'une saison? (cf. la parabole des vignerons meurtriers en Mt. 21,33-41).

En Perse, le titre si majestueux de Roi des Rois n'est-il pas calqué sur le modèle céleste? L'idée d'un réseau d'ἄγγεροι ou messagers de poste n'a-t-elle pas été puisée dans la pratique observée dans le Royaume de Dieu?

Il y a la Madone au ciel, les A-mazones sur terre. La lune est caste (C + ast ou Est, nom de l'astre diurne) et donc vierge, mais une Mère en même temps; d'où la notion apparemment absurde de Vierge-Mère.

Jésus, très mage, disait qu'il imitait son Père céleste, il travaillait comme lui, il était comme lui («Qui me voit, voit le Père»).

Les idées maîtresses de notre pensée religieuse ou philosophique (comme pneuma, esprit, logos, etc.) ont leur patrie dans le ciel ou monde des idées. On doit les rapporter à des entités transcendantes. Il faut bannir l'abstraction, introduite par des philosophes obscurément initiés à des mystères révélés par demi-mots de peur qu'on sache que Dieu, Logos, Loi, Esprit, Principe, Ordre, Raison sont des synonymes de Soleil, Lune, vent, étoiles. Quoi de plus abstrait que l'Être et le Non-Être? Deux expressions qui signifient: «la lune est là» et «n'est pas là», cf. Démocrite.

Les termes qu'on prétend abstraits sont en fait les attributs de la lune, c'est pourquoi ils se terminent par 'té' (lat. -tas), comme par exemple la bonté, qui veut dire «la lune bonne», la vérité «la lune véridique», la fidélité «la lune en qui on peut avoir confiance». En anglais, nous trouverons θ, par exemple en Truθ, la vérité. Si nous concevons des absolus comme la bonté ou la vérité, c'est qu'ils existent dans un monde de perfection, et nous devons avoir déjà vécu dans le monde des idées, enseignait Platon. On peut lui répondre que ce n'est pas nécessaire: ce monde-là, nous l'admirons d'où nous sommes.

Dans la langue allemande, on se sert du Noûs pour abstraire: ex.: Finster-nis (l'obscurité, soit la nuit ou la lune), Geheim-nis (secret).

Dans la langue copte également, on a recours à l'Intellect (lat. mens, mentis). On prépose 'mente', comme par exemple en MNT-PPO qui veut dire «royaume»; la préfixation est vraisemblablement une suffixation transcrite d'une langue qui se lit de droite à gauche. Ce même terme 'mente', nous l'ajoutons pour former les adverbes.

Il y a identité lexicale entre la lune et la loi, entre la lune et la voix pour l'invoquer, entre le plérôme et le verbe implorer, entre la fax (flambeau: lune ou soleil) et la face, entre la Lebanah et le verbe all. leben, entre la Lux et l'all. G-lühen.

Cependant il faut compter avec une certaine confusion entre les deux luminaires, qui peuvent porter le même nom, soit parce que ce nom a désigné d'abord le ciel avec tout son contenu, soit parce qu'il arrive que les arcs sont des classeurs astrologiques d'emploi général, soit enfin parce que les scribes ont commis des erreurs d'affectataion.

Le classement astrologique, en particulier, ne fait pas de distinction entre les astres, les phénomènes météorologiques et les oiseaux, habitants du ciel et messagers des dieux. Les perturbations atmosphériques sont carrément attribuées au soleil ou à la lune, même la neige et le gel; le φléau, ou plaie, correspond aux calamités par lesquelles le maître du ciel fustige les hommes: les maladies (gr. νέσος, donc le Noûs), comme la peste, mort des premiers-nés, disette ou famine (φ + Moon), sauterelles, ... la Dé-φlagration. L'all. Seuche accable la Sica ou (P)syché.

On donne ci-dessous quelques exemples d'exégèse des principaux termes rencontrés en théologie, philosophie et même dans le langage courant:

Lux et lumen devraient être la lune (les termes «ex-p-lic-ite» et «im-p-lic-ite» signifient «manifesté» et «caché» et visent le dieu nocturne). Mais le soleil n'est pas exclu, notamment en φ-lamme, où φ symbolise la rotondité de l'astre, quel qu'il soit, parce que l'inflammation ou phlegma est instinctivement attribuée au soleil.

Noûs: la Mens ou Intellect, est la Lune. Mais lorsqu'on lit qu'un Noûs a créé un autre Noûs pour créer le monde, il faut comprendre «caché» pour le premier, «manifesté» pour le second.

Logos: présenté par tous comme le Dieu intermédiaire (pour Philon, il n'est même pas dieu), il ne peut être identifié qu'à la lune.

En tant que Parole (paraϜle) la lune a été le premier objet de cette forme d'enseignement, tenu tellement ésotérique que les initiés ne savaient plus de quoi ils parlaient.

Dans Prov. 4,21-22 (la Parole... c'est la Vie et la Santé), si la

Santé est l'équivalent de Salut (lat. s-alv-are), on songera à la halve ou demi-lune.

Parousie est à comparer à l'angl. to rise, surgir, se lever, avec ambivalence de sens. Ho-rizon vise le soleil.

loin (lat. longe) devrait être la lune, tout comme le verbe lat. Distare (où ist ou Est, le soleil, est devenu la lune grâce au symbole D).

Lex, legis, est propre à l'astre nocturne, qui a et impose ses règles indérogables (qui commandent entre autres celles des femmes).

Déluge, si perçu comme si c'était la lune qui se dissolvait en pluie, ne porte pas abusivement le préfixe D.

Les deux moitiés de la lune sont rappelées dans Sa-Baoθ, qui est le messager ou all. Boote. Le nom 'ambo' doit s'écrire amBo pour ressembler à grec αμφι, tandis que amP-uter vise la lune ou amp-el, déjà entamée. Le symbole P dans «s-p-iritus» et «paraître» est correct, mais pas dans Paire, les deux moitiés de la lune qui peuvent être considérées comme les Parents des arcs. Nous ne savons pas comment s'écrivait le symbole Z, mais gr. ζεῦγος veut dire 'couple' (cf. l'all. zeugen, générer, et les syzygies de la Genèse, deux par deux); on trouve Z en préfixe de l'all. z-wei et étr. zal (deux). Z serait donc le couple de la Chambre nuptiale.

Poursuivant le tour, l'orage sera la hora en colère; la bourrasque, un cadeau du Chérub; la Drache une pluie venant du Dragon; la foudre, l'envoyé céleste du soleil φ; l'arc-en-ciel, grec ἶρίς, une déclaration de paix de Rê en tant que soleil ou ciel. L'all. Regen, pluie, est encore Rê qui pleure. Lat. Imber, pluie, renvoie à l'Empire céleste régenté par amBo. O-men, le message ou pronostic envoyé par Moon. Co-meta est un abus graphique à moins d'impliquer, par le truchement de 'meta', qu'il y a eu une transformation d'astre, affecté de croissant: béat, sabaoth se tenant tranquille, est en contradiction avec it. boato, grondement de tonnerre. L'all. Raum est l'espace ou Royaume gouverné par Ra.

Les couleurs

Il est possible de repérer presque toutes les couleurs dans le ciel et les astres, hormi le vert (green, grün), qui toutefois se trouve dans l'arc-en-ciel:

— albus, blanc, leukos sont implicites dans la lune ou lux;
— white ou weiss, avec deux comma en préfixe: la lune;
— Gelb, c'est la lune 'halbe' et le dieu Gibil suméro-akkad. du feu;

— yellow et it. giallo peuvent être soit El soit la lune;
— jaune est le luminaire An;
— houang, chin. pour jaune, est l'Ange de Yahwé;
— clair, lat. clarus: la lune brillante;
— azur a désigné le ciel, avant Zéro, sera, Sirius;
— saφir a désigné le ciel avant la lune Sifr;
— bleu a désigné la voûte céleste, domaine de la pluie, avant de passer à Bel ou Baal (cf. Bluff et é-blou-issant);
— κυανός, bleu, est l'Ange bleu en métathèse;
— gris, grey est une autre couleur du ciel, nuageux, nordique;
— black est la couleur du ciel lorsqu'il y a la lune (ou il n'y a pas de lune, cf. to lack, manquer);
— noir, comme rien ou néant, est le ciel domaine de l'Ennea, gr. poner-os;
— nig-er désigne l'obscurité due à l'énigme ou Night;
— μέλας désigne le ciel lors de la Mille (lune);
— dark est le ciel lors de l'arc;
— dunkel est le ciel où brillent les anges/étoiles;
— brun: l'air du soir dominé par l'Intellect ou angl. brain;
— grün ou green (vert): la seule couleur étrangère à l'Empyrée, pourrait s'expliquer par le verbe angl. grow, crû, passé de la lune à la végétation ou graines;
— terne est la couleur du ciel lorsqu'il y a les «Sterne»;
— la couleur rouge caractérise parfois le soleil ou le ciel par certaines conjonctures (couchants, levers). On a perpétré des abus dans le cas du soleil; si rufus est correct avec son φ, et rouG- aussi (si G = θ), ni 'ruq-' avec le quartier, ni reD avec la demi-lune ne sont conformes à la règle. Lat. ruBer a fait pour le mieux. La pourpre, φοίνιξ, explique l'angl. pink (rose);
— candid- est la couleur de la lumière: incandescent comme le monde des idées qui sont des spécimens ou échantillons, cf. scintiller et chandelle;
— l'ombre, comme imber, est apparentée à amBo et désigne la couleur de l'air à l'entrée en fonction de la lune.
Sombre se rattache à ombre, avec sigma pour lune;
— l'all. schwarz, noir, est la couleur de la nuit, et correspond à it. sφarzo = splendeur du Royaume.

La notion de moitié vient de la lune, soit en tant que (h)alb-, elf et tw-elve (= 2 demies), soit en tant que mi, demi, it. metà qui rappelle l'ég. Mot, et all. Mut, esprit, ainsi que mat-in qui est la moitié au point du jour; grec μετα implique que l'astre est en train de changer de forme. l'all. müde est la Media languissante.

L'interrogation lat. «quot?» signifie: «combien de lune?». Si 'q', la dernière des quatre lettres à hampe, signifie «dernier quartier», on comprend le fr. «quitter».

CHAPITRE II

LA PART DU MYTHE DANS LE CHRISTIANISME

L'éclairage astrologique n'est pas indifférent sur le plan théologique et plus spécialement du Christianisme.

Ce chapitre ne poursuit pas le but d'éclairer la personnalité de Jésus autrement qu'en soulignant la complexité de son message: d'un côté, il est le réformateur de la Loi (cf. Hébr. 3,2), chargé par Dieu, qui mettait ses paroles dans sa bouche; de l'autre, il est le héraut du Royaume des Cieux, incarnation d'un mythe qui après avoir hanté l'humanité restait dans la mémoire collective comme un rêve inassouvi de bonheur sans nom.

Le rite de la Messe résume l'état d'âme de l'assemblée des contemplatifs aux différentes étapes ou phases de leur astre: la manifestation en gloire du Dieu déclenchait des acclamtions de joie ou poussait à l'extase; sa souffrance et sa mort plongeaient les mystes dans une profonde affliction, de crainte de ne plus le voir et de perdre pour toujours cette précieuse source de lumière, chemin et vie des tribus nomades parcourant le désert pendant la nuit. Il suffisait de *croire* qu'il se relèverait et il renaissait en effet, il devenait de plus en plus grand jusqu'à atteindre la plénitude.

Un échantillon de discours lunaire nous est donné par l'Évangile de Marc (11,22-24 — épisode du figuier desséché):

> «... Je vous le *déclare*, c'est la vérité. Si quelqu'un ne doute point dans son cœur, mais *croit* que ce qu'il dit arrive, il le verra *s'accomplir.*»

— déclarer: comme la lune, qui dissipe les ténèbres, fait voir;
— croire: confiance dogmatique, foi;
— s'accomplir: le plérôme.

L'apophtegme termine par ces mots:

> «Tout ce que vous demanderez en priant, croyez que vous l'*avez reçu...*»

avec verbe au passé, parce que la lune est déjà en train de recomparaître, même si elle reste invisible au présent. Elle existe à l'état de virtualité.

a) Je suis le chemin

En enseignant par des paraboles, Jésus énonçait des choses cachées depuis la fondation du monde (Mt 13,34 et Ps 78,2). Dans l'Évangile de Jean, 12,32, nous l'entendrons évoquer le rite de l'Élévation sur l'autel:

> «... et moi, une fois élevé de la terre, j'attirerai tous les hommes vers moi»

en parlant de sa mort prochaine, suivie de résurrection. Pour que cette dernière ait lieu, il fallait croire:

> «... ainsi faut-il que soit élevé le Fils de l'Homme,
> afin que quiconque croit ait par lui la vie éternelle»,

comme on lit dans l'Évangile de Jean 3,14-15; et au verset 16 il est dit que quiconque croit en lui ne se perd pas (au sens propre d'abord: dans le désert), mais vivra toujours.

Le verbe «élever» est l'ascension de la lune au ciel qui met tout en mouvement: le firmament dans ses orbites, les caravanes sur les pistes du désert, les yeux rivés sur le phare nocturne.

Ce même évangéliste écrit, dans son célèbre Prologue, v. 16:

> «Oui, de sa plénitude nous avons tous reçu...»:

c'est comme si Jésus, Lune et Loi, était venu habiter dans sa plénitude parmi les hommes.

b) Le médiateur

Une partie de la terminologie astrologique fait de la lune le médiateur entre Dieu et la terre. Jean, dans son Prologue hellénisé, identifie Jésus au Logos, créateur de tout ce qui existe. Jésus ne va pas jusqu'à dire qu'il est le Démiurge de la philosophie platonicienne. Sa médiation est celle de psychopompe (Jean 14,6: «Nul ne va au Père que par moi»), ou d'intercesseur (Jean 16,23 et 26: «Demandez au Père en mon nom»). La doctrine de la foi, développée par Paul, s'appuie comme sur un pilier sur ce rôle du Christ-Paraclet (1 Tim. 2,5-7: «Nous avons auprès du Père un Paraclet, Jésus-Christ»; 2 Cor. 5,18-19: «Par lui nous avons accès auprès du Père en un seul Esprit»; Hébr. 5,1-10: «Il est toujours vivant pour intercéder en faveur des hommes»; Hébr. 7,5: «Il est médiateur d'une nouvelle alliance»; Gal. 3,19-20: «La Loi a été édictée par l'entremise d'un médiateur»). L'auteur de la première Épître, Jean 2,1, affirme d'une manière réaliste que le «Christ, à la droite de Dieu, intercède pour nous».

c) Le Royaume

«Jésus prêchait le Royaume, et c'est l'Église qui est venue», a écrit Alfred Loisy sans ménagement.

Pour beaucoup de Juifs, Jésus représentait l'espoir de rétablir le règne glorieux de David et secouer le joug romain qui impliquait, entre autres, des impôts à payer. Cet espoir a tourné court, et le Messie a perdu d'un seul coup une foule potentielle de disciples.

Dans le dessein de Dieu, Jésus devait réformer la loi de Moïse, mais le prophète ne fut jamais roi.

Ce n'est donc ni en direction de David, ni en direction de Moïse qu'il faut rechercher l'origine de l'idée d'une monarchie de droit divin. Le nom que le Royaume des Cieux porte dans la Cabale est Malchoth, qui veut dire «Loi divine», cf. lat. pro-mulg-are. Quoi qu'on fasse, c'est toujours à la Lune qu'on aboutit.

Abimélek, Melchisédek, les Amalécites sont des noms inspirés à la loi divine, tandis qu'à la forme de la lune s'inspire l'it. mollica (fr. mie, c'est-à-dire la demie), l'angl. loaf et l'all. Semmel, petit pain (cf. semel, une fois). L'all. Milch et russe malako s'enracinent également dans ce Melek-Roi qui est la cause première et exemplaire de tout ce qui se produit selon des lois qui échappent à l'entendement humain.

La proclamation du Royaume, dont aussi Jean-Baptiste était un héraut («Repentez-vous, le Royaume est proche»), s'enracine dans la Perse du temps où le Pouvoir méditait, de concert avec la caste sacerdotale des mages, d'instaurer une monarchie aussi centralisée et puissante que celle du ciel étoilé, où le soleil trône sans partage, mais se fait assister par un vizir, l'oint, pour l'expédition des affaires courantes, et s'appuie sur un réseau d'anges/messagers pour que ses ordres puissent atteindre les points les plus éloignés. Dans les Psaumes, il est question de la *splendeur* du règne, terme issu d'une terminologie astrologique.

Cette instauration a dû se faire en Perse dans un contexte de bouleversement général de l'ordre: jugements, délations, exécutions capitales (la chasse aux démons et aux sorcières, les opposants, prélude à l'avènement du royaume, cf. Mt 12,28 et Luc 11,20), choix des satrapes, proclamation de la justice devant régner sur terre comme la justice parfaite du Royaume des Cieux, inaugurant une ère de bonheur, de salut et de paix et non seulement de prospérité matérielle, cf. Luc 4,19: «Il m'a envoyé porter la bonne nouvelle aux pauvres, annoncer aux captifs la délivrance, renvoyer en liberté les opprimés, proclamer une année de grâce du Seigneur» — «Et tous les peuples accourront au salut comme à un festin plantureux»: Is. 25,6 — «Heureux qui prendra son repas dans le Royaume»: Luc 14,15 — «Et tous s'efforcent d'y entrer par la violence»: Luc 16,16.

C'est pendant l'époque perse qu'Israël découvre l'universalité de Dieu, qu'il apprend à appeler «Dieu des Cieux». (C'est aussi l'époque où la littérature s'enrichit du thème du Juste Souffrant). En se mettant sur la même longeur d'onde du Psaume 72 (le roi messianique aurait gouverné le peuple avec équité et aurait un soin particulier des pauvres, des malheureux et des opprimés), Jésus opine que le scribe, qui connaît les deux grands commandements, n'est pas loin du règne (Marc 12,34). La descendance d'Abraham ne sert à rien (Luc 3,8-9).

À cause du souvenir des bouleversements qui ont accompagné l'instauration du royaume en Perse, les accents apocalyptiques (Parousie, jour et heure, jugement...) ne font pas défaut dans le message de Jésus, qui toutefois met ce royaume mi-terrestre mi-eschatologique à la portée des pauvres et des enfants, en fermant la porte aux riches vers la fin de son ministère. Il y a un foisonnement de paraboles au sujet de ce Royaume, sur lequel ses disciples demandaient plus de précisions. Jésus propose surtout des exemples enracinés dans la vie terrestre. Pourtant lorsqu'il invite à «chercher premièrement le Royaume et sa justice» et lorsqu'il prie «Notre père qui es aux cieux, que ton règne arrive; qu'advienne ta volonté sur la terre comme au ciel», nous décelons autant d'échos d'une prédication entendue plusieurs siècles avant, pendant l'exil de Babylone, toute tendue vers le royaume des cieux.

Le nom que porte parfois le médiateur, Paraclet, le dernier Messie attendu, n'est pas biblique non plus, mais enraciné dans la tradition gnostique acclimatée en Perse, où Mani, trois siècles plus tard, prétend en être l'incarnation.

d) L'époux

Les paraboles de Jésus étaient souvent si difficiles à comprendre que les disciples le priaient d'expliquer mieux le sens caché. Il parlait plutôt par énigme. On ne soupçonnerait pas la constellation de la Grande Ourse derrière le logion de la lampe (Mt 5,15; Mc 4,21 et Luc 8,16). On n'allume pas une lampe pour la mettre sous le boisseau, mais sur le lampadaire... Jésus a associé la lampe au boisseau, parce que ce dernier était pour les Chinois le nom (teou) et la forme de ce que nous appelons la Grande Ourse. Plus loin, Luc 12,35, ajoute qu'il faut tenir les lampes allumées pour le retour du Maître. Ce Maître, qui revient des noces, c'est l'Époux, celui qui vient, le promis (lat. sponsus), et plus précisément la lune nouvelle (esp. novio ou novia suivant le genre). C'est cela, parler par énigmes, comme par exemple en Mt 9,15; Mc 2,19-20; Lc 5,34-35:

> «Est-ce que les gens de la noce peuvent jeûner pendant que l'époux est avec eux? Viendront des jours où l'époux leur sera enlevé et alors ils jeûneront... en ces jours-là».

Le jeûne est le signe de deuil pour la mort de la lune (on mangeait du pain sans levain... en ces jours-là).

La commémoration, devenue hebdomadaire, avait pour les Babyloniens un caractère néfaste (sabattu babylonien), cf. all. fasten, jeûner.

Dans les paraboles des noces royales (Mt 22,2) et des vierges sages et des vierges folles (Mt 25,1-13), l'identité époux-lune a pour cadre naturel le Royaume des Cieux. La comparaison astrologique s'étend aux étoiles, qui sont les lampes allumées pour aller à la rencontre de l'époux.

Jean-Baptiste aussi d'ailleurs compare Jésus à l'Époux lorsqu'il nie (cf. Jean 3,29) être le Christ: «Celui qui a l'épouse est l'époux; mais l'ami est ravi, etc. Le Père aime le Fils et il a tout remis dans ses mains». L'Époux est ce même Maître qui revient des noces, et il «reviendra probablement la nuit» (Lc 17,34 et Mt 25,6).

Si Jésus avait eu un côté plus sectaire, s'il avait penché davantage vers une quelconque religion marginale comme celle des esséniens ou des thérapeutes, tout en s'opposant aux docteurs de la loi, il n'aurait pas tellement dérangé, ni aurai-il dérouté ceux-là même qui le suivaient et s'efforçaient de comprendre le sens caché de ses mashals.

e) Le Serviteur Souffrant

Malgré le désarroi de ses disciples, et bien que pendant la dernière Cène Jésus ait dit, en rompant le pain: «Faites ceci en souvenir de moi» (Lc 21,19), il est surprenant de constater que le rite de sa mort et de sa résurrection a emprunté les modalités du culte à la lune, comme le prouvent la forme et la couleur de l'Hostie sacrifiée sur l'autel. Rares sont les églises qui célèbrent l'Eucharistie en rompant le pain: à l'agneau mystique on a presque partout préféré l'immolation sous la forme d'une lune, qui est aussi le «pain de vie» (Jean 6,35). Comment expliquer cela, si ce n'est que la Pâque, célébrée officiellement avec le sacrifice de l'agneau, avec rappel de la fuite en Égypte, était, dans des cénacles échappés à tout recensement, un culte à mystère consacré à la «Messe», où l'Hostie représentait le Serviteur Souffrant prenant sur lui les péchés de tout le monde, comme le bouc émissaire offert par l'assemblée plénière lors du pathos de la lune, le dieu qui devait se livrer lui-même?

> «Cependant, ce sont nos souffrances qu'Il a portées, c'est de nos douleurs qu'il s'est chargé; et nous l'avons considéré comme puni, frappé de Dieu et humilié. Mais il était blessé pour nos péchés, brisé pour nos iniquités; le châtiment qui nous donne la paix est tombé sur Lui, et c'est par ses meurtrissures que nous sommes guéris» (Ésaïe, 53,4-5).

Notre Eucharistie résulte du syncrétisme de deux rites: le banquet de communion et le bouc émissaire qui rachète.

La Messe est un des noms de la Lune (it. Mezza, angl. Mass); Messie veut dire 'lune' (tout comme l'attendu Maitreya, alias Miθra, et le Mahdi, alias Media, attendu par les musulmans). «Ite, missa est» veut dire que le Dieu existe, allez en paix. La lune est la source de la foi.

La thaumaturgie, l'exorcisme, l'imposition des mains pour transmettre l'esprit, ce sont là des actions pratiquées par beaucoup de prophètes, ascètes et magiciens, tels Simon le Samaritain. On annonçait le Royaume de Dieu avant Jésus. Mais Jésus allait plus loin, il l'annonçait en disant que le Fils de l'Homme devait beaucoup souffrir, puis mourir et se relever le troisième jour. Il était le Christ, l'Oint (et donc le Fils de Dieu) parce qu'il était l'incarnation du mythe lunaire. Cette incarnation était attendue avec ferveur dans les foules. À l'entrée messianique du Nazaréen à Jérusalem (cf. Jean 12,13), ils vociféraient:

> «Hosanna! Béni soit celui qui vient au nom du Seigneur, et le Roi d'Israël!».

L'Oint du ciel, en effet, reçoit l'onction du Roi (ou Père) pour prendre en main les rênes du pouvoir, pour régner sur la Jérusalem céleste et sur la Jérusalem terrestre.

f) Celui qui devait mourir

La raison de l'identité Messie — Fils de Dieu — a sa cause exemplaire dans le monde des idées.

«Le Messie, le Fils de Dieu vivant», lit-on en Mt 16,16, et on sait que «vivre» était la condition naturelle des astres, qui vivaient toujours, qui étaient éternels.

«Jésus est le Christ, le Fils de Dieu», affirme Jean, témoin oculaire de la vie terrestre du Verbe incarné (20,31).

À sa résurrection, Jésus se révèle comme celui qu'il savait d'être. À la Cène, il avait en effet affirmé (Luc 22,15-16):

> «Combien j'ai désiré prendre ce repas de la Pâque avec vous avant de souffrir!
> Car je vous déclare. Je ne le prendrai plus jamais jusqu'à ce que son sens soit pleinement réalisé dans le Royaume de Dieu».

Ce qui était implicite devient explicite. Voici la promesse tenue (Mt 28,18):

> «Tout pouvoir m'a été donné dans le ciel et sur la terre».

On lira Osée 6,1-2 pour la prophétie que le Ressuscité cite aux disciples d'Emmaüs (Lc 24,26):

> «Voici ce qui est écrit: le Messie doit beaucoup souffrir, puis être ramené de la mort à la vie le troisième jour».

On l'avait prévenu qu'on l'aurait tué s'il allait à Jérusalem; il est passé outre et a même renoncé à se défendre devant Pilate qui voulait le sauver parce que «un prophète ne peut périr hors de Jérusalem» (Lc 13,33), opportunité de tradition, et parce qu'il *devait* mourir pour ressusciter (nécessité ou fatalité implicite dans le mythe dont il était porteur).

Tout ce qui fait l'originalité de Jésus est la partie cachée de l'iceberg: le culte de l'astre occulte, qui devait vivoter dans des cercles fermés, rejeté par la religion officielle, dite de Révélation, alors que les courants marginaux (magiques, gnostiques, cabalistiques, samaritains, pneumatiques, baptistes) cultivaient dans leur jardin secret une autre Vérité, une autre Science, une autre Dévotion, qui devait s'épanouir en Jésus.

Il fallait accoucher de ce mythe qui avait fasciné et hanté l'humanité pâmée dans la contemplation des secrets célestes jusqu'à l'extase ou apocalypse (révélation concernant la lune cachée ou ca-lypt-). Jésus l'a accouché avec l'aide de Dieu, qui l'a ressuscité le troisième jour et glorifié.

g) Le Fils de l'Homme

En se désignant comme tel, Jésus reconfirme son identité mythologique lunaire, en tant que Loi ou Justice, cf. Hénoch éthiopien, Livre des Paraboles 46,3:

«C'est le Fils de l'Homme qui possède la Justice».

L'expression correspond à la traduction de la lune ou loi, comme BarNasha (voir page 205).

h) La Trinité et le Saint-Esprit

C'est seulement après la résurrection que Jésus a prescrit à ses disciples de baptiser au nom du Père, du Fils et du Saint-Esprit (authenticité douteuse de Mt 28,19, non confirmé par les autres évangiles). L'Esprit Saint peut être identifié, dans le modèle terrestre, au père spirituel ou Parrain, conformément à la tradition des mages. On en est ainsi arrivé à faire du parrain céleste ou Esprit Saint la troisième personne de la Trinité.

Les Jumeaux célestes

Des textes archaïques curieux présentent Jésus comme un Ange supérieur, et le Saint-Esprit comme sa sœur. Cet énoncé n'est pas si aberrant si l'on sait que la lune, en même temps que Delφis ou Dauphin (d'où le symbolisme du poisson dans le christianisme), est aussi A-delφos ou frère de son autre propre moitié, comme sœur jumelle. Le mythe des jumeaux célestes sort tout droit de la lune.

Dans le système valentinien (gnostique), il y a un Dieu suprême ou Père, qui crée la Dya-de, laquelle se compose de Noûs et de l'Alétheia, donc de l'Intellect et de la Vérité. N'est-ce pas là le binôme de la lune considérée dans ses deux moitiés?

Le mythe indo-européen des Dioscures, pertinemment appelés par Prynichus les Διυσκόρω (duel!), en latin Dioscures ou Castores, mais vénérés surtout dans les villes doriennes comme Sparte et Tarente, et dans le panthéon védique en tant que «cavaliers Açvins», a été différemment interprété (le jour et la nuit, la constellation des Gémeaux, l'astre du matin et du soir...). Des trois légendes qu'on peut retenir (couple chtonien, couple lumineux alternant et couple lumineux inséparable), c'est cette dernière qui saisit la véritable nature du mythe. Homère (Od. XI, 301-304) et Virgile (Aen. VI, 121) précisent qu'ils sont mortels et immortels, ou qu'ils sont morts et qu'ils vivent. De tous les astres, c'est uniquement à l'endroit de la lune qu'on parle de mort; du soleil on dit qu'il se couche. Par ailleurs, puisque les hymnes du Rig-véda parlent de «héros à cheval», le rapprochement avec l'angl. K-night ne peut pas être éludé et implique qu'on a intronisé en quelque sorte dans la Night ou lune le cheval par mécanisme de gémellarité céleste-terrestre. On en avait fait autant avec l'ours(e). Pégase, qui est figuré volant sur de nombreuses monnaies et quelques monuments, pourrait être le coursier de la lune (formé par P astrologique et gas, donc Esprit).

L'all. P-φ-erd devrait être celui du soleil, ardent. Ca-ballus est monté par la lune en correspondance de la Cabale. Hippos et equus appartiennent également à la lune, qui est le modèle de tout ce qui existe dans le triple règne de la nature: on le verra mieux dans la IIe section de ce livre.

Entre-temps, prenons Platon à la lettre! Les choses ont leur cause exemplaire dans le monde des idées. Là-haut il y a de la place pour la flore et la faune.

Note — Comme on le constate en comparant lat. Pollux et grec PoluDeukes, la demi-lune D est placée volontiers en infixe des mots: fr. raDical / racine; lat. siDer- / sera; gr. aner / gén. anDros (homme); it. meDesimo / fr. même, esp. mismo; lat. minor / all. minDer; ville croate ZaDar / it. Zara; fr. carré / cadre (la quadrature du cercle remonte à l'effort de faire correspondre parfaitement le carré au contour de la lune); lat. generare et fr. engenDrer; it. tarlo (ver du bois) et esp. talaDro, perceuse; lat. pro-tegere et all. ver-teiDigen; aDultère et lat. alter.

CHAPITRE III

ORAISON FUNÈBRE POUR L'INDO-EUROPÉEN

À Platon qui se demandait si l'origine du langage est naturelle ou conventionnelle, je réponds qu'elle est d'abord céleste, tel un cadeau des dieux. En l'acceptant, il y a eu une base de convention, puisque tous les concepts s'y conforment, tout ce qui existe est rapporté à des modèles parfaits appartenant à la sphère céleste, monde des dieux et des idées platoniciennes, qui sont la source de pratiquement toutes les notions ou même dogmes apparemment si abscons de la théologie et/ou philosophie: notions de Médiateur, de Démiurge, de Dieu souffrant, de Loi de l'univers, d'éternité et changement, de virtualités et accomplissement, de logos spermatikos et filiation céleste (superstition), de démons et esprits, d'onction divine et magie. Mais une terminologie beaucoup plus concrète dépend elle aussi du scénario céleste: les noms d'année, mois, semaine, jour et nuit, les locutions de temps, les phénomènes atmosphériques, l'idée de chance et malchance (luck, Glück, Pech se rapportent à un astre bien ou mal aspecté), les verbes naître et mourir, surgir et décliner, croître et décroître, se cacher et changer ou métamorphoser, ressusciter, les verbes auxiliaires de nécessité, probabilité et possibilité; regarder, ouïr, rire et pleurer, aller et venir ou advenir ou devenir, rester, monter et descendre, commencer, commander, veiller, dormir, hanter, rouler dans le sens de se déplacer et de gouverner (angl. rule), manger et boire, presque tous les adjectifs et, ce qui est plus curieux encore, les analogies anatomiques entre nous et les luminaires. Grâce à la représentation anthropomorphe de la lune ou du soleil, chaque partie ou membre de leur corps imaginaire reçoit un nom astrologique (main, bras, jambe...).

Même les liens de parenté ont leurs archétypes dans le monde des idées. Certaines sources égyptiennes (valentiniennes) et le courant ésotérique du judaïsme (cf. les syzygies de la Genèse) conçoivent la création du monde comme par émanation des sources de lumière qui, deux par deux, descendent du ciel vers la terre. Comment ne pas imaginer un arbre généalogique où tous les liens auraient été mis en évidence, le Soleil ou la Lune étant le père, le frère ou l'oncle de tel autre astre ou des croissants (mariés de force avec les arcs décroissants pour former un couple ou syzygie)? Sur une planche juxtaposée, la terminologie est reprise pour dénommer les membres de la famille terrestre. L'arbre de vie se présente surtout comme un arbre généalogique et plus spécialement de la lune (Lébanah, all. leben).

Pour n'importe quel mot ou idée, tout se réduit à un ensemble de symboles. Y a-t-il un sens, dans ces conditions, à confronter les racines de la famille indo-européenne avec celles d'autres langues? Ne faudrait-il pas comparer les symboles astrologiques, si jamais c'est le critère astrologique qui a présidé à leur morphologie lexicale? Et non seulement lexicale, mais aussi grammaticale: quoi de plus astrologique que le méta-langage employé pour la flexion des noms et des verbes? La Déclinaison est un terme astronomique; le thème, un sujet astrologique entré dans la grammaire comme synonyme de radical; le complément, un terme trigonométrique; le cas (lat. cad-ere et occasus; all. Fall correspondant à fallen, tomber) indique l'inclinaison dans l'espace, justifiant par là l'hypothèse que les cas obliques déterminaient d'abord les corps célestes et ont été transposés aux noms des choses, qui sont comme l'ombre des archétypes. La conjugaison (imposée peut-être par la conjonction de plusieurs astres) prévoit le duel pour les jumeaux célestes se relayant dans la lune. Les différentes formes de celle-ci, et peut-être le soleil, sont les locataires des chiffres et des lettres (gramma, glyphe, graphe, rune, littera, epistola, aryθmos, all. Zahl... y compris l'O-gam = message astrologique transmis au moyen de 'gamma' ou 'comma' qui sont des virgules ou arcs de lune gravés sur une matière dure comme l'argile).

Mais puisque les lettres magiques ne représentent qu'une infime minorité par rapport aux signes affichés par l'ensemble des autres systèmes d'écriture (qu'il y ait toujours eu deux sortes d'alphabets, un sacerdotal et un pour le commun, personne ne l'ignore; la classe sacerdotale égyptienne se réservait les hiéroglyphes ou glyphes sacrés, évolués dans le hiératique, tandis que le peuple devait se contenter du démotique), vous serez tentés de vous ranger sur une voie latérale à celle suivie dans ce livre, et admettre qu'il y avait plusieurs sources d'alphabets indépendants les uns des autres, et que l'origine du langage semblerait multiple. Il y aurait l'indo-européen, discours artificiel qui façonne les langues que nous parlons et que nous comparons en décrétant qu'elles forment une famille, et des langues qui ne se laissent pas comparer à l'indo-européen parce qu'elles ne sont pas nées sur la base de l'alphabet astrologique, mais suivant des critères que nous ignorons. Leurs phonèmes et radicaux ne correspondent pas aux nôtres.

Mais peut-être les symboles se laissent-ils comparer? Il est vrai que certains alphabets ne se décodent pas, les signes étant totalement déformés ou standardisés. Là où la comparaison est possible, on ne doit pas oublier de lire les mots dans les deux sens: de gauche à droite et de droite à gauche. On a vu qu'à 'rhema' correspond 'mem-ra' et à 'demi' correspond 'med-'. Cela se poursuit avec rien = noir; luna = all. Null (zéro) et lat. null-ius; mille = lum-en; gr. meta = all. Atem; φorma = morφe; lat. deb(et) = russe bud(et), futur de nécessité, etc. Nous avons de la chance de parler un langage merveilleux qui a permis d'exprimer et nuancer par allégories astrologiques tellement plus de notions que les pauvres messages utilitaires véhiculés par les communautés qui ne s'intéressaient pas aux secrets célestes, mais étaient uniquement occupées à compter leurs têtes de bétail, à chasser, à troquer et à faire la guerre. Entre-temps les mages travaillaient d'imagination. On dit que, grosso modo, les Occidentaux sont des moralistes et s'occupent des aspects juridiques et réglementaires, et les Orientaux sont des mystiques et s'intéressent aux réalités cachées en Dieu. Ceux-ci font figure de fainéants à côté de ceux-là, pourtant sans ces fainéants nous parlerions comme les tribus sauvages vivant en marge du monde civilisé, par exemple sans futur, sans itératifs, sans la prétendue abstraction (faculté que curieusement certains contestent aux Indo-européens) et même sans verbes. Ces tribus ont une vision animiste du monde.

C'est de l'ethnocentrisme que de croire que nos catégories sont universelles, ou que le fait de les posséder soit une preuve de la supériorité sur les peuples qui ne les ont pas. Ce n'est pas le peuple qui est supérieur ni sa civilisation. C'est la langue qui mérite un tel attribut.

W. von Humboldt a souligné que toutes les langues contiennent une analyse du monde extérieur, qui diffère de celle des autres langues. Il y a des langues sans adjectifs, sans verbes, sans une distinction entre temps et mode d'un verbe, et qui groupent les personnes d'une autre manière que chez nous.

L'Afrique animiste ignore le futur, qui est une idée suggérée par le retour prochain du Père céleste ou Abba, concrétisée dans le thème en -ib- du latin (-ab/-eb étant utilisé pour conjuguer à l'imparfait), ou de Ra (ou du Soleil, en angl. shall, all. sollen); même le français présente, à côté du futur en 'r', une autre forme de futur qui s'aide avec le verbe aller. Dans les langues négro-africaines, ce qui intéresse, c'est le déroulement de l'action (action qui commence, continue, est achevée) plus que la situation dans le temps.

Rentrant de son voyage au Congo, A. Gide racontait qu'il avait rencontré des tribus qui ne savaient pas penser en termes de cause-effet, ne savaient pas ce que «pourquoi?» implique.

Ce qui est dit pour la grammaire est vrai aussi pour le vocabulaire; on dit justement que chaque langue en a un qui est adapté aux besoins de la société qui la parle.

Voilà ce qu'on a pu dire pour consoler les non-indo-européens de ne pas parler comme les privilégiés que nous sommes. Qu'on se demande plutôt pourquoi la tradition est muette sur l'origine de ces prétendus alphabets ou écritures préexistantes, alors que pour la tradition magico-phénicienne, la légende parle d'un choix de 22 lettres, et la Cabale de son côté pose 22 lettres magiques à la base de la création. Cet alphabet mytique était le premier et le seul. Son unicité est plaidée dans les deux sections qui suivent cet exposé. Mais entre-temps vous objecterez que, si après avoir établi une séquence de lunes, les inventeurs de l'alphabet, que j'appellerai par commodité les mages, prononçaient une vingtaine de sons correspondant à ces signes, la logique amène à supposer qu'ils parlaient déjà un langage pré-astrologique, rudimentaire et barbare. Je vous assure que non. Rien ne permettait de se mettre d'accord oralement. La seule attitude possible était l'imitation. Avant que les mages ne parlent, l'humanité ne s'exprimait pas dans un quelconque langage articulé.

Un seul langage pour tous — tel est mon message-testament. Je déclare périmée l'expression «indo-européen», ou «pré-indo-européen», ou «famille indo-européenne». Toutefois j'emploierai encore cette terminologie, mais uniquement à titre conventionnel, pour désigner les langues qui se ressemblent, ce qui ne veut pas dire qu'elles soient foncièrement différentes de celles qui ne leur ressemblent pas. Unité de langage n'implique cependant pas unité ethnolinguistique. Nous ne savons rien des peuples qui parlaient ces langues; les noms qu'ils portent nous renseignent surtout sur leur filiation putative. Les titres des chefs sont empruntés aux régents ou archontes du firmament: dignité de Sire/Ras, ou de raja, rex, puis rama/émir. Brahma, Pharaon/-pherne — ou de El, baal, lama/mollah, Elohim — ou de Un(s), nabi/banus, Négus — ou de duc/Caïd/cadi, puis diadoque — ou de homme, amo, imam, mage, maya, mède/Adam/démon et dame, muφti, mister, maçon = massani, dieu en louvite, etc. Les aggeroi reprennent en Perse les fonctions des anges et des archanges, qui sont les 22 ou 24 formes différentes de la Lune. Les chefs étrusques s'appelaient «Lauchume», c'est-à-dire Elohim/Michel.

Si les titres sont issus de fonctions célestes, les anthroponymiques sont eux aussi astrologiques parce que les clans primitifs attribuaient les naissances au Soleil, à la Lune (Pleine, Néomenie, etc.), aux étoiles ou à l'Esprit avec prédilection pour ses métamorphoses ornithologiques (colombe, cigogne, cygne). Les Empereurs affectionnent la paternité solaire.

Les ethnies ont un nom artificiel. Nous savons où elles vont, se déplacent, se déploient, mais d'où elles sortaient, comment elles étaient avant de se disperser, ceci ne nous est pas donné de le savoir sur base linguistique, parce que les notions concernant les couleurs, les tailles, les traits de caractère, etc. sont toutes rapportées aux phénomènes célestes. Ceci est vrai, mutatis mutandis, pour toutes les autres idées, et les savants de l'Antiquité n'ignoraient pas qu'il fallait chercher l'étymon d'une chose pour connaître son essence (ce qui transposé au couvercle signifie qu'un mot commençant par un croissant ou une demi-lune contenait la forme de l'astre, sa situation, etc.).

Plus difficile à classer est le travail des grammairiens: les critères qui les inspirent ne sont pas toujours évidents lorsqu'ils rationalisent le discours en affectant les noms et les verbes d'éléments marquant le génitif, le pluriel, les genres, le nombre (mais le duel devrait être d'origine magique et s'appliquer aux deux moitiés de la lune), la flexion des verbes et des cas. À en juger, le rôle des scribes-astronomes devait être prépondérant. Lorsque le génitif ou la généalogie sont indiqués par la particule ou le suffixe D, c'est la lune qui a donné cette idée au scribe, parce que c'est elle qui ensemence. On a ainsi les Pelid-es, fils de Pélée, les Lag-ides, fils de Lagos. La généalogie est en outre indiquée par 't' et θ (Italio-t-, Lévia-th-an) qui sont la lune sous d'autres formes.

Lorsque la fonction de filiation s'exprime par «el» ou «er», la paternité est probablement attribuée au soleil.

En allemand et dans les langues slaves on forme les adjectifs et autres sortes de dérivatifs en suffixant C ou G qui sont des croissants. La cause exemplaire de la filiation se trouve encore une fois dans la lune, c'est pourquoi on préférera l'hypothèse lunaire à toute autre lorsque c'est 'n' (ou 'm') et 's' (respectivement le Noûs, la Mi et la Sica) qu'on emploie pour le génitif ou le gentilice.

On doit aux astres, notamment à la Lune, non seulement les noms ou les formes des 12 premiers chiffres (et d'autres comme cent, cinq cent et mille), mais aussi les pronoms interrogatifs ou relatifs «qui», «quel» et ceux qui sont indéterminés, comme ceci, that, it, das, es, quod, pos.

On s'adresse à la lune en lui disant Tu ou Du, gr. συ. On parle des luminaires en disant Lui ou Elle (en all. er ou sie); les articles préfixent

D en allemand, tandis que le seul article anglais 'the' en est le magnificatif. Dans le cercle des langues issues du latin, on trouve El pour cette fonction.

Notre père-mère est aussi un neutre, une chose, que les Allemands appellent Ding, les Anglais θing, les Latins res ou causa: source de toutes les causes, Principe de tous les contraires, puisque la lune naît et meurt, demeure et change, y est et n'y est pas, est tantôt petite, tantôt grande; Dieu et Démon, le Bien et le Mal (la Mille).

T en copte est l'article féminin. Le double de T ou D est le thêta grec θ, suffixe féminin. Dans la fonction de marque-féminin, le θ se trouve seulement en suffixe, ce qui est typique d'une écriture de gauche à droite (d'abord le nom, puis le genre). En préfixe par contre, le θ ne marque pas le genre, mais a uniquement fonction décorative, en symbolisant le Corpus Domini, qui rayonne dans les noms apparemment énigmatiques de Thé-mistocle (un myste), Thalès, Thésée, Thespis, Thessalie, Thessalonique (qui existe aussi sans θ, en Salonique).

Il y a au moins un cas où thêta est en infixe du nom: Zaraθoustra par rapport à Zoro-astre.

Les peuples peuvent être athées, incroyants, idolâtres et tout ce qu'on veut, cela ne les a pas empêchés d'afficher les enseignes célestes du haut de gamme, ainsi après la Palaestina on a voulu être φilistoi, après avoir été les Perushim on a voulu être les φarisiens. Dans cette même Palestine, Joppé au carré, cela a fait Jaφφa. Il y a eu une généralisation: ainsi lat. piscis se retrouve comme φish ou φisch chez les Anglo-Saxons. Les Puniques (Pu-ni-ki-yo en grec de Mycène) sont devenus Phéniciens, avec promotion de p en φ. Leur père putatif et esprit-guide était le phénix qui, en tant qu'oiseau et habitant du ciel, avait droit aux insignes du monde supérieur, tout comme l'angl. Bird surclassant s-pirit-us. D'ailleurs, le Phénix ou Bennu (cf. it. penna) n'est, en raison du mythe de résurrection, qu'un des noms de la lune. Les détails de sa légende proviennent de syncrétismes.

DEUXIÈME SECTION

DÉVELOPPEMENTS

INTRODUCTION

On trouvera en complément de ce qui précède, des développements qui mèneront beaucoup plus loin l'investigation, et contrediront même certaines conclusions hâtives de l'exposé précédent. La vérité est que cette première section m'a été donnée par intuition, tandis que la IIe et la IIIe, composées à quelques années d'intervalle, sont le fruit de la réflexion sur les données intuitives: en remettant celles-ci sur le métier, il s'est avéré que, des rôles joués par nos grands luminaires dans l'élaboration lexicale, celui du soleil se rétrécit désormais tout au profit de la lune, qui se taille la part du lion. Ce n'est pas pour rien qu'elle est notre satellite. Elle donne raison à tous ceux qui, depuis l'Antiquité, cherchent dans l'étymon (ou sens vrai) l'essence de la chose. Qu'elles sont périmées, les voies de la linguistique structurale avec son hypothèse d'immanence, qui interdit de rechercher ailleurs que dans la langue elle-même des justifications et des explications! (Cette école a critiqué les grammairiens de l'Antiquité à cause de leurs classements: substantifs renvoyant à la «substance», adjectifs renvoyant aux qualités, verbes renvoyant aux actions et aux états).

Une question par contre que je ne trouve jamais posée, ni dans l'Antiquité, ni dans les ouvrages modernes de linguistique, est celle de la correspondance entre les sons et les symboles, qu'ils soient astrologiques ou pictographiques. Cette concordance est-elle arbitraire ou obéit-elle à quelque principe recteur? Ce dilemma n'a apparemment intéressé personne jusqu'à ce jour, pourtant il faudra le résoudre. Je sais que je dérange la Science instituée chaque fois que je la bouscule par des questions qu'elle n'a pas songé à se poser, et je me prépare à un accueil glacial.

Vous voyez ce que je veux dire: prenons le cas particulier de la lettre B, bet, dans laquelle on reconnaît la maison sémitique: ⊟. Elle pourrait représenter tout aussi validement la boîte: ⊟. À ces interprétations profanes j'ai opposé celle découlant de l'alphabet magique: B est le symbole de la Pleine Lune puisqu'on a casé, l'une sur l'autre, deux demi-lunes, cf. russe obo, all. Beide, angl. Both. Or je vous mets au défi d'expliquer pourquoi la contrepartie phonétique de la maison ou de la boîte est une labiale et non pas une sifflante ou une nasale par exemple. Et vous réciproquerez la question pour les deux demi-lunes. C'est votre droit, et je m'en acquitte dans les dernières pages. Sachez que pour expliquer, sur le plan phonétique, le critère de baptême des différentes lettres-phases, j'ai dû aller jusqu'au bout, remonter au big bang du langage. Je n'ai jamais perdu de vue, pour ne pas m'égarer, que l'homme se sert d'un modèle pour tout ce qu'il produit. (Ceci vaut aussi pour le sens de l'écriture).

Voici une liste d'idées reçues à abattre:

1) refusez de croire:
   - qu'on a parlé avant d'écrire,
   - qu'il y ait un indo-européen à opposer à d'autres langues. Il n'y a pas d'indo-européen: renversez les racines et vous le trouverez partout,
   - que l'écriture sinistroverse est symptôme d'introversion (la raison est technique),
   - que les mutations (m = v, c = s, etc.) se sont produites dans la gorge (c'est sur le papier qu'elles se sont produites),
   - qu'il y a des semi-voyelles ou des semi-consonnes, inventées pour expliquer les équivalences phonétiques comme un accident survenu au niveau de la gorge ou du palais;
2) croyez — contre toutes les apparences — que les verbes *aimer* et *love* sont issus d'une même racine;
3) méfiez-vous des astérisques affectés à la reconstruction des langues-mères, ces instruments parfaits qui se sont corrompus dès que l'homme s'en est emparé.

LA «LOGIQUE LUNAIRE»

Toutes les langues ont une logique, qui guide les chercheurs et les comparatistes dans l'analyse des termes et des correspondances. Les comparatistes existent depuis la rédaction des vocabulaires suméro-akkadiens. À cette époque-là, on savait encore (on le remarque aux gloses) quel était le principe recteur du lexique et de la grammaire: grâce à Dieu, il était le même que celui de l'alphabet astrologique: la lune et ses phases.

Langue et écriture ne sont pas tombées du ciel comme la Jérusalem Céleste est censée le faire à terme, il a fallu les cultiver longtemps dans leur jardin, mais la racine qui les a portées est une seule (sauf démonstration du contraire). Je regrette pour les Orants associés au soleil, gravés il y a quelque sept mille ans sur les rochers de Val Camonica où sévissait un climat rude, reliquat d'une glaciation — ce n'est pas leur astre favori qui fournit un principe recteur capable de les faire parler, et ceci pour des raisons que je donnerai beaucoup plus avant dans cet ouvrage. Les gravures en question témoignent uniquement d'un sentiment religieux de gratitude et d'adoration qui prépare la vénération pour l'astre nocturne et l'éclosion de la parole écrite. La parole écrite devient vivante dans la mesure où elle brille, constate Mme Elena Cassin (*La splendeur divine. Introduction à l'étude de la mentalité mésopotamienne*, Paris, 1968, cité par J. Ries, dans «Le sacré», p. 59, Louvain-la-Neuve, 1983).

Le berceau du langage en train de se constituer par inspiration de la lune nous amène aux contrées où l'importance de cet astre était capitale et a inspiré non seulement l'écriture-langage (deux facteurs indissociables), mais en même temps la forme des tours et habitations, ainsi qu'on a constaté à Jéricho dans la vallée du Jourdain (culture néolithique du VIIIe millénaire), à Chypre où on a trouvé près d'un millier de maisons rondes avec toit en coupole (5500 av. J.-C.). Les cromlech de Stonehenge sont plus récents: première moitié du IIe millénaire. Sa date de naissance, on la situera provisoirement en amont (de quelques siècles, voire millénaires) de l'invention des idéogrammes sumériens, première écriture déchiffrée en absolu, avec la réserve qu'il s'agit d'une écriture divulguée, et qu'une liste de caractères alphabétiques magiques devait subsister quelque part, gardée en lieu sûr. Il est vrai qu'on parlait à Sumer, alias Calam (= Elam = Perse) une langue apparemment énigmatique, agglutinante; mais l'agglutination, ce méchanisme d'éléments adventices soudés «manuellement» aux racines, n'est que la première phase du langage articulé. La prétendue agglutination du sumérien n'est rien comparée à celle de langues beaucoup plus récentes comme le latin, le grec et le sanscrit; même nos langues modernes, (italien, allemand, anglais) n'en sont pas exemptes, comme on le verra.

La cosmogonie en place à Sumer montre un panthéon de divinités «nunnantes» (présence marquée de N dans le nom), dominé par Nanna, déesse tutélaire d'Ourouk correspondant à notre lune, à côté d'An le Ciel, de Ki la terre et de leur fils En-lil. Les dieux parlent et leur parole est efficace (car les paroles sont les différentes formes de la Lune, réputée cause des bienfaits et des malheurs, ainsi que Grand Architecte de l'univers et régente de l'harmonie cosmique). Il y a un dieu de la sagesse (Abzu, l'abîme, cf. gr. abussos, ou aussi Enki), lequel détient toutes les Me ou Lois divines. Dumuzi (le Tammouz d'Ézéchiel 8,14) est le dieu-pasteur, parèdre d'Inanna-Venus.

L'originalité de la cosmogonie sumérienne réside dans les Règles rectrices du Cosmos, une centaine de Me, particule qui formera par mimmation:

— les déclinaisons archaïques de l'akkadien,
— les pluriels sémitiques,
— des abstraits: ex.: organis-me, dualis-me, Royau-me, abî-me, arôme et miasme, censés imprégner l'air en provenance d'une de ces Règles rectrices,
— des collectifs: légu-mes, agru-mes... et même M-isra-im (Israël) avec Règles mimmantes en préfixe et suffixe,
— des chiffres: sept-em, nov-em, dec-em, sat-em ou cent-um.

Nombreux sont les mots anglo-saxons se terminant par M, comme Be-am, dre-am, Tra-um, ro-om, Ra-um, Ruhm, te-am à comparer à Ta-um, jumeau en araméen, c'est-à-dire moitié en métathèse, et associé à angl. meet, joindre, all. mit. Dans cet ordre d'idées, c'est une erreur d'interprétation que de traduire Pâques, l'hébr. Pesah-im (Pâque), ou croire qu'Elohim soit un pluriel, alors que lu de droite à gauche, il est Michel, l'Ange presque égal de Dieu, protecteur d'Israël et celui qui à terme (dans le doc. IQM, i lO-11) doit vaincre la gigantesque bataille eschatologique contre les forces du Mal.

L'homologue égyptienne des Me est la déesse Ma-at, fille de Rê, incarnation de la Vérité et de la Justice, garante de l'ordre universel (les mouvements célestes, la suite des jours).

Dans la tradition sumérienne, ces Me ne s'appliquent pas seulement à la Lune en tant que Divinité, Dame, Maîtresse, etc., mais aussi à ses fonctions d'Ancien, de Souverain, de Scribe, de Grand Prêtre, et à ce qu'elle sait faire (maçon, vannier, forgeron, etc.), car c'est en elle que réside le principe de perfection: on sait depuis Platon que la table parfaite se trouve uniquement dans le Monde des Idées, à la différence des réalisations terrestres qui sont défectueuses.

C'est en effet à la forme ronde de la lune que sont inspirées les premières maisons (alors qu'un plan carré aurait dû s'imposer d'abord, étant plus facile à réaliser et plus fonctionnel — et quand on l'a conçu, les briques ont été fabriquées à bosse ronde!), les premières tables, la poterie, la vaisselle, les lampes, les miroirs, les monnaies, boulangerie et patisserie, etc., tandis que l'arc a suggéré la forme des bateaux, de l'arc de chasse et de guerre, et de la faucille, gr. opl-on, outil et arme, à retourner comme anagramme du logo alb/alp. Voici *tout le Timée de Platon.* Faut-il en vouloir à ce philosophe de nous avoir mystifiés sur l'origine céleste de notre naissance pour expliquer comment, au cours d'une existence antérieure dans un monde idéal, nous concevons les archétypes? Il était né trop tard pour se souvenir des causes qui ont déclenché chez l'homme la faculté de nommer, de compter et de penser. Sait-on que nos arrière grands-ancêtres *pensaient comme*, avant de penser tout court?

On a trouvé à Ebla toute une série de textes commençant par «ainsi dit-il», répondant donc à la question: «Comment a-t-il parlé ou dit?», au lieu d'écrire «il dit ceci».

Le mot «comme» renvoie à la lune, sum. gim, all. kom-ma.

L'*ut* latin correspond à l'idéogramme pré-sumérien considéré comme le plus ancien déterminatif pour Dieu et qui indiquait le soleil, lequel toutefois, à mon sens, ne fait que squattériser un idéogramme jadis affecté à la lune (*itu* étant le mois en sumérien).

L'angl. *as*, avec s prononcé comme Asie, Ases, ou grec ἴση (part égale) ou ŏsion (loi divine), est le radical pur des peuples asiatiques qui s'appellent *comme*.

Toutes ces particules ont permis d'organiser les paraboles en comparant à la lune et à ses avatars, ses mythes, les phénomènes observés sur terre: actions des hommes, dangers, pousse des végétaux, chasse, guerre, commerce.

De combien de «par exemple» parsemons-nous nos discours? Le premier exemple nous vint du ciel. L'expression latine «exempli gratia» (par la grâce de l'exemple) nous indique bien la source d'où procèdent toutes les autres comparaisons, car la Grâce est la Cause, traduite en français par la préposition causative «par».

Le discours imbriqué de paraboles, énigmes, exemples n'est obscur que pour nous, et pour tous ceux qui ignorent que le dieu Lune est la mesure de toute chose. La parabole a été la plus ancienne façon de parler, voici la preuve: lorsqu'on prie quelqu'un de répéter ce qu'il vient de dire, on demande «comment?» (dis-tu); parce qu'on a commencé à parler en «comparant».

De la même manière, on demande *comment* (et non pas «qui» ou «quoi») s'appelle quelqu'un ou quelque chose; et ceci dans toutes les langues: angl. *how?*, all. *wie?*, it. *come?*, russe *kak* vas ʒovut?, etc. C'est donc que la personne, l'animal ou la chose ont reçu leur nom «comme», c'est-à-dire comme le soleil, les étoiles, la lune sous une de ses phases.

Dans la première étape du langage, à laquelle se cantonne l'art poétique, on demande «comment» une chose arrive; à l'étape suivaante, celle des dialecticiens, on demande «pourquoi» et on répond «parce que» (*esprit de géométrie*).

C'est la raison pour laquelle le langage poétique n'est pas fait de «parce que» et de déductions, mais de paraboles et d'intuitions (*esprit de finesse*). Le poète bannit le «parce que»; par contre «puisque» est toléré en poésie, étant parataxique (et puis... = succession des faits, sans lien de cause-effet indiqué).

En Occident, le Dr. G. Contenau écrivait, dans «Les civilisations anciennes du Proche-Orient» (Paris, P.U.F., 1968, p. 51), que notre raisonnement se développe au premier chef par inductions et déductions; en Orient on suit de préférence la voie de l'analogie; ceci imprimera aux conclusions tirées de l'observation, des caractères tout différents.

Il ne faut pas oublier toutefois que même le syllogisme, argument formé de trois éléments, arrive à la conclusion C après avoir comparé A et B.

Pour la connaissance, Descartes utilisait l'intuition, mais si l'on croit que ce procédé se prive de raisonnement, c'est là une grave méprise, car l'intuition n'est pas une prophétie, mais plutôt l'intégrale d'un ensemble d'équations et de syllogismes.

CRITÈRES DE CLASSEMENT DES LANGUES

Le débat sur le classement indo-européen ou non des langues est périmé. Le terme «indo-européen» peut être provisoirement conservé à titre conventionnel, de référence à un groupe de langues qui paraissent avoir des points communs au niveau lexical ou de la grammaire. Les dix critères ci-dessous ne classent pas ces langues, mais uniquement les langues lunaires, plus ou moins abouties, par rapport à d'autres qui ne le sont pas.

Une langue appartient à la famille lunaire si elle satisfait au plus grand nombre possible des critères suivants, que nous analyserons tout de suite après:

1) la comparabilité des premiers chiffres ainsi que de Cent (avec faille satem-centum),
2) la présence du duel,
3) la présence des déclinaisons,
4) la notion de changement, à radical lunaire,
5) abstraits formés à l'aide du nom de la lune,
6) transparence lunaire des radicaux débarrassés de préfixes, suffixes et infixes,
7) la notion de moitié (donnée spécifiquement lunaire),

8) la situation de Droite et de Gauche par rapport à la lune,
9) *négations* dépeintes comme la Nouvelle Lune de nos calendriers,
10) allusion à la forme «parfaite» ou «imparfaite» de la lune dans les verbes, et concordance entre le thème en N (◉) du présent et l'adverbe temporel correspondant à «maintenant».

Ier critère (les chiffres)

0: Le zéro *réexhumé* par les Indiens, chiffre hors série correspondant à la lune étrusque E-sera, lat. sera (tard).

1: Le chiffre 1, c'est 🌝, l'En/Un de Plotin, l'arreton, inconnaissable et indéfinissable.

2: On pourrait croire que ce chiffre représente la demi-lune, mais l'altérité ne commence qu'avec le trois.
Le dieu ou deva du IIe numéro est tout aussi insondable que le premier parce qu'il est celui qui, à l'instar du Noûs invisible du n° Un, représente le Tau ou Taw: cf. gr. duo, russe dva ou dve, sanscr. dvi, et surtout angl. two à identifier au suffixe -tva/-tvo du sanscrit et du russe pour former les abstraits (ex. brahma-tva, Go-sudars-tvo: gouvernement par un astre dont se réclame Esdras).
Les deux formes préférées pour symboliser le Principe de Tout ont donc voulu être placées à la tête de la série numérique et n'ont rien à voir avec la quantité.

3: Lat. tres: cette racine trouve d'accord toutes les langues indo-européennes et doit être des plus anciennes. L'altérité commence avec Trois ou lat. ter, pour paradoxal que cela puisse paraître. Deuter(os) signifie: l'autre des deux, le russe B-tor(ói) signifie «IIe», lat. u-ter = lequel des deux?, à comparer à all. o-der et à angl. either, impliquant choix entre deux. A. Meillet, *Les langues indo-européennes* (Paris, Hachette, 1912, pp. 252-253), souligne le rôle de «tero», «toro», «tro» comme élément marquant une opposition de deux objets, ainsi scr. ka-tara-h: lequel des deux?, comme gr. po-ter-os = lat. uter, et a-ter-os ou e-ter-os qui signfient: l'autre des deux. Le lat. alius est opposé à alter. Une inscription éléenne dit: mate ersenaiteran — mate thelu-teran (ni mâle, ni femelle).
Plus précis que lat. iter, l'adjectif *itératif* signifie que le voyage bouclé recommence; tel est aussi le sens de l'akkad. târu. On a transposé au mouvement l'idée de 2: une autre fois. Ce mouvement ne peut être que le retour d'un cycle (lunaire, solaire).
Le scr. án-tara = lat. in-ter-ior (avec 'ior' suffixe du comparatif) ou

in-ter tout court: à l'intérieur, localisent l'expression dans quelque chose qui a deux côtés: l'intérieur et l'extérieur: le Noûs caché, ou manifesté.

'Tero' est devenu suffixe secondaire du comparatif en grec: omo-ter-os, etc., tandis que russe pol-torá signifie «une tora et demie». La tora vaut 1/2 Thora, cf. grec πληθωρη. Thora et Dhar-ma ont une même origine.

Dexter et sinister forment aussi un couple: l'astre à droite et l'astre à gauche, dont vous aurez bientôt des nouvelles. *Ter* dessine la lune sans préciser s'il s'agit de la moitié droite ou gauche. L'Amphi-Tryon étale les deux moitiés et il nous juge (angl. tri-al).

En numérologie, le trois occupe — quantitativement — une place très importante, qu'on songe par exemple au trisagion de saint Jean Chrysostome: Saint Saint Saint est le Seigneur Sabaoth. La sainteté du numéro trois peut s'expliquer de différentes manières: a) avec le Timon de l'Ourse, qui indiquait le Nord; b) avec le temps nécessaire à la lune pour renaître (cf. Mt 20,19: le 3e jour il ressuscitera); c) avec les trois aspects de la divinité, c'est-à-dire la Trinité, sujet très vaste que je traiterai dans la section extra-linguistique (pages 194-201).

Puisque le trois implique l'idée de l'altérité, il fut un temps où il a occupé la deuxième place, mais il a dû glisser à la troisième parce qu'on a inséré devant lui soit Un, soit le Tau.

4: La comparaison de lat. quattuor, sanscrit catur avec l'angl. gather, rassembler, fait ressortir la fonction d'union des quatre quartiers: dans l'invisible si G = Θ (emphatique de passion), dans la gloire manifestée si G imite ☺ en tant que reconstruction de l'astre entier. Il a alors la forme d'une guitare, lat. cetra, ou d'une couronne, cabal. Keter, tout comme sept renvoie au sceptre, cf. cross et crosse pour mourir et commander.

Dans la série il y a eu glissement avec le 3 — ce qui est prouvé par le chiffre arabe quatre qui se dessine 3, et par la correspondance entre grec tessares, 4, et sanscrit tisras, qui veut dire 3 au féminin.

5: Avec cinq ou quinque on revient à la lune cachée, soit en qui◉que (à l'opposé de qu☺que = aussi), soit en grec pe◉te, sanscr. pa◉ca, all. fü◉f, tandis que russe 'piat' est à comparer à O-piat = de nouveau, c'est-à-dire Nouvelle Lune. En particulier, le grec pente est issu du verbe sbenny-mi, s'éteindre, et il en serait le participe passé comme it. spento (éteint), avec allusion à la Panne de lumière ou de lune et à l'all. Ge-spenst, fantôme.

Au vu du Spanta perse, gr. Pente est l'Esprit.

6-9: Dans cette série, 6 est la forme de la lune au dernier quart (P.E. Santangelo, *Corso di Storia*, vol. I, Padova, éd. Cedam, 1944, p. 16). L'angl. sick, malade, et l'esprit rude du grec ἕξ le confirment. Avec 7 elle se vide de sa substance (comparer angl. em-pty avec lat. sept-em et gr. pi-pt-, tomber). C'est la même racine de Ptah dieu des morts, de Kaputt, de Pyt-on (le serpent primordial), de lat. opt-imus (le Principe de Tout), de lat. put-are, de gr. he-pat-, de russe pti-za, l'oiselle, d'angl. put, verbe caméléon s'appliquant surtout à la Lune Nouvelle: dé-bu-ter.

Le 8, lat. octo, est, à l'instar de l'all. acht (et aussi echt, pur, vrai: la Vérité cachée), la forme centum du sanscr. asta. La lune, aussi ténue qu'une haste ou le T ougaritique, simple clou, est scellée dans l'hostie, est l'otage qu'il faut délivrer, le gage qu'il faut dégager. De cette cachette, elle engendre dans l'∞ la nouvelle lune: le 9.

À noter aussi que sheva en hébreu (rappelant l'élision ou shwa) ou sebaa en arabe signifie 7 qui se trouve entre 6, lune décroissante, et 8, l'infini. En angl. et en all. on a respectivement seven et sieben. Ces langues suffixent le Noûs, le latin par contre suffixe la Mi ◑ prohibitive (mimmation) surajoutée à T de funeste présage, comme grec ἑπτά à lire sep-ta.

La loi du Sabbat ou repos du 7ᵉ jour (Gén. 1-2,4 et Exode 20,8) prend tout son sens dans ce chiffre qui symbolise l'arrêt absolu de l'activité de Dieu avant la reprise à partir de ∞ (cette théologie appartient à la tradition P, Sacerdotale, de la Bible).

Ce n'est pas la quantité qui compte, mais le symbole: une croix dissimulée, la forme de l'épée, gr. s-path-a, ou du scept-re.

Aussi bien le 6 que le 9 ont échappé au chambardement sinistroverse puisque le dernier quartier et le premier ont exactement ces formes. Les phases lunaires n'ont pas l'air d'avoir été déplacées, car au départ de la pleine lune il y a à peu près 6 jours pour atteindre le dernier quart, et 3 autres pour voir recomparaître la lune dans son premier quart.

On dit que le zéro est une géniale invention tardive des Indiens, qui a permis de réaliser le calcul positionnel. Pourtant ce chiffre hors série a toujours été là (les Indiens l'ont tout au plus réexhumé), en tête de liste, puisqu'il était l'alpha et l'omega de toute la numération: il représentait dans toute sa rondeur la pleine lune.

Voici comment devait se présenter le premier calendrier/numération:

0	pleine lune	le Dieu manifesté de la Kabbale
——		
—		
—		
—		
—		
—		
(	dernier quart	
—		
		le Dieu caché de la Kabbale
—		
)	nouvelle lune	
—		
—		
—		

La sainteté de 8 a été cultivée à Hermopolis (en copte: Shmoun = chaman et all. Mensch) où les théologiens soucieux d'harmonie avaient concocté l'Ogdoade = quatre couples de forces élémentaires créatrices (Noun + Naun, l'eau primordiale; Heh + Hehet, l'infinité; Kek + Keket, les ténèbres; Amon + Amaunet, le Néant ou le Vide). Mais l'importance de 8 n'est pas dans le nombre, mais bien dans le symbole: l'∞, le néant qui crée.

De la même manière on a concocté à Héliopolis des Ennéades pour célébrer le 9 en tant que symbole de N.L. et non pour sa valeur numérique. (Le Sept par contre a été adopté comme synonyme de plénitude et comme valeur numérique, soit par référence à l'Ourse, soit en comptant les 7 jours qui débouchent sur la pleine lune, comme pour les Olympiades, qui débutaient par le vigile ou paraskeue et se clôturaient par un banquet le 16ᵉ jour de la lune).

10: Decem est, en anagramme, le médecin céleste, et le Tenno en tant qu'angl. ten. Le Tunn-el, l'all. Tonne, nous propose l'enveloppe ou tuyau où se cache la substance.

L'all. zeHn a voulu faire chiffre rond en infixant le disque H, si bien que le russe naDza-t (employé de 11 à 19) pourrait en être la lecture dans l'autre sens, avec seulement une demi-lune en infixe (la même alternance s'observe pour lat. traDere, fr. traHir: les Français ont seulement voulu donner une idée plus ronde de la trahison: le dieu livré pour nos péchés. Si certains auteurs vous disent que D s'est aspirée dans la gorge, ne les croyez pas).

Si donc ten et zehn nous renvoient au tuyau, gr. deka à rattacher au verbe deik-, montrer, et lat. dec-em par le biais de decorum et du v. decet correspond à une lune qui se montre comme il faut, c'est-à-dire à l'endroit: dex-ter (pour la notion Droite-Gauche, cf. p. 95).

11 et 12: Le système duodécimal prévoit un nom aussi pour 11 et 12; ainsi les langues anglo-saxonnes ont-elles baptisé le 11 «moitié» (elf), le 12 «pleine lune» (tu-elf, zwölf). Douze est de première importance parce qu'il y avait 12 paires de jumeaux = 24 jours/nuits, appelés Syzygies. Que ce chiffre soit astrologique, est prouvé par le fait qu'on vend par douzaines tout ce qui est rond: œufs, moules, escargots, champignons, bouteilles, assiettes, verres...

40: Chiffre de deuil: qu'on songe à la quarantaine (isolement de 40 jours), aux 40 jours de jeûne et de solitude de Jésus au désert, au Carême (Quaresima, quadraginta), aux 40 ans passés par Moïse et les Hébreux dans le Sinaï avant d'atteindre la Terre Promise (la traversée du désert est la parabole de la Dame du Ciel astreinte à une période de preuve).

La langue russe a un nom spécifique pour ce chiffre magique: Sorok, qui fait songer à Sacré, à Osiris Sucri, à l'enfant Zagreus démembré, à sarco-phage: le corps du Christ. Sucre et cigare en sont des métaphores.

50: L en chiffre romain: ce nombre était le plus important pour les Thérapeutes, qui le mettaient en relation avec la Pentecôte, 7 x 7 jours, fête commémorant le renouvellement de l'Alliance. Philon explique dans «De vita cont.», 65, que 50 était pour les Thérapeutes le plus saint des nombres, parce qu'il est constitué par la puissance, ou carré, du triangle rectangle, lequel est le principe de la génération de l'univers. Le L romain symbolise donc le triangle rectangle, figure chère aux Pythagoriciens et aux constructeurs de pyramides. Son hypoténuse avait une longueur de 7 unités de mesure (lesquelles?)...

100: Centum ou ce◉tum et son homologue sanscrit satem, perse sad, russe 'cot', sont les éponymes de deux branches cousines: satem et centum.

La désinence lat. -um, sanscr. -em, dépend de la cosmogonie sumérienne et rentre techniquement dans la catégorie des mimmations. À lat. cent-um et gr. (he)-kat-on (voire: ecto-plasma) correspondent l'angl. hund-red et l'all. hund-ert, comme le remarque aussi A. Carnoy (*Les Indo-Européens*, Bruxelles-Paris, éd. Vromant, 1921, p. 15), qui se soucie toutefois moins de la finale en -rt contre -um et -on, que du glissement des sourdes (K, c) vers la spirante (h) pour apporter de l'eau au moulin de la loi de Grimm. Or, la spirantisation des sourdes (p, t, k > f, th, h), loin d'être un défaut de prononciation anglo-saxon, est un acte de libre arbitre visant à arrondir tout à fait, sur le papier d'abord, la moitié de la lune.

Quant à la désinence -rt contre -um ou -on, il s'agit d'un «logo» qui, au même titre que les Me sumériennes, se suffixe au chiffre pour faire savoir qu'il s'agit d'une Règle rectrice, qui fait précisément régner l'ordre, lat. ordo, sanscr. arta ou r̥tu (phase).

On a inscrit dans got. hund le chien, all. Hund, tout comme dans russe Sot il y a le chien Sotis. On a par ailleurs inscrit le chat, angl. cat, all. Kat-ze et Kat-er, dans ce◉tum (ou dans catur, 4?). Le cochon est inscrit dans la face cachée.

1000: Mille est soit le Mal, soit le Bien, lat. mel-ius. Si la voyelle 'i' est degré zéro comme en sanscrit, il s'agit d'une lune nulle, comme dans le gr. k-i-l- pouvant correspondre à kalos, beau, à ciel, ou, lu dans l'autre sens, à lux ou à son contraire angl. lack. L'anglo-saxon Tausend opte pour la N.L. si Tau est la lecture in extenso de T, concurrent du Noûs. Mil se trouvait déjà en métathèse comme 'lim' à Ebla.

IIe critère (le duel)

On conçoit aisément le singulier et le pluriel, mais le duel? C'est peut-être un signe de modernité de ne plus l'avoir, mais en prouvant qu'elle l'a eu, une langue se classe comme Lunaire. Tout en disparaissant des flexions, le duel est resté comme tel dans ambo, both, beide, amphi, russe oba, bis...

Le seul intérêt à compter par deux pouvait venir du fait qu'on raisonnait et parlait au sujet du dieu du ciel fait de deux moitiés. Une fois que le discours s'est totalement laïcisé, on a fait l'économie de cet intrus.

Mais on peut se demander quel critère on a suivi pour marquer le pluriel, qu'on ne ferait pas dépendre de la lune à première vue. Mais je dis: encore la lune, dont tous les quartiers, nuit après nuit, sont les enfants — ou si vous préférez: les membres du Christ ou de l'Église reconstitué(e) dans le Noûs. De là le pluriel en -n, ou en -m (la μή), ou en -i, degré zéro (lune zéro). L'Umlaut qui sert en allemand à former le pluriel et les diminutifs, n'est autre qu'une voyelle étroite (parfois muette): e insérée dans la racine.

Les grammairiens assimilent l'Umlaut à un adoucissement de la voyelle. Mais on ne voit pas pourquoi é, ö et ü seraient plus doux que a, o et u. C'est en fait la forme pleine de la lune qui est désemplie.

Souvent le pluriel a la même forme que le génitif: lat. -i et -ae; anglo-saxon en -n et aussi en -s, lequel représente le tout dernier arc du quartier couchant et coïncide presque avec la Chambre nuptiale, parce qu'on exige le silence par «sss» et tout appel à se taire exprime un nom secret de Dieu, celui qu'on ne voit pas: cette sifflante déliée de voyelle serait un des premiers noms secrets de la face cachée.

Le pluriel en -t (consonne zéro) se trouve en arabe, ex. zamma:l, plur. zamma:lat, chameliers; home, all. Heim: plur. Heimat rappelant l'arabe kaimat, les tentes.

Le duel se forme donc avec 🌝, le pluriel avec consonne ou voyelle zéro. À évaluer comme étant des traces de duel, sont: le pluriel en B des langues bantoues, le génitif pluriel russe en -oB ou -eB et la désinence -Bus du datif et ablatif pluriel latin.

IIIᵉ critère (les déclinaisons)

Nous somems ici en pleine astronomie. Qui régente qui?

Il y a des prépositions et des verbes qui régissent un *cas*, et nous savons que la Loi contemple les cas. En astronomie, les déclinaisons correspondent aux déplacements des constellations situées sur les voies de la lune ou du soleil. En grammaire, le principe logique concerne les évolutions de la lune. Le fonctionnement toutefois n'est pas aussi transparent que celui du domaine des verbes. On peut souligner que si le génitif est subordonné au nominatif comme l'enfant au parent, on a la raison d'une morphologie qui prévoit le degré plein au nominatif, le degré zéro au génitif et cas obliques, ex.:

Carthagō, gén. Carthag-in-is
homo, gén. hom-◉-is
virgo, gén. virg-🌚-is
ord🌝, gén. ord-🌚-is
🌛ar◑🌝, gén. 🌛ar◑-🌚-is

qui est l'Officiant, le Grand Prêtre ou Cardinal.

Le suffixe en dentale du génitif latin et grec (Osiris-Osiridis) correspond à la particule 'de' que nous préfixons.

Le partitif se légitime comme «parcelle» d'un astre entier; en tant qu'engendré par le Père, il correspond au génitif.

Décliner les généralités, cela concerne le nom et le patronymique: ainsi le nominatif et le génitif sont-ils à la tête de toutes les déclinaisons; on y a ajouté le datif/allatif, l'ablatif pour le complément d'agent (par la cause ou grâce de qui quelque chose arrive) et l'accusatif, qui en lat. et gr. se forme avec -m ou -n (cf. aussi les pronoms de la 3ᵉ pers. en all.

et angl. aux cas obliques), particules négatives convenant tout à fait pour celui qui est *accusé* des plus gros crimes et mis au cachot pendant trois jours.

IVe critère (le changement)

J'admets que l'idée de changement est suggérée par un tas de choses. Malgré cela, les radicaux y afférant sont éloquents: l'ange pour changer; ambo pour it. cambiare; moon pour russe meniat; vicem ou le vicaire pour all. wechseln; l'autre, lat. al-ter, pour le péjoratif altérer; α pour hébr. halaph, se muer.

V^e^ critère (les abstraits)

Je plains les étudiants de philosophie, qui ont dû digérer des pages et des pages sur l'Absolu, le Monde des Idées et la Critique de la raison pure, alors que je sais que les abstraits se forment à l'aide du nom de la lune: le *Noûs* (all. et angl. -nis), *-me* comme en Royaume, arôme, organisme... menant tout droit à la cosmogonie sumérienne; -té, ou -tv- en russe et sanscrit, pour le Tau caché; *-ment*: l'intellect; russe *-ost*: l'hostie; sumérien *nam*: le nom; angl. *-ship*: le bateau, ou le mouton, all. Schaf et -schaf-t.

VIe critère (les radicaux)

Dans ce domaine, le soleil et les étoiles doivent se cantonner à quelques termes, et les phases ont la part du lion. Pour les trouver, il faut débarrasser chaque mot de ses préfixes, suffixes et infixes. On atteindra alors les logos de l'arc (R + ☾), de l'ange (◉ + ☾), du Noûs (◉), de Ambo ou Amphi (☺), de la demi-lune (◐ ou ◑) que nous connaissons aussi sous les noms de (h)alf, (h)alb, (h)alv-. On a ici une terminologie indiscutablement lunaire, tandis que d'autres plus génériques comme Lux, Log-os, angl. lack, ciel, lat. orbis, rond, ordo, ard-... pourraient ne pas être lunaires, mais solaires ou astrales. Mais lorsqu'on aura compris que toute la grammaire tourne autour de l'axe lune, même ces termes ambigus basculeront de son côté.

La comparaison de ces radicaux se fait même en anagramme; ex.: norθ et θrone; Mitra et gr. Artemis ou jap. Amaterasu; parthenos et anthropos, etc.

VIIe critère (moitié)

Rien ne pouvait mieux suggérer cette notion que la demi-lune suspendue au firmament. La lettre alphabétique la plus évidente est D, qui est non seulement radical, mais a été placée au début, à la fin ou au milieu d'un autre radical pour des fonctions différentes. Les lettres munies de hampe peuvent dessiner également la demi-lune, de droite ou de gauche, mais aussi des arcs, de droite ou de gauche. La notion de Médiateur s'est greffée sur la Demie: pour aller au Père il faut passer par elle.

Si dans une langue donnée la notion de Moitié était exprimée par un radical qui n'a rien à voir avec la lune, vous pourriez espérer avoir trouvé un principe recteur différent de l'astre nocturne pour organiser un lexique ou une grammaire.

VIIIe critère (droite ou gauche)

Les notions «droite» et «gauche» sont suggérées par la situation de l'arc: croissant lorsqu'il est à droite dans le disque ou face éclairée; décroissant lorsqu'il est à gauche dans le côté pile de la lune. La Gauche et les archontes de gauche, amis des Ténèbres, relèvent du Mal; les bons archontes sont ceux de droite. Le judaïsme castillan connaît une théorie d'une émanation de la gauche en contrepartie de celle de la Sainteté. La terminologie confirme les correspondances:

	la droite		*la gauche*
	est l'endroit (et le Droit)	*est l'envers*	
ital.	a dritta	a manca	(manquer)
all.	rechts	links	(à gauche et à l'envers)
angl.	right et straight	left	(= parti); wrong (cf. all. ge-ring, minime)
russe	право (le droit)	слев	

Le terme «gauche» sera associé à «gâcher», «gâche», cachette, au nom de Vishnu: *Gesha*, lors de la dissolution du multiple (cf. all. gescheh-en), et éventuellement à «gage», donc aussi à Gog et Ma-Gog, surtout si G = Θ: le dieu réduit à sa plus simple expression (mythe d'Ogygès). L'all. Kä-ϕ-ig montre quell'est la forme de la cage.

La droite par contre sera associée au Droit, ce qui se vérifie dans presque toutes les langues.

Les places à la droite du Père sont les meilleures. Jésus a annoncé qu'il y sera dès la résurrection.

Est et Ouest ont désigné la lune croissante et décroissante, comme en arabe ma-shreq = orient (rattaché à surg-ir), direction du vent sirocco, et ma-ghreb (grab, tombeau).

La lune n'est pas seulement le «frère» (jumeau), elle est aussi la «sœur», cf. angl. s-ist-er, all. Sch-west-er. Ces deux directions ont été par la suite squattérisées par le soleil.

IXe critère (la négation)

Ce mot signifie: négation de lune, ◉.

Dans nos latitudes, et même plus loin, le Noûs invisible s'est imposé à cet effet (ex.: sumér. nu, all. nein, angl. no, fr. non, ni, russe niet, etc.), mais il ne s'agit pas d'une règle absolue.

En principe, les langues *nunnantes* comme par exemple le copte qui est de loin la plus nunnante, ou la famille latine et l'anglo-saxonne qui nunnent assez par les suffixes participaux en -ng, -nt, -nd, et, pour l'allemand, par l'infinitif en -n et par le pluriel de certaines catégories de mots et de tous les adjectifs, ainsi que par la désinence en -en des p.p.p. angl. et all., ces langues *nunnantes* donc *nient* au moyen de la particule *-n-*.

Les langues *lullantes* comme l'arabe, cf. la I^{e} surate avec 9 'l' en introduction (La 'ilah 'illa 'Allah, Muhammad rasul 'Allah) nient par la liquide '*l*' (lâ).

Les langues *mimmantes* devraient nier, comme cela se trouve dans le grec ancien, par *mé* (sanscr. ma), qui fait un clin d'œil à l'all. um (achever le tour); l'arabe, ex-langue mimmante, préfixe 'ma' pour indiquer le contraire: ex. mleh = bon, et ma si mleh = mauvais. Une langue nunno-mimmante comme le sanscrit interdit par 'ma' = grec μή prohibitif.

La négation par 'l' se justifie au vu de l'angl. ill, malade, et de l'all. leer, vide. En russe on trouve l'élément 'li' employé comme lat. aut, pour proposer un dilemme (disjonction négative).

La négation par 'm' se justifie au vu des mots mal, m-orior qui est le contraire de 'orior' = naître. Le français la connaît comme proclitique (mé-connaître, mé-dire...).

La négation a dû être un des premiers éléments du discours lunaire. Dans le premier laboratoire linguistique, on a tracé deux colonnes et écrit:

— la lune y est — la lune n'y est pas, ma◉que

Pour ce second membre de phrase, on s'est accordé dès les époques les plus anciennes, c'est-à-dire le proto-sumérien, cf. les Instructions de Shuruppak, à le rendre par N + une voyelle, le graphème secret étant ◉.

L'allemand, nunnant, présente des substantifs où ce graphème est en suffixe, tels Reg-en, Bog-en, Schatt-en, Bes-en, Ster-n; par contre In-begriff = l'étymon, l'essence d'une chose, et In-grimm = colère contenue, l'ont reçu en préfixe. La présence du Noûs signale qu'une chose existe et agit sans être vue, comme En-céphale, ou In-tellig-ence issue d'angl. talk par métonymie, en isoglosse avec le dialecte telegu de l'Inde méridionale. À ceci on peut ajouter les ethnonymes tels: En-tebbe (Thèbes), In-salah (oasis algérienne), In-subres (tribu qui a fondé Milan), In-verness (ville d'Écosse), En-gadine (Ein Gedi).

Ces trois consonnes l — m — n viennent toujours ensemble dans les alphabets, quelle que soit la place occupée: vers le milieu dans les alphabets indo-européens, vers la fin dans les sémitiques.

En plus de la tâche de nier, 'n' et 'l' ont été affectées aux verbes pour former des temps, dont le prétérit. Mais ceci est la chasse gardée du Xe critère.

X^e^ critère (les verbes)

Le langage a été justement comparé à un organe qui fonctionne suivant des lois. Cherchons donc ces lois, ou cette *Loi.* Parler de «forme» à l'endroit des verbes n'est pas gratuit, car il s'agit bien de la forme que la lune a, avait, a eue, aura, etc. et qui est *parfaite* lorsqu'elle est ronde et *imparfaite* pendant les autres phases.

Il est impossible d'aborder ce X^e^ critère sans le faire précéder d'une digression sur l'agglutination par infixes, phénomène qui aide éminemment à classer les langues. Le sumérien est beaucoup moins agglutinant de ce que l'on pense; des langues anciennes et modernes le sont bien davantage, bien qu'étiquetées autrement.

La langue allemande est celle qui me paraît la plus agglutinante, ce que beaucoup de linguistes rejettent pour la bonne raison qu'une langue est agglutinante *ou* flexionnelle.

Déjà le simple fait que les verbes existent seuls ou soudés à des prépositions est un symptôme de cette «maladie d'enfance». En allemand, certaines de ces prépositions s'attachent et se détachent, éventuellement pour faire place à un autre infixe, comme cela se passe dans les participes passés (mit-ge-teilt), et les infinitifs à vocation finale (an-zu-tun, alors que l'angl. ne soude pas: to do). Préfixées et soudées au verbe à l'infinitif, ces particules vont se ranger après le verbe, sans se souder, dans une syntaxe sujet — verbe — élément affixe mobile — cas oblique, qui est une exclusivité de cette langue à côté de l'inversion. Cette dernière obéit à la règle qui place le verbe en fin de phrase dans une proposition dépendante, règle qui peut remonter au sumérien où le verbe occupait toujours la dernière place — ce que les spécialistes considèrent comme une marque caractéristique des langues agglutinantes.

Les prépositions allemandes ne se conduisent pas toutes de la même manière, parce qu'il y en a qui sont si fortement soudées au verbe que rien ne saurait les dévisser; elles sont, à plus forte raison que les autres, des sujets préfixés aux verbes:

Mister Ambo:

préfixe:	Be-fehlen = enjoindre	Be-stimmen = décider
	Be-ginnen = commencer	Be-trügen = tromper
	Be-sitzen = posséder	Be-wegen = amener à...

 + *la séquence P*-φ

préfixe:	Em-pfangen = recevoir, concevoir «en soi»
	Em-pfehlen = recommander
	Em-pfinden = ressentir

La partie plus cachée (lat. int-im-)

préfixe:	Ent-behren = être privé	
	Ent-fernen = éloigner	mouvement qui va du dedans au dehors
	Ent-wickeln = développer	

Le réel (la Vérité cachée)

préfixe:	Er-fahren = apprendre
	Er-frieren = geler
	Er-löschen = s'éteindre
	Er-scheinen = apparaître

La virtualité

préfixe:	Ge-bären = accoucher	Ge-fallen = plaire
	Ge-bieten = commander	Ge-lingen = réussir
	Ge-deihen = prospérer	Ge-nesen = guérir

L'archonte G a été choisi pour former également le participe passé, et comme le passé est synonyme de passif, passion et mort, état où la lune se retrouve entière pour recommencer à procréer, le recours à G est tout aussi justifié ici que pour préfixer les collectivités: Ge-brüder, Ge-schwister, Ge-sellen, Ge-birge, Ge-mach, chambre où il y a plus d'un hamac, Ge-rippe (squelette), Ge-treide, y compris Ge-spenst (fantôme invisible) et Ge-hirn (ensemble de fonctions cérébrales cachées). Le verbe «genesen», guérir, régénère dans l'unité les parties malades du Noûs (gr. νέσος). Pour cette raison je pense que l'équation Galak(t) — Milch ou melk est admissible, étant donné la nature invisible de Ge et de gr. μή.

La Miss

La lune cachée donne des ordres (müss-en), surtout prohibitifs (v. Tabou, p. 163), et préfixe (et connote au sens péjoratif): Miss-fallen, Miss-raten, etc. parce que mis- est la racine de la haine en grec, des choses ratées en angl. et all.

Le Processeur

La préposition *Ver*, à rattacher peut-être à Vier, 4 (avec degré zéro par rapport à Vor, devant, qui a le degré plein) et qui correspond parfois à lat. Pro-, est un Sujet qui réunit les trois pouvoirs:

législatif : ver-abschieden, pro-mulguer
exécutif : ver-richten, exécuter
judiciaire : ver-urteilen, condamner.

Il administre aussi: ver-walten; il représente: ver-treten; il pro-clame: verkündigen, il pro-cure: ver-schaffen; il engage une hypothèque: ver-pfänden; il oblige: ver-pflichten; il trahit: ver-raten; le verbe ver-teiDig-en = pro-teg-er avec D infixe.

Erz = l'arc (de mauvais augure)

préfixe, avec rôle destructeur: Zer-brechen = rompre; Zer-kauen = broyer; Zer-reissen = déchirer; Zer-schmettern = fracasser.

L'anglais est, parmi les langues modernes, la moins flexionnelle. De plus, il y a peu de verbes soudés à une préposition, et il est rare de trouver des éléments *infixes*; à l'instar du sumérien, les prépositions sont rapportées aux verbes, aux cas obliques, etc., mais laissées en liberté: ni préfixées, ni suffixées. Une des langues parmi les plus flexionnelles, l'allemand, présente un grand nombre d'agglutinations par infixe, notamment H infixe là où l'anglais ne l'a pas: zeHn pour ten, SoHn pour son, meHr pour more — cet H qui caractérise les langues sémitiques et chamitiques et n'est pas très populaire dans les idiomes issus du grec et du latin (le russe et le grec ne l'ont pas; cas rares en lat.: niHil, avec H comme ◉, comme dans l'all. feHlen, manquer).

Un même jeu de préfixes et suffixes se remarque dans la formation des diminutifs allemands, où on a le choix entre:

K-lein en préfixe (Kleingeld),
-ling (Engel) ou -lein (nihil) en suffixe (Jüngling, Fräulein),
-chen (kein) (Männchen) en suffixe.

Les spécialistes n'appliquent peut-être pas ces critères pour apprécier si une langue est agglutinante ou pas; néanmoins je ne saurais pas appeler autrement que «agglutination» la démarche qui consiste à infixer dans la racine un élément morphologique très important et à l'escamoter s'il ne convient plus à la logique du discours.

S'il est vrai que le premier discours a tourné autour de la Dame

Céleste, il aura marqué sa présence durative, pleine de préférences, et son absence. À titre de curiosité, je voudrais ici signaler que «marquer» ou all. «merken» ajoutent en toutes lettres l'arc à M, pour signifier qu'on se sert de l'arc pour consigner les changements de phase. Désigner rappelle en toutes lettres le sigma ou arc, précédé de demi-lune. Déterminer implique le «terme» soit dans le temps, soit dans l'espace (lat. spatium).

Le tout premier paradigme distinguait donc un temps duratif et une forme parfaite (et aussi imparfaite) et un temps, normalement prétérit, où il n'y a pas eu de Forme. Toutes les langues, depuis celles parlées en Afrique jusqu'aux nôtres à toutes époques, conservent ce canevas qui suit les mouvements de la lune, le déroulement de l'action. Les langues africaines s'arrêtent à cette étape d'observation lunaire:

action déclenchée, qui se développe, est achevée, ou, si l'on préfère:
ce qui a été et ce qui est et persiste.

Une action qui persiste est dite «durative» à propos de certaines langues, alors que d'autres, le russe par exemple, employent le terme «imperfectif», qui se révèle toutefois impropre si la Forme est parfaite.

Le sumérien qui, trois mille ans avant J.-C., nous a donné les premiers textes écrits, avait songé à rendre l'aspect duratif des verbes, où la lune perdure en parfaite forme, en redoublant la racine. Si la racine était une demi-lune, on obtenait ☾ ☽. Le passé s'exprimait par la préposition Na (☺) rapportée au verbe. On raisonnait donc en termes de lune absente au passé, visible au présent.

Puis l'observation qui s'était arrêtée au passé-présent, s'étend au futur. Il fallait la Foi pour extrapoler les connaissances gagnées du passé au futur eschatologique. C'est ici que le système de l'agglutination par *infixe* a joué, et joue toujours son rôle le plus pittoresque.

La langue akkadienne, bien que dépourvue de futur, tablait à la fois sur le redoublement des racines pour indiquer le présent (ce qui veut dire: à cet instant, la lune est ☺), et sur l'infixe pour signifier le passé (décrit par les grammairiens comme «parfait», ce qui est impropre au vu du logo dessiné: ✕).

Les langues sémitiques ne se discriminent pas tellement par une question de racines, qui sont toutes retournées, que par le choix de cet *infixe escamotable*. La culture de ces populations a été marquée par la solidarité de tous dans le bien comme dans le mal, et par le sacrifice du bouc émissaire, et ceci sur tous les plans, non seulement religieux. Transférée à la grammaire, cette idéologie s'est traduite dans le Tau ou tibias croisés de la victime placé en infixe dans le radical. Cette démarche a laissé des traces dans notre participe passé, de préférence passif, car passé = passif, victime trépassée.

La prohibitive grecque μή est un symbole d'extinction bein connu des Arabes, qui forment le passif en préfixant «ma», ex. ma-ktub, c'est écrit. En revanche, les Russes, pour conjuguer leurs verbes au passé, suffixent L dont on connaît le rôle négatif en arabe, et déjà en akkadien, où l'imparfait se forme en affixant -l ou li-. On pensait sans doute à Lillu, l'Esprit du Néant bien connu à Sumer.

Suivant l'optique ou le dessin, M, L et aussi H ont prêté leurs contours pour signifier soit demi-lune, soit pas de lune, soit pleine lune, soit nouvelle lune (niHil). Que cela ne nous choque pas! car même le Soleil a été inscrit dans la face cachée.

Si maintenant nous observons nos langues-mères (latin, grec et sanscrit), ce qui nous frappe est la fidélité au 🌚, déjà connu des Sumériens, particule nasale glosée par les Akkadiens 'hamtu' = à l'instant même, it. (at)timo, angl. time; la connotation du trépas est donnée par hébr. tâmam, être détruit après s'être accompli — car l'absence de lune était un fait ponctuel du passé (lat. tum), alors que le redoublement était glosé 'meru' = all. (im)mer, ou meHr, angl. mOre, donc: beaucoup plus de lune, pour très longtemps (all. immer).

Pour être logiques, les langues du Noûs auraient dû l'infixer même au participe passé (surtout passif, mais cette démarche, comme on l'a vu, n'a pas été constante: il y a des participes passés en -n et de loin plus nombreux en -t).

Presque toutes les langues présentent des verbes dits «en nasale», c'est-à-dire à Noûs escamotable: il figure au présent et à l'infinitif, mais disparaît lorsque la forme de la lune est parfaite.

Le schéma conventionnel est le suivant:

🌝 pour le parfait,

🌚 pour le présent, l'infinitif et l'imparfait (lequel, toutefois, étant un duratif, allonge le thème en B = 🌝 en latin et en russe),

🌝 pour le futur eschatologique et le futur antérieur ou futur parfait à redoublement en grec.

Une des lois suivies par les très anciennes prophéties et apocalypses était la «vision»: le passé et le présent sont une révélation du futur.

Entre le présent et le parfait on nuance la croissance de la lune par un augment vocalique (aoriste grec).

Cela étant, la cohérence demande que la négation soit elle aussi à radical N, ce qui est souvent le cas (non, not, etc.; le grec possède 'aneu' = sans, mais exprime la négation nette par 'ou' et préfixe α privatif).

Mais il ne suffit pas d'accorder la négation. Encore faut-il que l'adverbe temporel «maintenant» confirme la concordance en étant en nasale comme le thème du présent (et imparfait). On y a songé: en lat. (nunc), en grec (nun), en all. (Nu = instant), en angl. (now = lune nouvelle qu'on ne voit pas).

Lorsqu'on parle de Parfait, ou d'Accompli, on a droit à une Forme parfaite et complète. Toutefois notre sensibilité linguistique nous met en garde contre le côté équivoque de ces termes. «Accompli», tout comme l'all. voll☺-endet◉, est une expression ambiguë, protéiforme, parce qu'elle peut revêtir le sens de complet ou parfait = ☺ PL, ou d'achevé, le dieu Çiva, ◉ NL. On croit maintenant que perfectif ou accompli s'appliquent à l'action du verbe, mais il fut un temps où ils visaient la Forme. Une telle ambiguïté s'est produite par télescopage de deux conventions opposées: une action ponctuelle du *passé* pouvant être libellée

— soit à l'effigie de la pleine lune (catégorie des verbes à ◉ ou ⤫ escamotables, comme par ex. je preNds, je pris, ou pecTo, pecsi; catégorie des verbes qui redoublent au passé);
— soit, au contraire, au nom de sa mort (N ou T en infixe ou suffixe), c'est-à-dire achevé.

Seulement le premier cas mérite le nom de Parfait.

Le parfait akkadien infixant ⤫, pas plus que le parfait anglo-saxon suffixant ☻ ou ⤫, ne devait désigner comme Parfaite une forme de lune barrée, crucifiée. Mais nous considérons de toute beauté une action achevée et n'avons que peu de considération pour les actions en cours inachevées. Dans le subconscient collectif, il y a toujours un Parfait contemplant une Forme parfaite.

D'ailleurs le qualificatif de «parfait» — héritage du latin — n'est pas alloué partout à ces temps; les grammairiens italiens ont été bien avisés d'appeler «passé défini» le parfait, en le distinguant de l'autre, passé composé. Les Allemands et les Anglais s'en tiennent eux aussi au «passé», d'autant plus que cette forme fait double jeu: prétérit et imparfait.

L'imparfait, qui est un duratif du passé, a été formé à la façon du latin, non plus en redoublant la racine comme à Sumer (pleine lune pour les duratifs et les intensitifs), mais en allongeant le thème en -B-, qui est aussi la pleine lune, extrapolée aussi au futur en latin. Dans cette langue, il y a une longue catégorie de verbes qui, conjugués à l'imparfait, présentent le Noûs «maintenant invisible» infixé dans la racine allongée par -B en souvenir des duratifs à forme parfaite, ce qui n'empêche pas d'appeler ce temps «imparfait». Comme le latin, l'ancien grec maintient l'infixe nasale (nu) dans l'imparfait, tout en ajoutant 'e' (augment), ou en allongeant la voyelle si la racine commence par une voyelle (ex. e-deikNu-n, tandis que le futur, l'aoriste et le parfait se forment de 'deiko').

En russe, les verbes sont départagés entre deux catégories:
— les perfectifs, à radical pur, sans affixe,
— les imperfectifs (duratifs, itératifs) à thème -B ou lune en plénitude. Cette catégorie porte mal son nom.

Irruption du futur dans la pensée

Beaucoup de langues se sont arrêtées aux phases présent-passé, avec un intérêt marqué pour l'aspect duratif ou ponctuel.

Les langues classiques ont découvert la nouvelle dimension du temps et atteint une grande précision d'expression temporelle par une démarche qui est surtout transparente dans la classe des verbes à Noûs escamotable.

En sanscrit, par l'infixe -na- (ex.: ru-Na-dh-ai, empêcher, yu-na-k-ai: tu attelles), en grec par -nu-, ou -n-, ou même -néo- (suivant la lecture et translittération de ◉), il a été possible de déclarer que la lune était invisible au présent (et même à l'imparfait qui toutefois compense par l'augment); en l'escamotant, le verbe retrouvait une lune parfaite pour les temps parfait et aoriste, et à nouveau au futur.

Le futur en effet se formait soit en supprimant le ◉, soit en suffixant Mister Ambo (B en latin); en russe, le futur n'est que la racine pure du verbe. Les langues qui, évoluées sans futur, se sont par la suite aperçues de la lacune, y ont remédié par la périphrase.

Les inchoatifs

En observant que la lune *devenait*, en commençant par zéro, les grammairiens latins et grecs ont formé des *inchoatifs* par adjonction du suffixe -sc en latin et grec (ex. senesco et gerasko) ou aussi -iz en grec. Dans les autres langues, le commencement est rendu par une périphrase (commencer à...). Le substantif qui justifie ce suffixe pourrait être hébr. kese = NL (akkad. ešeš). Voici une série de ces verbes: rubesco (devenir rouge), calesco (devenir chaud), nascor, crescor, ulciscor (se venger), etc.

Le suffixe -sc ou -iz ne se maintient qu'au présent et au participe présent, comme fr. éblouissant, resplendissant, pâlissant, languissant, finissant, obéissant, etc. (des images qui conviennent tout à fait pour notre modèle céleste). D'ailleurs ces verbes ont un paradigme qui prévoit seulement le présent et l'infinitif. Mais s'il arrive qu'on les emploie au passé, on supprime -sc ou -iz, cf. par exemple adulte et adolescent.

Le participe présent et le participe passé

Les désinences comme oon(t) grec, -ant latin, -ing pour l'anglais, sont cohérentes avec la démarche qui consiste à ne pas voir de lune au temps présent.

Mais il est plus facile de concevoir une lune parfaite au présent — ce qui doit correspondre à la toute première étape du discours. La lune était alors absente au passé, avec des participes passés en N ou T (sanscrit en -ta et -na avec sens passif, latin en -t, russe en -n, anglo-saxon en -n et/ou -t).

Le présent avec redoublement

En cohérence avec l'optique que la lune est parfaite au présent, il y a des classes de verbes latins et grecs dont la racine est redoublée au présent (ex. grec ti-thē-mi, suivant la loi de Grassman: le redoublement d'une consonne aspirée concerne l'occlusive seulement: ici t-th). Ces verbes sont certainement plus anciens que la masse des autres, qui redoublent au parfait et au futur, comme grec te-thnēxō: je serai mort).

D'autres exemples de présent à redoublement nous viennent du sanscrit: da-DHA-mi, je fais; da-Da-ti, il donne; bu-Bhe-ti, il craint (loi de Grassman); sa-Sad-a, je m'assieds; ti-stha-mi, je me tiens (redouble l'occlusive là où le latin redouble la sifflante: si-sto).

Le grec nous propose: gi-gnomai, gi-gnosko, pi-pto (je tombe), mimnoo (je reste jusqu'au bout), mi-mnescomai (je me rappelle). Ce dernier a, en plus, l'affixe inchoatif -sc, qui a disparu du lat. me-mini, impératif me-mento.

L'alternance vocalique

Des écoles normatives plus récentes, celles des langues modernes, ont laissé tomber le mécanisme du Noûs ou Tau escamotable et préféré la règle de l'alternance vocalique pour différencier le présent du parfait, voire le participe passé. A. Meillet (*Les langues indo-européennes*, Paris, Hachette, 1912, pp. 133-134) opinait que les alternances vocaliques sont les seules qu'emploie normalement la morphologie indo-européenne, et que ce rôle ressort encore mieux dans les langues sémitiques, en citant par exemple la racine qtl = tuer, parfait: qutila.

La variété des alternances est telle, même au sein d'une seule langue, que la normative a dû être le fait de plusieurs écoles:

— tantôt une lune infime au présent et pleine au passé (all. find-en, degré zéro — passé fand, degré plein; ou angl. think, degré zéro — «past tense» thought degré plein);
— tantôt une lune pleine au présent et infime au passé (all. geh-en et ging);
— tantôt une lune pleine au présent comme au parfait (all. komm-en et kam; angl. get et got / gott-en au passé).

La transparence de l'alternance vocalique laisse à désirer, alors que le mécanisme du Noûs escamotable est d'une logique irréprochable, surtout s'il y a coordination avec les négations et les adverbes signifiant «maintenant».

La phase «not-now» avec les verbes à infixe nasale a précédé, en anglais, l'adoption de l'alternance vocalique, dont il faudrait trouver la clé logique. (Elle pourrait résider dans le caractère syllabique de l'écriture: brahmi, ou syllabaires sémitiques).

L'agglutination à infixe dans l'application

Les plus anciens exemples d'agglutination perpétrée par effraction de la racine verbale ne proviennent pas du sumérien en dépit de la classification de cette langue, qui reste provisoirement la première de l'Antiquité, mais de l'akkadien.

En égyptien, l'infixation est seulement apparente, parce qu'il n'y a pas d'effraction du radical. Le dieu achevé est symbolisé par -en-, c'est-à-dire le Noûs des Sumériens, quel que soit l'objet représenté par le caractère N divulgué sous une forme profane. Le duratif est aussi de marque sumérienne, étant créé par la gémination de la racine; mais on emploie également la particule Khr, probablement l'arc, lu dans l'autre sens, ou même un arc arrondi, puisque Kh dessinait un disque.

Exemples de conjugaison: sedjem = entendre
sedjem-en-ef: accompli suivi du prénom
sedjem-khr-ef: duratif suivi du prénom.

L'akkadien a un paradigme de temps très développé, et notre dénomination ne rend pas compte des aspects du verbe sémitique, qui dans l'akkadien sont particulièrement nombreux, mais dont il faut surtout retenir l'action durative et l'action ponctuelle accomplie.

Exemples: iparas (séparer): forme simple et primitive du verbe, à sens transitif et intransitif,
iparras: présent et duratif,
ip-Ta-ras: action ponctuelle achevée (ip✕ras).

S'il est facile de dire que le présent (gémination dans la racine, c'est-à-dire de la IIe lettre) est un duratif qui reflète la convention d'une *lune longtemps pleine* (cf. les présents à redoublement), l'aspect que les grammairiens modernes ont étiqueté «parfait» est ambigu puisqu'il se présente comme un accompli non seulement dans un passé plus ou moins récent, mais même dans le présent (assorti de l'adverbe inanna ou anumma = maintenant, dans la phrase-type *Inanna attardakum*: maintenant je t'ai envoyé). L'association d'une action déjà révolue et d'une actuelle n'est concevable que si l'on admet que ce temps relève à la fois du modèle des verbes à Noûs escamotable infixe (voir p. 107) et du modèle à T infixe. Nous ne savons pas lequel est le plus ancien, mais tous les deux se continuent dans nos paradigmes (d'un côté, verbes comme preNds/pris; de l'autre désinence en -t du participe passé, et du «past time» en angl. et all.).

Le recours au 🌝 pour le passif, en préfixe, et pour l'adverbe «maintenant» provient d'une tradition qui, comme chez les Sumériens, n'infixe pas; le recours à ✕ infixe dans la racine n'est pas de marque sumérienne.

Le raisonnement dont témoigne ce «parfait» akkadien est le télescopage d'une convention (plus archaïque, et cohérente avec le présent à gémination) suivant laquelle

au passé il n'y avait pas de lune

et de celle (plus récente) pour laquelle

au présent il n'y a pas de lune,

l'action ponctuelle étant connotée par 'inanna' ou 'anumma' de l'exemple cité, en même temps qu'est connoté l'aspect accompli: inanna = all. nun(mehr), fr. dés-ormais, avec nuance de regret.

Bien que l'idéologie du bouc émissaire soit typiquement akkadienne et sémitique et ne marque pas vraiment la pensée égyptienne, c'est avec -tw qu'on a formé le passif des verbes en égyptien (contre -n en akkadien), sans doute en relation aux sacrifices de béliers et autres animaux, pour Khnoum par exemple, soit à titre de victimes expiatoires ou d'offrandes propitiatoires. Je rappelle qu'il s'agit de l'élément -tv- formant les asbtraits en russe et en sanscrit.

On a vu que le Tau de la passion et de la mort (qui s'écrivait, dès les tracés préhistoriques du IVe et IIIe millénaires, comme une croix — de la plus simple à la marque chargée d'un noir épais) a trouvé droit d'asile dans toutes les langues qui forment le prétérit ou le participe passé en -t suffixé.

On avait d'abord trouvé plus commode d'imaginer que la lune est manifestée au présent et donc invisible au passé. Mais lorsqu'on a intégré dans la réflexion le retour de la plénitude, on a renversé le raisonnement et on a enchaîné par une lune «parfaite» au passé (racine pure sans Noûs, gémination du radical), cachée au présent et à nouveau «parfaite» au futur. Toutefois pour ce qui est du participe passé, le raisonnement n'a pas pu être appliqué parce que l'état passif, souffert, exige un logo de manque (n, t ou meno, c'est-à-dire «moins» pour le participe passé en grec, ex. luómeno-; cf. aussi le passif grec qui suffixe -θ).

Le futur est un temps qui a fait défaut aux langues sémitiques et longtemps même aux langues anglo-saxonnes (qui, pour récupérer le retard, ont remédié par des périphrases). D'ailleurs l'emploi du présent pour le futur n'est pas un mauvais choix, pourvu que ce thème ne soit pas affecté du symbole de la face cachée. Le gotique avait fait ce choix: le futur périphrastique appartient aux langues germaniques modernes.

Au *sanscrit*, ancêtre présumé des langues indo-européennes, n'était pas étranger ni le mécanisme du redoublement, ni celui de l'agglutination par le Noûs, ni l'alternance vocalique pour exprimer les temps par l'observation du ciel.

On cite parmi les exemples d'alternance vocalique, le verbe VID-savoir, degré zéro, qui devient degré plein en Ved-mi (je sais), et degré accru en Vaid-ya (savant).

L'agglutination par infixe est très répandue et repose sur la convention que la lune est absente au temps présent, ex.:

— *rudh* (empêcher) : *ru*-na-*dh*-mi (j'empêche)
ru-n-*dh*-mas (nous empêchons)
— *yuj* (atteler) : *yu*-na-*j*-mi (j'attelle)
— *su* (presser) : *su*-no-ti (je presse)
— *kri* (acheter) : *kri*-na-mi (j'achète)
— *tan* (tendre) : *tan*-o-mi (o seul, parce qu'il y a déjà n dans la racine).

La négation s'exprime par na, l'interdiction par ma (gr. μή). Avec la négation 'na' s'accorde l'adverbe «nun-am», maintenant.

L'effraction de la racine pour y insérer le Noûs est peut-être un signe d'archaïsme, parce qu'on n'en constate guère dans le *grec*, si l'on excepte un ou deux cas. En revanche, la catégorie des verbes à Noûs amovible suffixé est assez fournie. Cet élément est le plus souvent 'nu', mais aussi 'n' et 'neo': voici une sélection de ces verbes:

☽ei☾ ☻-mi: δεικ-νυ-μι (monter), devient au futur δειξω, au parfait de-deika = ☺κα
a☾-☻-mi: ἄγνυμι (briser) — futur ἄ☾ ☽ω = ἄξω
☺-en☻-mi: (se vêtir) ἀμφι-έννυμι — futur αμφιέσω
☾era-☻-mi: (mêler) κεράννυμι — futur κέρω
αφ-ικ☻μαι: } (avec Noûs à translittérer 'neo'): arriver
υπ-ισχ☻μαι: } (avec Noûs à translittérer 'neo'): promettre — ont respectivement le parfait ἀφῖγμαι et ὑπ-έσχημαι
βαί☻ω: aller, était au parfait ☺ka (βέβηκα) — fut. βήσομαι
λαγχα☻ω: obtenir par le sort, sera au futur λή☾☽ομαι
λαμβα☻ω: prendre, parfait εἴληφα — futur λήψομαι
λα☻ϑα☻ω: lat. latēre, être caché, parfait λέληϑα — futur λήσω
οἴγ●μι: ouvrir — futur οἴξω
ὄμ●μι: jurer, parfait ὀμώμοκα — futur ομοῦμαι
ὀνί☻μι: (avec Noûs à translittérer 'nē'), être utile — futur ὀνήσω
ὄρ●μι: réveiller, parfait ὄρωρα
πε☻πω: envoyer, parfait ☺ (pé-p-ompha)
πετα●μι: déployer — futur πετῶ
πι☻ω: boire, parfait πέπωκα
πυ☻ϑα☻μαι: je m'informe, parfait πέπυσμαι — futur πεύσομαι
ῥήγ☻μι: briser — futur ῥήξω
σβε☻☻μαι: je suis éteint, aoriste ἐσβέσϑην
τέμ☻ω: couper, parfait τέτμηκα — futur τεμῶ
τι☻ω: expier, parfait τέτεικα — futur τείσω
τυγχα☻ω: rencontrer, parfait τετύχηκα — futur τεύξομαι et beaucoup d'autres, dont ceux où le Noûs est infigé *dans* la racine:
σπε☻δω: je fais une libation, aoriste avec augment ἔσπισα
δα☻κω: mordre, parfait δέδηγμαι

Le *latin* est plus archaïque que le grec à cet égard: ses verbes à Noûs infigé *dans* la racine sont plus nombreux. L'approche est toujours la même: la lune est invisible au temps présent, à l'infinitif et à l'imparfait (celui-ci étant compensé par le thème en -B) et est manifestée au temps parfait, tandis que le participe passé surtout passif, appelé «supinum», qui signifie «couché» par référence à gr. ὕπνος, perd le Noûs en nasale pour en recevoir un autre sous la forme de tibias croisés (-t). Les voici:

frango — fregi, fractum, frangere = briser
fundo — fudi, fusum, fundere = répandre
linqui — liqui, (re)lictum, linquere = laisser
(ob)tundo — tudi, tusum, tundere = frapper
pango — pepigi, pactum, pangere = pactiser, négocier
pungo -pupugi, punctum, pungere = piquer (avec p.p. en N + T)
rumpo — rupi, ruptum, rumpere = rompre ('m' assimilé devant lab.)
scindo -scidi, scissum, scindere = scinder
tango — tetigi, tactum, tangere = toucher
vinco — vici, victum, vincere = vaincre

On aura remarqué l'excès de zèle pour certains de ces verbes, qui forment le parfait par redoublement (pe-pi-gi = ☺gi) tout en étant privés du Noûs.

☻ est seulement suffixé au radical des verbes suivants:

cerno — crevi, cretum, cernere = discerner
sperno — sprevi, spretum, spernere = mépriser.

Le verbe iungo, iunxi, iunctum, iungere (joindre) retient la nasale, alors que yoga (union) en est privé. L'union se fait dans l'invisible, cf. all. Bu☻d et angl. Li☻k.

Dans les *langues modernes*, le mécanisme du Noûs escamotable coexiste avec d'autres systèmes de caractérisation temporelle. L'exemple classique est le verbe pre☻dre, parfait pris; le fr. toutefois est moins riche que les autres langues issues du latin.

En allemand, on a de☻ken qui devient au parfait: dachte
bri☻gen qui devient au parfait: brachte
(au contraire, le verbe geh-en prend le Noûs au parfait: ging,
le verbe steh-en prend le Noûs au parfait: stand).
En anglais, idem: bri☻gen qui devient au parfait: brought
thi☻k qui devient au parfait: thought.

Même le russe, qui suffixe -l sans flexion aux verbes quels qu'ils soient, pour situer une action dans le passé, même le russe donc, allant à la rencontre de sa règle presque universelle des imperfectifs en -B, garde quelques verbes dont la forme imperfective est en nasale; pour les rendre perfectifs, cette nasale tombe, et bien souvent on préfixe au radical une particule (po, 3a...). Un de ces verbes est celui qui, comme tous les verbes signifiant «éteindre», «panne de lune» (cf. grec sbennu-mi) est imperfectif avec thème en -nu-: tukh-nu-t (s'éteindre), perfectif sans 'nu'.

L'autre verbe, qui est imperfectif avec thème en -in est natch-in-at = commencer, verbe de Lune Nouvelle (cf. angl. begiN); le perfectif de ce verbe (futur, parfait) est natch-at.

Il faudrait connaître toutes les langues pour faire une statistique du Noûs escamotable, qu'il soit placé en infixe ou en suffixe et dont la connotation d'instantanéité (lat. nunc, gr. nun, all. Nu, angl. now) remonte à «na» sumérien glosé 'ham-tu' par les Akkadiens. Et tout comme la glose «meru» possède la double connotation de quantité de lune (mehr, more) et de durée (immer), «hamtu» connote 'pas de lune' par la négation 'tm' (à chercher dans le copte, ainsi que dans certaines expressions comme 'mat' pour le Roi dans le jeu d'échecs, esp. mater = tuer, l'akkadien mātu, mourir, scr. tamas, ténèbres, russe tëm-n-), tandis que l'accomplissement est rendu par «tum» = à cette époque-là, action ponctuelle convenant aux trépassés, cf. hébr. tâmam: être détruit après s'être accompli.

Le redoublement pour la forme parfaite

On a vu que dans les tout premiers écrits (ceux trouvés à Sumer), l'aspect duratif était obtenu en redoublant la racine, ce qu'on constate aussi en akkadien pour le présent, et aussi en sanscrit, grec et latin pour quelques verbes conjugués au temps présent. Les hommes primitifs ont d'abord décidé que la lune est en plénitude pendant qu'on l'admire.

Plus près de nous, lorsqu'on a songé au futur, on a retourné la suite des idées et on a décidé que la Plénitude appartenait au temps Parfait, avec retour de la Parousie au futur. On a donc redoublé la racine pour les temps parfaits, tandis que le futur était formé en suffixant -B. Le futur à redoublement existe pour le futur antérieur (ex.: ge-grapsetai: aura écrit).

Exemples de parfait *sanscrit* à redoublement:
drs (voir):
◐-◑ rsa (da-darsa) ou si vous préférez: 🌝 rsa
pac (cuire):
🌜-🌛ca (pa-paca) ou si vous préférez: 🌝ca.
Cette langue redouble aussi pour l'intensitif, comme en sumérien:
bo-BHU-ya-te: il devient intensément,
et pour lé désidératif (mode ignoré de nos langues):
pi-PA-sa-ti: il désire boire
a-bu-BHU-sat: il désirait devenir.

En *grec*, le redoublement est la norme absolue pour former les parfaits; elle est appliquée aussi bien aux verbes à Noûs escamotable qu'aux autres. Exemples:

διώκω (je poursuis):
    ◐-◑ ωχα (δε-δίωχα) ou si vous préférez: ☺-ka
μάχομαι (je combats):
    ◐-◑ χημαι (με-μαχημαι) ou aussi: ☺ χημαι
πέμπω (j'envoie):
    ☾-☽ μφα (πέπομφα) ou aussi: ☺ μφα
σείομαι (je suis secoué):
    ☾-☽ ισμαι (σέσεισμαι) ou aussi: ☺ ισμαι
τρέπω (je tourne):
    ☾-☽ρ☺φα (τέτροφα) ou aussi: ☺ρ☺φα
φράξω (je fais connaître):
    πέ-φρακα (avec application de la loi de Grassman)
χράω (je rends un oracle):
    κέ-χρηκα (avec application de la loi de Grassman)

Si la racine commence par une voyelle, celle-ci s'allonge:
ὁρίζω (limiter, cf. ho-rizon), parfait: ὥρικα avec perte de la particule inchoative -iz-.

Le futur grec se contente de l'augment, mais pour le parfait du futur (futur antérieur) on suit la règle du parfait, c'est-à-dire le redoublement, comme dans τεθνήξω, je serai mort, déjà cité, ou γεγραψεται, aura écrit. Une mention à part est méritée par le verbe envelopper qui fait au présent ἀμπ-εχω, au futur αμφ-έξω.

Les parfaits avec redoublement du *latin* sont moins nombreux parce qu'il y avait d'autres règles concurrentes (suffixes en -vi alias -ui et très répandus en -si). La forme à redoublement est certainement la plus ancienne:

do☽ parfait: ☺ ou de-di
cado parfait: ☾ ☽-di ou ce-ci-di
cano parfait: ☾ ☽-ni ou ce-ci-ni
curro parfait: ☾ ☽-rri ou cu-cu-rri
facio parfait: ☺ci ou (fe)-fi-ci devenu feci
fallo parfait: ☺-lli ou fe-fe-lli
mordeo parfait: ☺-rdi ou mo-mo-rdi
parco parfait: ☺-rci ou pe-pe-rci
pello parfait: ☺-li ou pe-pu-li
peNdo parfait: ☺-ndi ou pe-pe-ndi
spoNdeo parfait: s☺-ndi ou spo-po-ndi

taNgo parfait: ☺-gi ou te-ti-gi
teNdo parfait: ☺-ndi ou te-te-ndi

Pour former le futur, le latin s'est singularisé en suffixant B. Les langues issues de lui ne s'y sont pas ralliées et ont préféré suffixer -r qui est itérative parce qu'elle annonce le retour ou la répétition en chaîne d'un événement (re-faire, etc.).

On obtenait le même effet de pleine lune en suffixant 's' à un thème en laryngale ou gutturale, par ex.:

rego parfait: rec-si = re☺i (rexi)
traho parfait: trac-si = tra☺i (traxi)
duco parfait: duc-si = du☺i (duxi)

Les parfaits en -vi (-ui) emploient le digamme, qui est également magnificatif (sero sevi, semer; lateo latui, être caché).

Pour compléter cet aperçu consacré aux langues indo-européennes, j'insère ici l'approche des temps en vigueur dans la mère des langues germaniques, le *gotique*, dont j'ai déjà dit que le présent exprime couramment le futur. Selon cette approche, résumée par R. Gryson, dans la *Revue théologique de Louvain* (21, 1990, p. 11, note 18): «*Le verbe simple, au présent comme au prétérit, exprime l'action en cours de durée. Pour souligner cet aspect duratif, le gotique peut, par un procédé qu'il calque sur le grec et qui vient de l'hébreu, employer une périphrase composée du verbe 'être' et du participe. L'addition d'un préfixe tend au contraire à donner au verbe composé une valeur aspective (p. ex. ponctuelle, inchoative, perfective, résultative) différente de celle du verbe simple et d'autant plus nette que le préfixe est dépourvu de sens concret. Un préfixe passe-partout, qui exprime l'idée d'association, de rassemblement, mais qui s'est vidé de son sens, est souvent utilisé à cette fin; il s'agit de ga-*», correspondant au ge- all. supposé, comme je l'ai noté à la page 18, rassembler tous les quartiers de la lune avant de procéder à une nouvelle émanation. On *lessive* le tout, *Shéol*, all. LauGe = Geôle et LoGos créateur (l'it. *liscivia* fait encore mieux ressortir l'action destructrice et régénératrice de Shiva/cheval eschatologique — logé dans un disque éteint: all. Sche-i-be, où tout est dit par la voyelle 'i').

J'ajouterai su sujet des langues germaniques que les verbes paraissent avoir subi l'influence de deux écoles normatives: les verbes réguliers ont adopté le Tau pour le passé et le participe passé; les irréguliers ont adopté le Noûs pour le participe passé et misent sur l'alternance vocalique pour distinguer le présent du passé et du participe passé, lequel se caractérise parfois par la gémination de la dernière consonne de la racine.

Le passif

Il est admis que cette voix est tardive. Les Sumériens ne l'avaient pas. Dans une première phase, les verbes étaient tous actifs, et plus précisément instransitifs comme par exemple gr. ὄλλυ-μι = périr et faire périr, et la catégorie des verbes latins dits moyens ou déponents, qui malgré leur apparence sont en fait soit des réflexifs, soit des intransitifs devenus plus tard des transitifs: il s'agit de verbes astrologiques comme orior, morior, sequor, nitor, partior (se diviser), ulciscor (se venger). Quant aux verbes à désinence active, ils ne sont devenus transitifs qu'après: par ex. *mettre* signifiait d'abord *se mettre* (paraître, commencer); *prendre* signifiait prendre du poids ou du volume, ou commencer, à l'instar de lat. capio = (in)cipio (celui-ci à voyelle zéro parce qu'on recommence à zéro), de l'all. an-fangen, de l'angl. take; *tenere* = continuer sa course, se tenir, comme angl. keep; *tangere* = atteindre (une altitude); *cedere* = s'en aller, d'où decedere: depuis se démettre jusqu'à mourir, et occidere = se coucher (d'un astre) avec part. passé occasum, et tuer avec part. passé occisum. *Sub-ire* a été d'abord intransitif (aller dessous), puis est devenu transitif avec le sens de fr. subir. Le double sens, intransitif et transitif, est encore plus évident dans les verbes anglais.

Lorsque la pensée primitive a saisi l'importance de nuancer l'état passif, on l'a exprimé au mieux comme un réflexif (cf. le grec ancien), ou alors par une tournure de phrase nominale ou par le complément d'agent ou causatif, ou par un adjectif verbal ou participe passé passif, qui montrent les difficultés de le rendre et (pour les lecteurs) de le comprendre

On a aussi employé des auxiliaires: être ou devenir. L'emploi notamment de ce dernier: werden en all., et venire (= devenir) parfois en italien, qui nuance le déroulement de l'action, est propre d'une étape où notre astre ne subissait encore rien, mais devenait seulement. Par la suite, par analogie à ce qui se passe sur terre, la lune subit: elle est punie, chassée, tuée par des forces hostiles (la puissance des ténèbres de la tradition gnostique) dont elle est délivrée, ressuscitée jusqu'à atteindre la gloire et le triomphe (anagramme-fusion d'*Amphitryon* avec allusion au banquet messianique présidé par Mister Amphi après l'abstinence des jours sans lune[4]. Le deuxième membre, Tryon, est

[4] C'est au cours du repas eucharistique d'action de grâce (agapé), pâque mensuelle en l'honneur du Dieu d'Amour, qu'est né le sentiment de la charité ou amour fraternel et le

calqué sur (septem)-trion, à comprendre comme trône-nord). Mais il n'est pas à écarter que le noyau du radical soit l'hôte, all. Wirt encadré d'une -mi- et d'un éon.

Les astres sont priés, suppliés, accusés par les hommes, et les hommes sont frappés par la foudre ou la maladie, ou comblés de leurs bienfaits... voici que le passif s'installe dans nos grammaires.

À noter que les verbes conjugués au passif se rattachent à une action subie, mais pas nécessairement soufferte, et il y en a même d'agréables, telles être loué, glorifié, gratifié, promu, payé, libéré, sauvé... Mais au début, c'est de passion et de mort qu'il était question, ce qui explique le choix de ce terme «passif» et des symboles qui l'expriment: Taw en égyptien (ex.: sdm-tw-f = il est entendu), -t, c'est-à-dire le Tau pour le participe passé passif, ou -n, c'est-à-dire le Noûs. L'akkadien formait le passif en préfixant 'n'. Le grec ancien conjugait le passif avec Θ qui est comme le Tau un symbole de passion, et suffixait -meno (= moins) au participe passif. Les langues anglo-saxonnes sont tributaires des deux écoles: celle qui suffixe N pour le participe passé et celle qui suffixe T pour former le passé et le participe passif, suivant la logique que la lune était souffrante ou tuée dans le temps passé (c'est pourquoi «passé» = lat. passus, souffert).

L'itératif

On ne voit pas l'intérêt d'un tel mode verbal, à moins que le discours n'ait visé quelque chose qui se répète cycliquement.

Les Sumériens redoublaient la syllabe de leur verbe, les Latins allongeaient le thème en -t (ex. crepitare au départ de crepare), nous autres, nous préfixons r- pour exprimer la répétition (ce même 'r' qui exprime le retour d'une action, c'est-à-dire le futur), les Arabes allongent la seconde consonne du radical.

Les langues chamito-sémitiques

L'ancêtre des langues chamitiques est l'ancien *égyptien* dont on peut admirer l'état déjà avancé de la charpente grammaticale, notamment en ce qui concerne les verbes. Cette langue n'infixe pas par effraction de la racine, mais intercale les particules d'achèvement ou d'inachèvement entre le verbe et le sujet:

---

commandement qui résume la Loi, cf. Paul dans Gal. V, 14: «Aime ton prochain comme toi-même».

sedjem-en-ef
sedjem-kher-ef.

La phrase peut être de quatre types:

1) verbale: le sujet exerce ou subit une action;
2) adjectivale, qui attribue au sujet une qualification;
3) substantivale, qui attribue au sujet une identification;
4) localisante, qui constate une situation dans le temps ou dans l'espace (ce qui revient au même: cf. lat. spatium) à l'aide d'une préposition ou d'un adverbe.

La gémination pour l'action en cours et la négation 'n' préfixée à la racine du verbe sont des caractères communs au sumérien, ensemble avec d'autres éléments comme l'usage de préfixes causatifs.

La présence du duel dans les textes anciens plaide pour le caractère lunaire de cette langue.

Le *copte* est issu de l'égyptien, mais a emprunté au grec le sens dextroverse. C'est une langue fortement nunnante et très peu lullante.

La plupart des verbes ont une conjugaison préfixale: préfixe, sujet (nom ou pronom), verbe. Mais il reste des survivances de l'ancienne conjugaison égyptienne par suffixes, pour certains verbes à flexion archaïque (les verbes dire, être grand, être bon, être beau ou laid, etc.)

L'action déclenchée, en cours et achevée est le pivot des formes verbales, qui sont classées dans les dictionnaires sous quatre formes ou états. Par exemple le verbe «dissoudre» y paraît comme:

1) βωλ = forme *pleine*, dite aussi «état absolu» prenant N ou M pour introduire l'accusatif. Cette forme est requise pour les temps *duratifs* (la lune est pleine longtemps);
2) βλ = forme atone, dite aussi «état nominal ou construit» parce qu'elle ne prend pas N ou M pour introduire le complément objet nominal;
3) βολ = état pronominal, réservé aux propositions où le complément objet est un pronom;
4) βHλ = état qualitatif, à traduire comme un participe passé passif pour les verbes transitifs, comme un participe présent pour les verbes intransitifs.

Parmi les préfixes employés pour les temps, s'imposent:
ne- pour un prétérit,
na- et *eina-* pour le futur I et II.

En présumant que N est 🌝, la démarche copte envisage une lune invisible au prétérit et de nouveau au futur, tandis qu'au présent elle est donc visible parce qu'il n'y a pas de Noûs. Les verbes à Noûs escamotable déjà analysés nous avaient habitués à une convention opposée.

Toutefois, il faut être prudent dans l'appréciaiton, s'il s'avère que les Coptes, pour lesquels *Naa* signifie «être grand» et *oun* est un verbe d'existence (il y a), ont donné aux préfixes en question la valeur de pleine lune. Je laisse aux chamitologues de trancher la question.

Il y a plusieurs négations: an, n...an, me et tm pour le subjonctif.

Les langues chamito-sémitiques présentent ceci de particulier, que la flexion des verbes se fait habituellement à gauche de la racine, alors que dans la famille indo-européenne elle se fait toujours à droite; mais ceci n'a rien d'étonnant, puisqu'elle correspond au sens des écritures respectives: exemples:

lat. ama-b-is (aimeras)

se compose de: la racine ama, suffixe b du futur, suffixe 'is' de la IIe pers.

copte ek-na-nau (verras)

se compose de: ek pronom IIe pers., NA préfixe du futur, NAU verbe

arabe t-ekteb (tu écris)

se compose du préfixe t pour la IIe pers. et du verbe.

La préfixation et la suffixation coexistent dans les langues chamito-sémitiques. C'est dans la forme «accomplie» que l'arabe suffixe les pronoms aux verbes et devient conforme à notre modèle. La forme «accomplie» correspond au perfectif du russe, à ceci près qu'il n'y a pas de futur en arabe. Le perfectif russe est donc plus abouti que l'accompli, parce que la lune retrouvera sa forme parfaite, ce qui n'est pas prévu dans l'arabe (phase intermédiaire).

Quant au copte, la flexion suffixale se limite à un nombre exigu de verbes et n'a rien à voir avec les modes et les temps.

Ce système hétérogène des langues chamito-sémitiques amène à supposer qu'il y a eu deux écoles normatives pour leurs grammaires (ou deux moments), l'une écrivant/lisant de droite à gauche, l'autre de gauche à droite.

En particulier, l'école qui réfléchit sur l'accomplissement (de la lune) et le situe au passé est précisément celle qui suffixe, à la manière des langues indo-européennes, tandis que l'autre, intéressée uniquement à l'action durative, sans futur (phase sémitique), écrit de droite à gauche en commençant par les éléments additifs.

NOMENCLATURE

Les cabalistes avaient des procédés qui leur étaient propres, tels la guématrie et la témoura, pour déduire l'essence de tout ce qui avait un nom. Une méthode beaucoup plus simple serait de questionner le dessin des lettres: par exemple le chia-s-me est écrit avec X pour ce que cette lettre suggère: directions opposées. Mais cela n'est pas toujours aussi évident: penchons-nous sur le mot égyptien khepr qui a l'avantage de correspondre à l'all. Käfer (Ka-ef-er), scarabée. Les scribes ont choisi kh = le disque, pour le corps de cet insecte, qui avec ses pattes remplit la forme d'un astre rond, et qui signifie «soleil du matin» comme Khephri, c'est pourquoi il était une amulette fort recherchée. Les égyptologues ont reconnu la ressemblance sans pour autant arguer l'arguable: le scarabée a été baptisé dans le soleil. R est le classeur astrologique passé des astres aux choses et aux êtres de notre hémisphère en vertu de l'identification graphique.

Lorsque le potier grec a façonné un vase tout à fait rond, on l'a baptisé du nom de Mister Amphi: amph-O-re; Mister Ambo a présidé à l'écriture de la Bombe, ou du rhombe qui est un O en transcription linéaire ou cunéiforme. Supposons qu'après avoir inventé la tasse, vous cherchiez à lui donner un nom: vous choisiriez une lettre en forme de demi-lune et lui ajouteriez une ou deux anses (2 s ou 2 z, la gémination pouvant provenir du complément phonétique). L'ép-ingle n'est-elle pas un crochet, un angle (inscrit dans p, arc) avec voyelle *i* degré zéro? Mais vous n'auriez pu concevoir ni la tasse, ni l'épingle si celles-ci ne s'étaient pas proposées à vos yeux dans le ciel, car pour tout ce qui existe dans le triple règne de la nature, le modèle parfait, l'archétype, est la lune ensemble avec ses archontes, et parfois le soleil, que l'artisan essayait d'imiter, avec les limites inhérentes à la matière rebelle et à ses propres capacités (cf. Aristote pour l'opposition forme-matière). La lune était à la fois le modèle des produits fabriqués et l'artisan concepteur, sumér. Me. La tâche du scribe était donc de comparer l'objet à son propre modèle... et je ne crois pas que le nom de la tasse soit arabe, mais que, comme le tesson, il dérive de lat. test-um, vase d'argile.

Comment expliquer la variété des noms propres et des noms communs de choses?

Imposition du nom de baptême

Pour les premiers, il est à gager qu'on a donné au nouveau-né le nom de l'astre sous lequel il avait vu le jour ou qui est censé avoir coopéré à sa conception, comme la lune dans une de ses phases aux noms divers, le soleil ou les étoiles. Jules César prétendait remonter ainsi à Vénus. En Inde, on confère le nom le 10e jour de la naissance; outre le nom personnel, il y a souvent un nom secret, et même un nom astrologique (cf. L. Renou, *Hindouisme*, Paris, P.U.F., 1979, p. 82).

Avant les héros éponymes il y a eu les dieux éponymes, soit la divinité astrale dont le nom était adopté par toute une population, tandis que leur roi se proclamait son fils ou descendant. Par exemple pour les Amorrites, qui ont donné la première dynastie à l'Empire babylonien, le Dieu éponyme est Amurru, le saint patron de la dynastie des Hammurabi, qui l'appelaient leur Dieu. Souvent dans cette première dynastie babylonienne du début du IIe millénaire, on dit «Ô mon Père!» à la place de «Ô mon Dieu!». Cela ne vous rappelle-t-il pas quelque chose?

À en croire Julien l'Apostat, c'est avec un rayon de soleil que son âme est descendue sur terre (lignée héliaque de sa dynastie, maillon intermédiaire de la chaîne qui débouche sur le Roi Soleil, titre de Louis XIV).

Un autre qui se faisait appeler Soleil était le Roi hittite. L'adoration de cet astre bienfaisant dans les régions froides a presque certainement précédé la religion lunaire. Les grandes dynasties royales de l'Inde se partagent entre lignée solaire et lignée lunaire, avec rivalité latente, comme nous l'enseigne l'histoire pharaonique: les prêtres de Thèbes étaient adeptes d'Ammon, ceux d'Héliopolis étaient adeptes d'Atoum, le Soleil, c'est pourquoi à Héliopolis il n'y avait pas de Triade comme à Thèbes ou Edfou, parce que les trois personnes en unité s'expliquent uniquement par référence à la lune.

La Triade vénérée à Thèbes, ville fondée il y a plus ou moins dix mille ans, était représentée par Amon, Mout et Konsou. Je souligne la présence de ces Triades partout et non seulement dans le monde indo-européen, triades qui n'ont rien à voir avec les «fonctions» d'une société tripartite au sens de Dumézil et de son école.

Si l'on atteint le cœur des noms propres, on sera frappé par les correspondances secrètes entre la personne et le dieu créateur:

Viçnu pour Avicenna (nom perse arabisé ibn Sina),

Melec pour Melchior, Amilcar et Himilcon (des noms sumériens de Calam-Moloch grand consommateur de sacrifices d'animaux, et même d'enfants; d'où lat. macell-um),
Ab-gal (le Grand) pour Abigaïl,
Parsu (sumér. Me), lat. Parque, pour Porcia, Porsenne.

Baptême des choses

Les choses, par contre, ont été dénommées non plus par filiation, mais par ressemblance, donc artificiellement. On soumettait aux scribes une liste d'images à baptiser, et ceux-ci les inscrivaient dans le soleil ou la lune, soit ronde, soit moitié ou arc, voire nulle ou Noûs invisible. Nous avons vu le cas de Khepr, qui épousait la forme du soleil. Prenons le cas de l'angl. c-alf, veau: *alf* nous dit qu'il a été inscrit dans une demi-lune, à laquelle on a ajouté les cornes symbolisées par *C* préfixé. Aux jambes — et à leur métathèse all. Bein — il a fallu «Ambo», c'est-à-dire les deux demies; le russe ruka, bras (ou main par métonymie), lat. b-rachium, a épousé la forme de l'arc, gr. cheir dans l'autre sens. La recherche d'un nom pour les différentes parties du corps humain a préoccupé nos ancêtres, comme on le lit dans la cosmogonie védique (J. Haudry, *Les Indo-Européens*, Paris, P.U.F., 1981, p. 37).

Les combinaisons des 22 ou plus lettres de l'alphabet sont presque inépuisables. En ce qui concerne la nomenclature indo-européenne, les noyaux plus fréquents, ou racines, des dénominations sont l'ange (ng, ñ, nag, nak... et sens inverse) la mi, le Noûs, l'Ambo ou A-n-Bo, ou Amphi, la (h)albe et métathèse: ces mots ont un sens qui est en rapport immédiat avec la lune. Les groupes rb, rv, rd, nt, nd, lk, lt, rt, etc. renvoient à des concepts comme rub-er, orbe, Erbe (l'héritier) = sém. bar, red, Erde, not, need, end, and, und, alt, lux, lack, tour, et j'en passe.

Voici comment l'arc a été massacré au départ d'arg-ot, l'arc parlant (all. Rach-en, gorge, l'organe pour la fonction): all. sp-rech-en, fr. jarg-on (cf. gorge et esp. garganta), sém. Q-R, lire. De leur côté, le russe govor-it, le fr. baragouiner et l'angl. gibberish, charabia, se rattachent au *verbe* par la *verge* (it. vergare = écrire) dans le même rapport qui existe entre hébr. dabar, parole, et gr. rabdos, barre.

Le jeu de massacre a débuté avec l'irruption de l'écriture cunéiforme, qui était sinistroverse à cause des cylindres-sceaux, et syllabique. Un stock initial de graphèmes soumis à ce traitement arrive alors à destination disloqué, retourné, à quoi il faut ajouter la satémisation, et la promotion de g en Ϝ, ou de p en ϕ....

Des exemples:
à l'égyptien Ankh, symbole ésotérique de résurrection (l'hostie sur l'autel) correspond gr. ken-, vide, et all. kein; la version satem est l'anse. La femme en grec, guné, est Reine dans l'angl. Queen, l'épouse dans russe jená, la gaine (alias matrice). L'arabe jinn n'est autre chose que le génie, c'est-à-dire l'ange. À ce même ange/ankh corr. par filiation Co-en et Hé-no-ch; à l'anglo-saxon jung corr. lat. iu-ve-n- (avec Ϝ); à l'angle correspond gr. goonia, et le russe gnut, plier; à chitoon: tunique; au Naga primordial corr. lat. anguis et iguana, ainsi que l'it. inganno (🌝-ganno), et l'all. Gaun-er, filou; la ganache est issue de l'it. guancia; à panique corr. l'all. Bange; à angl. King corr. l'all. Koenig; à gr. ei-koon corr. hébr. igon-in, ange gardien; il y a de l'ange dans le feu: ignis, dans la cane, le carnard, le gnou, la guenon, le Khan, le gaon et Ge(Dé)on des géonim, l'énigme, all. schön et eng; le sphinx se décompose en «sheps-ankh» égyptien. Le Wang est un des signes les plus anciens de l'alphabet chinois; il signifie «prince» (des ténèbres, au vu de l'all. Wenig). La bé-cane (machin-oiseau) = fénix (cet ange-cane a aussi reçu le préfixe arabe Ma pour former: machine et gr. mékhané).

Lat. vinDicare est plus sophistiqué que fr. venger; à Monger (Fischmonger, etc.) corr. en angl. l'ange Ma-na-g-er; à all. Mönch corr. gr. μοναχός; à all. Wunsch corr. sanscr. vasana (désir); à angl. swan (ange disloqué, satémisé et digammé) corr. cygne.

On cherchera les anges à Shanghai et à Nagasa-ki, parmi les hooligans (Angli déchus), dans les villes de Konya et Lycaonia, Asie Mineure, dans Enugu, importante ville du Biafra (Nigéria), à Ceylan = Sri (Cur) Lanka. On part de Calam = Qalam, qui est le principe actif, la Plume coranique et divinité éponyme de Sumer-Calam, pour aboutir au terme araméen Mleac, ange, et à son calembour akkadien kul(lu)-mu: révéler, instruire en faisant fonction du Mleac ou ange, comme le grec aggel(l)o. Puisque l'Ange est Roi, il se trouve en composition de plusieurs noms anciens comme Melchi-sedek, Abi-melek, Amilcar, Melchior, Milki-sedek et Milki-reša dans un texte de Qumran (Q 11 Melc).

L'équivalent arabe d'ange est Safarat-um, associé aux Séphirot (chiffres fondateurs du monde, c'est-à-dire de la lune) qui sont les Séraphins et les Chérubins. À Safarat correspond le dieu égyptien Sérapide, le nom Sépharade (Arpaksad, Dreyfus) et centum Cafard, hypostase de l'esprit (spiritus) tout comme le cafard égyptien Kepr dessiné dans le soleil. Serf est de la même famille et désigne l'Intendant, l'Ancilla Domini. Les Safarat- sont vus comme des êtres féminins dans les (H)espérides = Paradis (voir p. 203). Je leur rapporte l'étrusque bucchero, l'it. bicchiere, l'all. Becher, le broc et la carafe.

À Parthenos correspond Anthropos (le dieu male et femelle) et même la panthère. À l'angl. drum correspond sanscr. damaru; à l'all. ar-be-it corr. russe ra-bo-ta; à all. Beere, baie, corr. Rebe, plant de vigne; à all. Grab, tombeau, corr. hébr. qeber; au fleuve Tigre correspondent Tokar- (dialecte indo-eur.), Qart = Ougarit, le Tibre, ainsi que peut-être Te-he-r-an.

Aux jumeaux açvin du panthéon védique, et à açva correspond cheval (il s'agit d'une des paires astrales, formées par les deux moitiés de la lune qui est Çiva).

L'exemple ou angl. sample est la lampe servant d'échantillon ou symbole, voire d'emblème.

L'étoile, stella, se disloque en sa-tel-li(te). Le clan en colonie.

Cherchez l'oiseau, gr. ornith- dans all. Stern, étoile, ou la sterne.

Le russe, connu pour disloquer les termes allemands, a transformé Zelt dans de l'or: ʒoloto, à l'image de la demi-lune jaune dans la seconde moitié de sa vie. La Tente en question (une des figures employées pour court-circuiter le Nom de Dieu) est père-mère des Zélotes; l'étymologie concurrente étant «zélateurs»[5]. À son effigie on a frappé la pièce de monnaie dite zloty et «soldo», avec allusion à l'or, ʒoloto. Par intervention de Zelt on a all. Zettel, étiquette collée là-haut, moitié sans l'autre moitié, it. zitella, vieille fille parce que l'âge d'or appartient au 2e cycle. Il ne s'agit sans doute pas d'Isolda/Iseult, la moitié inséparable de Tristan jusqu'au-delà de la mort, selon une légende à sujet ésotérique.

Un synonyme de ʒoloto, or, est l'adjectif jolti, jaune. La forme de l'astre jaune est celle d'un disque (all. Schild) ou d'un guichet (all. Schalt-er), ou carré comme it. (fa)zzoletto.

Le fonds commun indo-germanique invite à lire Sturm, tempête, dans l'autre sens et déchiffrer le nom des dieux qui la déchaînent: les Maruts. Le fonds commun akkado-germanique se lit dans «di-ri-bu», peste, à rattacher à all. ver-derb-en (lat. turpe, turbulence). L'amitié franco-russe se lit dans douche = russe doj-da, pluie

Il faut lire le préfixe (ou suffixe) in extenso dans:

mem-ra: la parole en araméen;

mem-brane: m + brain, cerveau (pour l'idée de «caché», cf. fr. berne);

Tau-send: T + send (*Sünde*: le péché crucifié, angl. sin + D, avec millénarisme à la clé);

---

[5] Mais Fl. Josèphe écrit «lestai», qu'on confond avec «leistai», brigands, alors qu'on a ici l'anagramme des Zélotes.

Laké-démon (Sparte, capitale de la
Lac-on-ie, où Démon = on.

Passons maintenant au sort réservé à la moitié de la lune: il y a d'abord la Mi-, radical pur de l'ami, qui signifie surtout l'autre (moitié): ceci est apparent surtout en russe, où drug est l'ami, et drugoi = l'autre, et en hébr. 'aluph, consort (de l'autre moitié). La Mi sous-tend l'all. mit, l'angl. me-et (rencontrer), mate (partner) et sa métathèse te-am (équipe de 2 moitiés, ou 4 quartiers).

Toutefois le logo de la Mi peut se lire aussi half, halb, qablu...; dans ce dernier on a logé la coupole et le cable qui sert à relier, c'est-à-dire la copule. En préfixe, (h)alb + all. Dach, plafond = baldaquin.

À l'anglais (h)alv- correspond le russe po-lov-ina; dans (h)albe on a inscrit le Taureau céleste Bull et Kalb, angl. ve-al (lat. viTul- a inséré la croix du sacrifice expiatoire, ce qui est témoigné par lat. taurus et grec staurós, croix), le bélier et aussi l'all. Beil, hache éventuellement bipenne (mais il est à noter que halbe et halve ont été précédées par alp comme dans la polis, ville, Apoll-on et Pallas, ou, parmi les éthnonymes, Pella, Pola, Alpes, Pouilles-Apuliens). À sulphur corr. all. Schwefel, à l'all. Salbe corr. Balsam; à Schilf l'it. felci; à l'angl. shelf corr. it. scaffale. Dans le royaume du sommeil, Esculape ou Asclepios (all. Schlaf, angl. sleep) est roi, guérissant en rêve. Tout comme le serf, l'esclave (halve) est l'Ancilla Domini. À l'all. Eule corr. angl. owl (la chouette, symbole de la Mi en égyptien). Célib-ataire, angl. bachelor, signifie qu'il y a en ciel une seule moitié: halb ou kalb à cause des cornes. Ebla, Libye, Liban et Albion (halbe) ont les mêmes ancêtres. À scalp corr. escalope, c'est-à-dire C + α comme la tête à cornes K-ephal à lire dans l'autre sens; à lat. alb-us corr. le russe bel- et lat. alab-aster pour désigner une matière (astre, comme en pil-astre) blanche. Une demi-lune aussi pour hébr. leb, cœur et all. Leb-er, foie.

L'arc a déjà été introduit au sujet du verbe all. sprechen, ou du jargon, qui sont la fonction respectivement de l'organe Rachen et gorge. L'Arc règne en tant que rex, ras, šar, Erz, Asura, alors que Henker = Ange justicier. L'ours n'est que la forme satem de l'arc, gr. ark-os ou ark-tos; à l'ogre corr. le loup-garou; au lat. terg-um corr. all. Gräte, arête (it. lisca = scala, échelle); russe torg fait mieux que troc; grec ker-as est le cor ou la cor(ne) en forme de croissant; l'akkadien kara-nu, vin, et ši-karu, boisson fermentée sont en all. Ranke, vrille et fr. orge; à l'angl. work corr. la corvée; à gr. narko correspondent sanscr. na-ra-ka, enfer ténébreux, et le roi de l'arnaque, Narakasura, c'est-à-dire Narco-Asura, démon vaincu par Krishna. Au grec egeiro corr. ériger; au grec β-reχ- (il pleut) corr. la bourrasque et l'all. Reg-en (pluie); à l'it. pérgola corr. grappolo (grappe).

Les Argonautes ne seraient-ils pas tout simplement les Arχontes?

Il y a de l'arc dans Bu-rak, le cheval du Prophète (dont l'akkadien baccaru, poulain, est l'anagramme), dans le requin, le car, la barque et la pirogue, tandis que le cercle (all. Kreis) est C + arc, c'est-à-dire 🌜🌛, comme all. Kirche, angl. church et russe zerkov; mais ce nom est en même temps celui de la croix, lat. cruc(s), all. Kreuz (donc la base du temple est soit circulaire, soit cruciforme). Russe ruka, main = grec Kheir. De secrètes harmonies relient le roc au sumér. kur, montagne (russe gore, grec agora, all. Berg ou terre tout court comme ocre, arg-ile, et all. Erz, minerai), tandis que nécro est une métathèse de «narco» (l'arc tué par l'esprit des ténèbres). On argue par ergo ou car, parce que le Kar-ma est le principe de causalité bien connu des indianistes. Et comme C est souvent préfixé en tant qu'arc, il arrive qu'on le lise in extenso quoique disloqué, surtout en allemand, à commencer par Car-mani ou Ger-mani, ceux que les Russes appellent Nem-zi. L'arc se lit en effet dans Erz-bischof, Kür-fürst, Kar-freitag, et à un niveau beaucoup plus chtonien, dans Kar-toffel (c'est-à-dire Erz-tuber = pomme de terre), qui est un des rares mots allemands, sinon l'unique, à ne pas avoir l'accent sur la première syllabe.

La Grèce se réclame de la Garce, laquelle nous fait remonter à l'Arc dont les fils ont fondé Argo, Riga, Acre, etc.

Ceux de la demi-lune s'appelaient Mède (par la Mi) ou Né-philim (par alpha) alias Ni-bel-ungen (par la halbe) et Nepal, Nephleim étant le nom de l'Enfer scandinave.

À première vue on dirait que l'ange, l'arc et les moitiés se sont mieux gardés dans les langues anglo-saxonnes, tandis qu'à l'Est (russe, sanscrit) l'écriture syllabique les a disloqués. Il ne faut pas non plus négliger les infixes, comme en grec ka-ma-ra = arcade, puis chambre voûtée, lat. camera à comparer à l'all. Zimmer (arc = Erz disloqué + la négation de lune car il s'agit de la Chambre nuptiale, inspiratrice des Psaumes, hébr. mi-zMor, c'est-à-dire encore Zimmer, avec des interversions). Malgré la présence de l'arc dans l'anglais et l'allemand, il faut compter aussi avec l'angl. bow, all. Bog-en, à rechercher dans angl. big et to beg, dans russe Bog et bagat-, riche, dans la bague, le Bœuf, Phébé nom de la lune, Phébus Apollon, la fable.

La (h)aste est la forme la plus ténue de la lune. Le pronom lat. histe la désigne, ensemble avec hostie (avec O arrondissante), Hestia, juste, chaste, cast et casting, caste, châtiment, costume, Ghost et Geist, esprit.

Par ailleurs la Pistis et son courrier: e-pist-ola, Poste et it. busta, occultent la Bestia (la Bête qui persécute la Belle avec un acharnement manichéen: lutte entre les ténèbres et la lumière). Les points cardinaux Est et West (lune montante et lune déclinante) ont été chez nous usurpés par le soleil. Russe ʒapad, couchant, a usurpé sept-em.

Le stick symbolise lui aussi la lune à l'état minime, d'où la spécialisation funéraire des cippes, façonnés toujours dans la pierre, indiquant par là que le culte au dieu anéanti remonte à une époque où le bois n'était pas travaillé.

L'obélisque est l'aboutissement des pierres dressées. Il cache le nom d'Esculape et de la Bascule. À remarquer que la colonne du temple grec s'appelle style = stèle, sans fonction portante à ses premières apparitions.

Et si on appliquait maintenant systématiquement ce même principe de dislocation, métathèse, etc. aux noms propres et de pays?

Métathèses et anagrammes avec indication des dieux éponymes

Ont encouru le phénomène de métathèse, surtout les noms divins, les noms propres et les ethnonymes parce qu'ils étaient tout le temps gravés sur les sceaux à titre de signature ou de dédicace. Ce genre de calembour se justifie d'autant plus si non seulement les consonnes, mais également les voyelles sont respectées. L'investigation par cette voie est amusante et instructive:

— *Dieux*

DIOSCURES: les deux Sicaires (acc. askaru)

ÉLOHIM: lecture sinistroverse de Mi-ch-el, dont on a arrondi les formes. Cf. angl. much, beaucoup.

ESHMOUN: all. Mensch (être asexué). Dieu sidonien guérisseur, assimilé à Esculape. Némésis, déesse grecque de la justice distributive, aurait été le résultat d'une lecture sinistroverse.

JÉSUS: Gésha (nom de Vishnu, voir p. 157) et hébr. Yasha', sauver.

MARDUC: à comparer à «mordic-us»: persistant, continu (perspective d'une lune qui reste pleine longtemps). Angl. smart. À rejeter l'étymologie courante, basée sur le sumérogramme Amar-uD + C pour la flexion génitivale = veau (amar) du soleil (uD-C).

MELKISEDEK: l'archange Michel (selon J.T. Milik), donc Élohim.

MI-NERVA: Varuna au fém. (pour le préfixe, voir p. 135 ou 146).

MITRA: lune d'abord (gr. ARTEMIS), cette divinité devient solaire au Japon: AMATERASU (matrice).

ORMAZD: Hermès (Ahura ou Asura + Messie).

PRAJAPATI: Jupiter et Japet (à l'instar de Jupiter générant Athéna, ce dieu se multiplie par émission: «pro»).
QUETZAL: l'Aztèque (l'oiseau qui incarne la Lune au Mexique).
SERAPIS: Parsu.
TAMMUZ = Azimut.
VARUNA: mi-NERVA; l'astre éteint, cf. fr. berne.
VEDA: révélation, même racine que video, et aussi Science du Vide et de l'Union mystique (angl. wed).

— *Titres*

ASURA (ou akkad. šar, roi): entre dans la composition de plusieurs conquérants: *Assur-banipal*, anagramme de *Nabopol-assar*, c'est-à-dire šar + nabi + Pul (nom local babylonien pour les rois, qu'avait déjà assumé *Tiglat- Pil-eser* en ceignant la couronne du Roi de Babylone déposé).
Nabuchodon-o-sor; fils du précédent.
HIDALGO = Gadol, cf. russe dalekó, loin, ou χolod-n-, fṛoid (pas de lune).
PHARAON = Nepher (le bien), et Varuna, avec tout ce que cela implique en matière de caste et de mariage. L'étymologie courante est Par-aa = la grande maison.
TZAR: voir Asura.

— *Noms propres*

ABRAHAM = HAMMURABI et MEROVE (WARUM^{ki} = Akkad).
AGAMEMNON = Memnon, c'est-à-dire m + n in extenso = Moon.
AGÉNOR (ancêtre légendaire des Phéniciens): ange.
ALDÉBARAN (étoile du Chien): russe dobr-.
AMMURAPI (roi d'Ougarit) = Priam.
ARCADIUS = ODOACRE.
ARCHIMEDE: Demiourgos.
ASDRUBAL = Diribu, la Peste.
ATAHUALPA, dernier empereur Inca = Plaut-us.
ATHANASE = Satan.
AVOGADRO: angl. gather (nom prédestiné).
BARUCH = Cherub (cf. Irénée, Adv. Haer. II, 24,2: Baruch est un nom hébreu de Dieu).
BECQUEREL: comme Cyrille, les Créoles, Kerala, Carélie, etc.: filiation par la boucle, angl. Curl.
CADMOS: QEDEM (filiation par le Soleil Levant, jap. MIKADO).
CAÏN: all. Kein et gr. καινός = NL.
CHOPIN: enfanté par la Forme, angl. shape.
CRISTOBAL COLON: pseudonyme (celui qui colonise au nom du Christ).

DAVID: ◐, la moitié *vide*, translittérée en russe med-ved, l'Ourse (hébr. dob).
DJOUGACHVILI (Stalin): filiation par Gospel et cheval.
DREIFUS = Séfarade.
ÉPICTÈTE = Pistis.
EUCLIDE: Chaldée.
GANDHARVA = Centaure. Décomposer: ange + Drav(id) = ange-dragon.
GILGAMESH: all. Gemse, le chamois inscrit dans Shamash dieu du soleil suméro-accadien.
HANNIBAL = Liban, ou Nibel-ung-/Néphil-im.
HASMONÉE: phénic. Eshmun, dieu de Sidon assimilé à Esculape. Chamane.
HERODOTE: ourdou/dorien.
ISMAEL = Islam, Calam.
JACOB: Qaʿaba. (nom phénicien parce que Keb-en est Byblos).
KOUTAR, roi phénicien: Qatar, quatre.
KUBILAY: à rattacher à Gebal, alias Byblos; il procède, comme Elagabal, du «cheval».
LEVI = (h)alve.
LYSIPPE: epsilon ou ypsilon.
MACCABÉE = Kaʿba.
MEDUSE: cf. it. matassa, écheveau, et comète (forme centum).
MICIPSA, roi des Numides: la chouette, lue d'abord en égyptien (mi), puis en grec (γυψ).
MOCTEZUMA = AZTEC (encadré par deux Mi).
MOHAMMED: Akamot, escamotable; Bé-hémoth (Job 40,15).
MORONI (l'archange du Livre des Mormons) et les Marranes (juifs convertis d'Espagne): filiation par le porc inscrit dans la face «morne».
NAGARJUNA: archange.
NECHAO = Ankh.
NEMROD = Dorm + N.
NUMA (2e Roi de Rome): porte le même nom-fétiche que les compilateurs légendaires de lois: Ur-NAMMU en Mésopotamie, vers 2050 av. J.-C.; MANOU, codificateur des lois des castes indiennes, vers 2000 av. J.-C.; l'Em-MANU-el de Matthieu 1,23.
OSCAR: sicaire arrondi.
OVIDE: le vide, inscrit dans O.
PSAMMETIK = Ahmet (Akhamot), dans une forme proche de shame, p. 150.
PTOLÉMÉE = la Chambre nuptiale, gr. θalamos, ou son œil: οφ-θαλμ-.
PYGMALION = Gamaliel (terminologie du désert: le chameau m-l).
RAGUEL (et aussi Rachel et Richelieu): Rigel, étoile d'Orion.
RAMA: héros solaire — mais chez les Maures, 'haram' signifie tabou, appliqué tout particulièrement au porc comme aliment.

RAMSÈS: Hermès, Ormazd.
RAPHA-EL: it. al-fiere (lieutenant, fou des échecs — cf. arabe al fariz, ainsi que russe ferʒ, reine des échecs).
SADOQ = comme Sédécias: Cappa-doce: deutsch, dace. Filiation par Duχ (Esprit, en russe).
SALADIN: sultan (all. selten, rare: reste de lune, cf. solder).
SALOMON et son fils Ab-salom: Calam, satem Salma = psaume.
SARA: Sûria, Sera, Zéro.
SENNACHERIB = Sin + Chérub ou Sherif.
SORAYA: la Grande Ourse en persan.
TAMANACO: T + Manque.
THÉOCRITE: turc + le logo de ϑεός; Démocrite a le logo de la Démi.
THUCYDIDE: Cid ou Duχ.
TIMOTHÉE: Matthieu.
TISSAPHERNE: Pharaon.
VERCINGÉTORIX = Ϝ + archange + turc.
XENOPHON(T): Pont-Euxin (pseudonyme, pour un écrivain qui écrit à la troisième personne).

— *Pays et populations*

ABYSSINIE: bsa, l'étoile du Nord, en isoglosse avec la BOSNIE et les SABINS.
ACHEMENIDES: chamanes.
ALGONQUINS: Guanches (et guanaco inscrit dans la «Guancia»).
AL QODS = Akkad + AL (akkadien Alu = ville) + S forme satem pour Ki déterminatif sumérien de pays, voir p. 143. Filiation par Qed-em, soleil levant, ou par Duχ.
AMOURROU: l'Occident non pas dans le sens géographique, mais rapporté à l'astre (soleil ou lune), mourant; cet ethnonyme se trouve aussi en Russie: le fl. Amour séparant la Sibérie de la Chine.
APAMEA (nom de villes en Asie Mineure et en Syrie): écriture grecque d'Araméa.
AZTEQUES, Za-po-tèques, Ix-tèques, Tol-tèques, Texas, Tokyo: all. Stock, ou gr. skok-os (pas de lumière).
BAGDAD: Ba-gdad, voir Megiddo.
BESSARABIE: Serbes, Caraïbes.
BHARAT (Inde), à comparer à l'Euphrate ou Purattu. Filiation par le «frère» = Brother, c'est-à-dire une moitié de lune: ou Castor, ou Pollux, héros à cheval (cf. la racine 'pard' cheval). Ce «frère» est Castor.
BOCHIMANS: l'étymologie néerl. Boschjemans = hommes des bois, est primesautière. Les Bo-chimans se distinguent des autres Africains, entre autres, par les yeux bridés et les pommettes saillantes, si bien que les premiers voyageurs européens les ont pris pour des

jaunes, des Asiatiques. La vérité est qu'ils sont apparentés aux chamans asiatiques. Par ailleurs, le chamanisme n'est pas inconnu aux pygmées. Étymologiquement, on peut les rattacher également aux Chamuni, avec lesquels ils ont en commun le goût des gravures rupestres, et à A-chemene, éponyme des Achéménides (dynastie fondée par Cyrus).

Noms de Chamanes: Khamenei, Khomeyni, Schuman, Simon, Simonide.

Les Bochimans parlent une langue affine à celle des Ottentots avec qui ils ont en commun les sons avulsifs (clicks) articulés en inspirant (alors que nous expirons seulement).

Filiation par Eshmoun en passant par les Chamanes (pénétration sidonienne atavique).

BRETONS: celtes d'origine BHARAT, l'Inde à laquelle se rattachent linguistiquement (télégu).

CALIFORNIA: gens Calpurnia.

CANADA: scandinaves.

CAPHARNAÜM: aram. Kebar-enaš (Barnasha).

CAPPADOCE = Ca-dix (filiation par duχ, ou dec-em).

CARAÏBES: Chérubin.

CASPIENNE (mer): Cassiopée, cuspes, russ. Gospod (Seigneur).

CATALOGNE: Celtes, avec ῆ suffixé.

CELTES, cf. Telegu (dialecte de l'Inde mérid.), angl. talk, gr. glotta. Leur présence en Amérique est temoignée par le chocolat, l'Ocelot et le serpent Coatl. Filiation par skeleton (momie).

COMANCHES: Mandchoukouo (Mensch).

CONGO: Koenig (ange).

CORNWALL: Kur déduit, il reste Nibal, Népal, Liban (voir p. 146) (même procédé pour Car-naval, à l'arc préfixé).

CROATES: Crétois.

DAMASC = MASCATE: mascotte, ou le masque derrière lequel se cache la mère spirituelle.

DANUBE = Dénéb, const. du Cygne.

DEUTSCH: filiation par russe Duχ, esprit.

EDOM = IDUMEE: mèdes, filiation par le modè(le) ou la lune finissante (all. müde).

ÈQUES: remontent au Cheval inscrit dans une moitié égale à l'autre.

ESSÉNIENS: Sion, Sinaï (Sin, lune pécheresse).

GALAAD: filiation par Hidalgo et Gadol. Galates, donc Celtes.

GAULE: cf. all. Gaul, cheval.

GHANA: filiation par l'ange.

GIBILTERRA: probable colonie de Byblos (Gebal) ou de Kabylie: filiation par le Cheval.

GUANCHES: Anges (sortis de la «guancia» soit ganache).

GUATÉMALA: tamoul.

HÉBREUX = ARABES (progéniture du ʿerub).

HONGRIE: terre d'ἄγγεροι, ^{ki}Engir, donc Sumer.
HUMRI (nom assyrien des Hébreux): Maures, Rumi. (Gomer et Sumer).
HYKSOS: filiation par la lettre X (l'inconnue).
INDE: filiation par Odin, dieu scandinave, l'unique (russe odin = 1) qui engendre pendant la néoménie (all. Ende = fin).
ISRAËL: Cur (cf. Kuru: terre sainte des brahmanes).
ITURÉE = Tyr.
KABOUL: Cheval et Cabale.
LABRADOR : voir Bharat.
LACONIE: substituer le DÉMON à : on obtient Lacédémonie.
LITUANIE = Lietuva = Balte.
LUCERNE = Halicarnasse (filiation par la lucarne).
MACÉDOINE: Sidon, inscrite dans MA.
MAGHREB: Bergamo et Pergame. Filiation par Gharb, tombeau.
MAIN: fleuve des Car-Mani (ou Nem-zi).
MALTE: amulette, métal (et thalamos).
MAMELUK: mam-laka (m-lk): filiation par Malkut.
MAURES: Roumi, en passant par la ville de Mari et l'Amurru.
MEGIDDO: ghetto, la Porte (angl. gate). L'Harmaguédon ou URU-Megiddo d'Apoc. 16,16.
MOGADISCIO: Megiddo + suffixe sumér. Ki en vers. satem.
MOHAB = Bohème.
MUSULMANS = hommes de Calam/Islam (filiation par le Calame).
NABATEENS: ils apportent Neptune au Panthéon latin.
NAG HAMADI: ange mahdi.
NEPHILIM = Nibelungen = Niphleim (enfer scandinave).
OLMEQUES: La Mecque, Mexique, fr. mec, angl. mac, Macao. Eponyme: Mica-el.
ORINOCO: l'arnaque (tour de magicienne).
OTTENTOTS: filiation par la déesse Tanit (pénétration phénicienne atavique).
OUGARIT: Qart (Carthago).
PANAMA: Pneuma.
PARAGUAY: en isoglosse avec Prague, Varègues et idiome Guarani. Filiation par la Pirogue (et la Parque).
PARIS: comme les Pharisiens ci-dessous.
PASADENA (California): Poseidon.
PHARISIENS: filiation par la Parque suméro-akkad.: Parsu.
QATAR: quatre, le 'Tarocco', roi des oranges.
QEDEM = Orient biblique, autre nom de l'Anatolie. Medic-us.
RAS SHAMRA: Sumer.
RIALTO = Altaïr.
SABA: Sahib, bsa (étoile en égypt.).
SALAMINA = Lemnos. Ca-lam. Filiation par la «Salma» ou la Columna (érigée au Dieu inconnu).

SARAJEVO: Caraïbes.
SCHELDA (Escaut): CHALDÉE. Filiation par la 'cialda', voir infra, d'où naîtra le Divin Enfant, angl. child (avec voyelle zéro).
SHANGHAI = Ganesha (ange, malgré la symbiose avec l'éléphant).
SIDON: angl. sudden (absence ponctuelle de la lune, voir p. 101).
TAMISE: Tammuz, azimut.
VARANASI (Bénarès): Bar-Nasha.
VEDDA (refulés à Ceylan): issus tout droit de la Chambre Nuptiale (angl. wed).
VOSGES: Vésuve, Pasubio (tous des monts).
ZAGREB: Garb (tombeau).
ZAMBIA = Mzab (le zèbre, et l'all. Zauber).

La Chaldée se disloque en Ca-lé-do-nie et est formée de Celtes (akk. šiliti, v. note 6, p. 137) qui sont sémites ici, indo-européens en Allemagne et Angleterre, aravidiens en Inde, aztèques au pays de l'ocelot et du cho-colat. Les Chaldéens s'appelaient ainsi parce qu'ils étaient de père inconnu, dans ce sens qu'il était caché dans l'hostie, it. cialda (cachet de pharmacie): en somme, le Dieu Inconnu des Actes des Apôtres 17,23.

Ils ne sont pas les seuls à remonter au dieu de l'invisible. Par exemple les Turcs désignent la face cachée de la lune par comparaison avec lat. terg-um (dos), de Durga déesse terrifiante ayant pouvoir de destruction.

La Satapatha Brahmana (1-6-4) dit que durant la Néoménie (lorsque la lune ne se voit ni à l'est, ni à l'ouest), c'est qu'elle visite notre monde, pénétrant les eaux et les plantes, pour les féconder.

La Taittiriya Brahmana (3-9-5) va plus loin et dit que tout ce qui vit sur terre, y compris les hommes, lui doivent la vie par l'intermédiaire de la pluie proligère censée venir de la lune.

Voilà pourquoi Sargon, les Pa-sarg-ades, Xerxès, les Σαρακήν- sont nés du Sarco-phage (it. sarga ou fr. cercueil, centum comme kourgane); Salomon de la «salma», akkad. salam-tu définissant l'*accompli*, célébré dans les Psaumes = P-salm-; les Sé-leuc-ides et la Va-lachie de l'all. Leiche (qui comme la salma signifie le cadavre préparé pour l'enterrement), tandis que Mitra ne serait pas étranger au Cimetière; Vr̥tra, la Lune tuée par Indra pendant la Néoménie au sens des Brahmanas, explique lat. feretrum, où git la dépouille à inhumer. Hécube, femme de Priam, islamise avant la lettre en se disant générée par la Kaaba, symbole de lune en train de naître, cf. couveuse, in-cub-ation, al-côve, con-cub-in, etc. (des notions relevant de la Chambre nuptiale).

PRODUCTION DE VOCABLES

Ceux qui ont assimilé le chapitre précédent n'auront aucune difficulté à pénétrer dans le mécanisme de production des vocables et à comprendre comment l'essence de la chose a été traduite dans l'étymon, ce qui ressortira notamment de la lecture du IIe système. Je leur demande seulement d'avoir à l'esprit que ce n'est pas pour rien que le Ciel, et la Lune surtout, est le monde idéal.

Ier système

J'ai indiqué dans la première partie du livre qu'il y avait moyen de baptiser les sujets et les objets par le système des *planches*, de type cabalistique mais à contenu sémantique. Aucune preuve ne subsiste.

IIe système

Voici un deuxième système, dont il ne faudra non plus espérer trouver des témoignages dans les archives de l'humanité: les *logogrammes astrologiques*. Lorsqu'on dessine une demi-lune et qu'on l'appelle Mi-, on a une base pour lui rapporter tout ce qui ressemble à une demi-lune et donner des noms contenant la -mi-, par ex. all. Im-me, guêpe. Le soleil est une autre base de logogramme, à lire comme 'El' ou 'Sonne' (la gémination des consonnes est presque toujours un complément phonétique d'origine sémitique). Si les Allemands appellent l'orange «Apfel-sine», c'est qu'ils assimilent cette espèce de pomme au soleil, ou à la lune Sin, tout comme les Égyptiens ont assimilé le scarabée (anagramme de Käfer) au soleil Khepr. L'all. Schick-sal, destinée, est ce qu'envoie le soleil.

Les pictogrammes insérés dans les différentes formes de l'astre nocturne ou dans le disque solaire ont été d'abord — le sumérien le prouve — presque tous des monosyllabes, désignant les choses courantes de la vie et de la culture d'un peuple qui a découvert les bienfaits de la communication orale.

Les tout premiers vocables ont dû être les grandes catégories concrètes, tels: pierre, métal, bois, végétaux, comestibles, dieux du ciel: soleil, lune et étoiles, hommes et femmes, pays, oiseaux, poissons, animaux terrestres.

Ce premier contingent de terminologie préhistorique s'est par la suite fossilisé, tout en donnant des déterminatifs, chargés de classer le nombre croissant de découvertes (nouvelles espèces, nouveaux ustensiles, nouveaux genres alimentaires, édification de monuments divers, fonctions et ministères).

On comprend ainsi pourquoi, suite à la dispersion géographique, à un phonème déterminé correspondait ceci dans une langue, cela dans une autre: pourquoi le cerf, gr. elaphos, ou l'éléphant partagent la demi-lune alpha avec le veau, calf (lequel s'appelle amar en sumérien, comme le porc dans les langues sémitiques), ou le vautour et le hibou cohabitent dans la mi- égyptienne donnant lieu à une lecture divergente en Grèce (voir p. 135). Le chien s'est même métamorphosé en poisson: russe sobaka, chien; égypt. sobek, crocodile, espèce de chien aquatique; aztèque cipec, requin = it. pesce-cane.

Les hermétistes égyptiens appelaient Noûs cet archétype universel qu'est la lune, en ajoutant qu'il a tous les noms parce que toutes choses sont issues de cet unique Père (Traité Poimandrès d'Hermès Trismégiste, 8, V, 10).

La méthode d'insérer l'objet dessiné, le pictogramme, dans la lune ou le soleil, est documentée par les Kana japonais et les glyphes maya, mais aussi par le quadrat égyptien, tout théorique qu'il soit, et le cartouche royal, allongé en ovale pour contenir une suite de caractères.

Pourquoi, direz-vous, n'y a-t-il aucune trace de ce procédé chez nous? Mais si, il y en a: ces préformantes (c'est du moins ainsi qu'on les appelle) ou, si vous préférez, ces préfixes quels qu'ils soient (M, B, C, G, H, N, P, T, ϕ, θ...) sont la lecture des réceptacles où les choses ont été insérées. Que sont, au fond, les préfixes, les infixes et les suffixes? Cette terminologie est piégée, car elle évoque une adjonction. Si on disait «cadre», on visualiserait l'acte du scribe en train de loger des objets ou des idées dans un cercle, un demi-cercle, un arc, une enveloppe vide. Faites un effort d'imagination, et vous verrez: bien rares sont les mots qui ne sont pas encadrés.

Ceci a l'air bien naturel, à quelques paradoxes près: ainsi le mot angl. D-ark devait s'écrire secrètement comme un *arc* dans une *demi-lune*.

S'il y a plusieurs préfixes et/ou suffixes, ceux-ci s'emboîtent l'un dans l'autre comme des poupées gigogne.

Le chinois est une langue qui, s'étant constituée il y a à peu près 5000 ans, a très peu évolué en tant qu'écriture et qui garde la structure lexicale primitive: clé (autrement dit: classeur ou cadre) + l'objet désigné. On comprend la surcharge d'une telle lexicographie, qui comporte des dizaines de milliers de mots, alors que les hiéroglyphes de l'époque ptolémaïque n'étaient encore «que» quelques milliers.

À titre indicatif, voici comment et pour qui ou pour quoi on a exploité le contour de la lune:

C pour des bêtes à cornes (vache, taureau, bélier, cerf), l'ourse (satem de grec orka = arc), le porc (arc)...; pour des bateaux, des armes, des outils, des coupes, des corbeilles...

D pour les poissons (surtout le dauphin: D-elf à comparer à gr. ἀδελφός, frère de l'autre demi-lune), pour des oiseaux, des animaux comme le dromadaire à cause de sa bosse, le loup (= alp) ou la louve (h-alve), l'éléphant (Hälfte), pour des arbres comme les conifères, ou l'arbre générique, gr. DenDr-; pour des tentes et maisons à coupole (les trulli, cabanes, paillottes); pour la poterie: tasses.

O pour tout ce qui est à base ronde comme les tholoi, les tours, les mosquées; pour les amphores, pour le vase rempli d'hydromel ou d'ambroisie (suivant la croyance que le soleil, ou la lune, soit ce vase: dans la littérature post-védique est conservé un mythe très ancien représentant la lune comme un vase plein de soma, boisson sacrée, avec identité du nom); l'œil, la bouche s'insèrent également dans un logogramme circulaire.

Parmi les animaux: l'hirondelle (rond), la colombe (ambo) également comme all. Sch-w-albe (où w redouble la moitié, comme v-alve, ou Wölbe, voûte, ou Bulbe); le mouton est inscrit dans un cercle dans les idéogrammes sumériens, bien qu'il s'appelle uDu; le lion assimilé au soleil devait épouser une forme ronde; les mollusques aussi, mais de préférence dans le disque du Noûs invisible; le scarabée et le scorpion ont été travaillés en sceau ou amulette, dans un agencement le plus rond possible.

Des arbres à feuillage arrondi, des fruits en boule comme la pomme, l'orange, le cèdre; des fleurs comme la rose, le lotus ou l'œillet.

Le lit à deux places de la Chambre nuptiale (Évangile de Philippe, 125), grec thalamos, occupait le Noûs invisible où les époux scellaient leurs noces sublimes.

Les litanies de la Sainte Vierge font état de ces métaphores: Sedes sapientiae (siège de la sagesse), fontaine de miséricorde, tour de sainteté, rosa mystica, tour d'ivoire, maison d'or, arche, porte du ciel, étoile du matin, Reine des Anges, etc.

Or on constate que chacune de ces formes séléniques a plusieurs noms: par ex. la demi-lune peut s'appeler (h)albe, (h)alf, (De)-Mi (c'est pourquoi angl. s-elf et sa-me sont synonymes), elle peut aussi s'appeler Ange. L'arc a prévalu sur sic-s, sig-ma et gam-ma comme élément structurel de nombreux mots.

La lune pleine est ambo ou amphi, both ou oba, mais aussi El, An, Rê. Dans ces conditions, le logogramme qui représentait la phase en question pouvait être lu et donc translittéré différemment suivant les origines des scribes préposés à la traduction de textes étrangers. Un exemple de ce genre nous est offert par la translittération akkadienne de l'écriture sumérienne, surtout en ce qui concerne l'Ange. Mais même à l'intérieur de la langue même, entre dialectes, on remarque de telles équivalences: l'ange pouvant être translittéré Me, ou aussi L et N. Il convient donc de toujours comparer les groupes de consonnes: par ex. si l'angl. yolk, jaune d'œuf, correspond à l'espagnol ye-ma probablement arabisant, c'est que le groupe lk (lux, ou angl. like, pareil, mais aussi à l'opposé: lack, manque, et black, noir) s'écrivait comme Ma (qui est une négation en arabe). Yolk appelle le rapprochement avec silk (soie): le groupe lk signifie en tant que lux, que la soie est brillante, comme lack, que la soie est cachée, tout en étant une virtualité, dans le cocon, qui est comme un œuf; l'all. Ei-dotter (jaune d'œuf) est à rattacher à la datte, it. dattero, dont il est comme le noyau.

Tout comme s-elf (half) et sa-me (-mi-) sont identiques, et se ressemblent comme deux demi-lunes, il est certain que

angl. D-ark = all. D-unkel

au départ d'un même logogramme, lu arc par les Anglais et Engel par les Allemands.

Il en va de même pour angl. Sp-ark et all. F-unkel, étincelle, quoique avec préfixes discordants, ou pour l'angl. sm-irk et all. schm-unkeln (sourire).

Aucune prouesse phonétique ne saurait expliquer comment la pouDre est sortie de lat. pu-lv-er, si ce n'est grâce à D = (h)alve.

Santiago = Joaquim, en supposant que Jacq- est le nom, et la mi/me a été rendue par «Saint».

La Mi- forme le participe sémitique (me/mu) en correspondance de l'ange pour le participe anglais (-ing). Comme ces formes verbales, du temps présent, ont reçu par convention le Noûs invisible (voir pp. 101-103), il faut signaler dès maintenant l'usage qu'on a fait de ces logogrammes: l'arc signifie seulement l'arc, mais l'ange avait une forme qui le situait entre l'arc et la demie, mais quelle demie: la pleine ou la vide, ◐? Il faut distinguer les cas qui se présentent. L'Ange, comme la Me (ou -mi) a pu signifier la demi-lune vide, parce que Ma est une négation arabe, et μή une prohibitive grecque; il n'y a rien d'étonnant dès lors que cette -mi ait été translittérée avec ce sens négatif dans le groupe 'tv', qui forme les abstraits en russe et sanscrit au même titre que -ma pour certaines notions grecques (μάθημα = la connaissance); ainsi avons-nous le pa-l-mi-er et le pa-le-tuvi-er, arbre ainsi baptisé en remplacement de ceux qui abondaient dans les lieux de provenance.

Je voudrais terminer par un exemple d'interchangeabilité autre que «astrologique». Le logogramme de la chouette (hibou = it. gufo et cive-tta) affiché pour l'Égypte en écriture locale a été lu *ME* par les uns, *gup* (hibou et vautour coéquipiers du même phonème) par les autres: de sorte que ce pays s'appelait KM-t pour les autochtones (avec K comme préfixe déterminatif de pays, usité d'ailleurs à Sumer également), et COP-t (ou GUP-t) pour les Grecs, qui respectent le genre féminin signalé par t (Aiguptos est féminin en grec). Les Grecs toutefois ne lisent pas le déterminatif K ou le transforment en Ai (même démarche d'E-lam par rapport à Ca-lam).

La terre d'Amqa mentionnée dans une prière du roi hittite Mursili II au dieu Télépinu doit bien être la métathèse de KM-t.

L'idée de rattacher l'Égypte et les Coptes à l'âme de Ptah (Ka-Ptah auquel est dédicacé le temple de Memphis) est saugrenue, mais se transmet d'un auteur à l'autre comme une tare génétique jusqu'aux ouvrages plus récents. Les noms des peuples s'expliquent par un dieu éponyme, transcendant, qui les aurait engendrés. Mais ce n'est pas Ptah dans le cas de l'Égypte.

Pourquoi, en effet, déranger le patron de Memphis alors que la Mi-sous forme de chouette prend volontiers à son compte la pa- ou maternité des chamites? Cet oiseau s'affiche sur le quadrat de l'Égypte pour faire savoir que KM-t signifie: terre des fils de la chouette, oiseau nocturne assimilé à la Lune (la mi-), et il n'y a pas de quoi mêler le noir et la terre, même si l'idée de noir est liée à cet oiseau de la nuit qu'est la Me.

Les égyptologues toutefois plaideront que la chouette = m est là uniquement comme complément phonétique de Kem, et n'en démordront pas, même si la translittération grecque n'est pas *m*, mais hibou, gup — que les Grecs d'ailleurs tenaient en haute considération l'ayant consacrée à Athéna, alias Mi-nerva, et en frappant des monnaies à son effigie, tout comme l'Égypte des Ptolémées d'ailleurs.

Les Phéniciens déjà avaient désigné l'Esprit Saint pour leur père, en le vulgarisant sous forme d'oiseau (phénix = lune avec chaîne de morts et résurrections; l'égyptien fennec est par contre un canard).

La tradition judéo-chrétienne le voit matérialisé dans la colombe.

D'autres traditions païennes nous proposent la cigogne ou, en Russie, le cygne et l'oie sauvage, la Lèda de la mythologie grecque et aussi mère éponyme des Lydiens et de russe liudi (gens).

Le faucon, grec ἱερακ-, était l'alter ego d'Horus, qui en a gardé l'appellation, avec finale satem. Cet oiseau était dessiné dans un arc, à l'instar du faucon logé dans une faucille.

Désigner les Égyptiens de Cham(ites) est donc un pléonasme. En remontant l'arbre de leur généalogie on rencontre Noé, père de Cham et de Sem, les deux faces d'une même médaille, à ceci près que Cham a quitté la famille avant le Déluge, dont il n'y a que de pâles échos dans la littérature égyptienne. Mais cette histoire de déluge m'a tout l'air d'être une fable étiologique.

À travers l'autre appellation de l'Égypte: Misraïm, on découvre Isra(el) encadré de 2 Mi- ou demi-lunes, habitude attestée pour d'autres noms, ex. Ma-thusal-em, ou plus proche de nous Mo-ctezu-ma = Aztec; Mo-ham(m)-ed s'est contenté d'une seule moitié. En somme, Misraïm et Israël ne peuvent pas éviter de se rencontrer dans (As)syr, dont la forme centum est sum. Kur désignant les montagnards étrangers pour Calam, alias Sumer, traduction akkadienne de Ki-eng-ir. Est-ce que (As)syr a été encadré dans ME, come Kur dans ŋ? De la part des scribes mésopotamiens on peut s'attendre à tout.

De par le vaste monde, la paire Kur-Calam des textes sumériens (étymologiquement: l'arc et l'ange-mleac) se repropose en plusieurs endroits sans qu'on puisse déterminer le point de départ: en Asie Centrale: la Chine (ange) et au-dessus, les Sères nomades qui pourraient avoir donné le nom à l'industrie «serica», cf. Strabon XI, 516 et XV, 701-702; à l'Extrême Orient: le Ci-pango (Japon) et la Corée; aux colonnes d'Hercule: l'Es-paña et à son intérieur, les sierras, chaînes de montagnes. En Amérique: Oklahoma (Calam) et Missouri (Sumer).

La première fois qu'il est question d'Israël dans la Bible, c'est en Genèse 32,29, là où un «elohim» rebaptise Jacob après avoir lutté avec lui la nuit durant. Toute une gamme d'explications ont été envisagées pour cet étrange épisode, depuis la critique textuelle, la structuraliste au sens de Lévi-Strauss, l'exégèse archétypale de R. Couffignal, jusqu'à la logique existentielle psychanalytique (herméneutique selon Ricœur).

En songeant à la paire ci-dessus, on pourrait ramener le songe à un conflit para-schizophrène d'une personne déchirée entre sa moitié Calam et sa moitié Cur, conflit résolu au profit de cette dernière.

Ces deux entités ethniques diffèrent aussi profondément sur le plan politique:

— individualisme chez Sumer-Calam-Canaan (Phénicie), où l'on observe le système des cités-états comme d'ailleurs en Grèce et en Chine, sous les Chang; y correspond une conception religieuse polythéiste;

— pouvoir centralisateur chez Cur (Assyrie, Israël, Misraïm) qui trouve expression dans des règnes, des empires, des états théocratiques; y correspond une conception religieuse monothéiste.

Dans la terre de Canaan, on distingue Israël (peuple) et des citésétats, cf. la stèle de Meneptah (1220 av. J.-C.) qui commémore les victoires du Pharaon sur les Libyens et la soumission des peuples asiatiques. Israël est donné comme peuple, alors que le déterminatif de cité-état préfixe Ashqualon, Guézer et Yanoam, c'est-à-dire des toponymes. Canaan est l'ensemble du territoire qui les englobe.

Quant à la ville de Jérusalem, auparavant Uru Salim, il faut interpréter le premier élément comme URU, déterminatuf sumérien pour ville; le deuxième élément est Calam satem; donc: ville de Calam. Ce n'est pas l'avis des Arabes, pour qui Al Qods est la ville d'Accad.

Mais il est temps de revenir à nos logogrammes lunaires. Leur équivalence permet d'affirmer l'identité radicale, id est des racines, de verbes apparemment aussi différents que love, lieben, liubit et phileo d'un côté, et aimer de l'autre. Une moitié aime l'autre moitié pour la (h)alve, (h)albe ou (po)lovi(na) en anglais, allemand et russe, (h)alph en grec, et la 'emi' pour le verbe latin. Une moitié est comme, et aime, l'autre moitié, en angl. like à comparer à hébr. pe-lag (= russe po-lovina).

Une autre option qui ouvre pas mal de portes est celle offerte par l'Ange = Me, qui remonte aux premiers textes de l'histoire de l'écriture déchiffrée. Si ces deux mots apparemment si différents ont été identifiés, c'est que les logogrammes respectifs étaient identiques.

La lecture sumérienne de ce logogramme (◐, voire 🌝) a été retenue pour le 'je' sumérien (ŋa), akkadien et sémitique (disloqué en anok, hébreu anôki) et chinois (nkô), tandis que la lecture Me a été retenue pour lat. me, fr. moi, etc. L'adjectif possessif correspondant est gu et mu respectivement. De ce dualisme structurel, s'en ressent l'affixe employé pour former les abstraits, qui est 'nig' ou 'nam'.

Dans la morphologie indo-européenne, l'équivalence en question a laissé de nombreuses traces. Elle est heureusement documentée grâce à la translittération akkadienne «me» du groupe n+g ou ñ du sumérien, dont un dialecte d'ailleurs, l'eme-sal[6], s'apparentait sur ce point à

[6] Traduit couramment, mot par mot: langue = eme (des) femmes = sal, akkad. ummisallu, glosé lišan šiliti (langue de dispute). Mais il faudrait plutôt réfléchir sur l'analogie avec l'angl. SL-Ang (avec métathèse des logogrammes), ou avec slogan, tandis que 'šiliti' est la version satem de celte (slang des Celtes ou de la Chaldée/Babel, avec confusion des langues à la clé).

l'akkadien et écrivait par ex. me-ri pour ŋiri, poignard; mu-us pour ŋestu, oreille; musu pour ŋis/ŋes = 60 ou 600; dim-me-er pour sum. diŋir, Dieu; da-ma-al pour sum. daŋal, large; ma-al pour ŋal, existence; mu-ni-ba-ar pour sum. ŋis+imbar, palmier. L'akkad. Sumer est-il la traduction littérale de Ki-eng-ir = terre des anges, ou As-syr encadré dans ◐, face à l'arc encadré dans l'ange? Dans la première hypothèse, Su serait la forme satem de Ki, déterminatif de pays largement répandu non seulement à Sumer (par ex. Ourou-k), mais partout ailleurs. Les Russes le suffixent à leurs villes; de plus, ils s'en servent pour indiquer le mouvement (k + datif, ou, pour utiliser un terme de C. Autran, *Sumérien et Indo-européen*, Paris, 1925, *allatif*). On repère de nombreux exemples de ce classeur sumérien (qui n'était pas toujours lu, comme on l'a constaté pour l'Égypte, c'est pourquoi la plupart des toponymes en sont dépourvus) qui ne connaît que de rares exceptions satem: Go-mer, Kh-mer, Ca-merun, les Ci-(m)mer-iens, la Ca-margue, la K-varner yougoslave, le Ka-tanga, ki-sangani sur le Congo, les Ga-lapagos alias Pelasgi en anagramme, le Ki-taï, terre des Thaïs ou du Tau; le Ki-li-mandjaro = Mandchourie. Mais l'isoglosse la plus spectaculaire est celle qui relie, séparées qu'elles sont par un mouvement presque centrifuge, ou suite à un bouleversement apporté par des invasions massives, les deux extrémités du continent eurasiatique: le Ci-pangu ou terre des anges japonais à l'Est, l'Es-paña (satem) à l'Ouest. Ceci pour ki *préfixé*.

Voici pour ki *suffixé*: Helsinki, Nagasa-ki, Bang-kok, et dans la topographie russe les villes se terminant par K, dont Omsk, Minsk, Novosibirsk, Arkangelsk, Mourmansk, Zagorsk, Gdansk et beaucoup d'autres.

C. Autran avait déjà songé, dans son ouvrage *Sumérien et Indo-européen*, pp. 77 à 86, à comparer plusieurs racines (comme agar = lat. ager, etc.), mais il a négligé ce qui est le plus important, les déterminatifs, qui sont les toutes premières briques de l'édifice linguistique et ont le plus de chances d'être partagées par d'autres branches. À ses parallèles, qui ne sont pas à accepter en bloc, on pourrait ajouter:

zibar = brass, bronze (métathèse). L'all. Schmiedt, forgeron, est à rattacher à russe med, bronze ou cuivre.

du = lat. ed-il-, construire.

dug = lat. dicere.

šar = 36.000 = all. in Scharen.

ašgab (tanneur), à comparer à bagage en métathèse.

gestu qui signifie «oreille», l'Ouïe et a débouché sur notre *acoustique*.

Chez les anciens il n'y avait pas mal de confusions au sujet des sens, ainsi ce gestu, qui signifiait l'ouïe et la connaissance (à peu près comme notre «entendre» = écouter et comprendre), a impliqué aussi le goût (lat. gustus, all. kosten), tout comme savoir vaut pour la connaissance et pour la saveur, et l'odeur nous ramène à nouveau à l'ouïe, lat. audire. On dirait que nos ancêtres ne se rendaient pas bien compte si l'odeur entrait par les narines ou les oreilles.

R. Jestin, à la page 34 de son *Abrégé de grammaire sumérienne* (Paris, 1951), en veut surtout aux non-sumérologues d'envisager une parenté linguistique entre Kur et Calam. Il n'est pas le seul à s'égarer en disant que le sumérien est isolé et qu'il n'est ni frère ni cousin d'aucune autre langue (cf. *Dictionnaire Poupard des religions*, p. 1075).

Pourquoi ne veut-on pas du sumérien, qui était la langue des anges, pour ancêtre de nos idiomes? Les preuves sont nombreuses, surgissant des équivalences Ange = Mi. Cela laissera sceptique, si je dis qu'on peut relier les Tungu-si et la Tami-se; Lanka et Elam, Ang-kor et Khmer ('kor' étant Kur, le déterminatif sumérien de terre étrangère et de montagne: il s'agit en fait du logogramme de l'arc, le roc céleste si souvent cité dans les Psaumes qui appliquent constamment à Jahvé l'allégorie du Rocher). La capitale du Soudan est Khart-oum, correspondant à Carth-ag̃- (voir aussi p. 214) et à la Sardaigne. Qart est le terme arabe pour ville, par référence au Taroc(co), Roi des Oranges. Une équation qui devrait faire l'unanimité est celle des Lo-ŋ-obardes et des Lo-m-bardes.

Mais quittons la toponymie pour faire plutôt les comptes avec les idées de base et les actions qui constituent depuis toujours notre quotidien: combien nombreuses sont celles marquées par l'influence sumérienne et emesal sur le mécanisme de formation des mots! En précisant que seules font l'objet de l'enquête les langues que je connais parmi les langues indo-européennes, voici un ensemble qui donne à réfléchir:

— l'agneau mystique identifié à la lune, *agnus*, l'ange (gr. αγγελ-), it. agnel-lo (gémination due au complément phonétique), clé chinoise: yang, mouton,

  et

  grec me-el-on (d'où: im-mol-er) et l'all. Ham-mel, mouton logé dans une demi-lune, tandis que son synonyme Lamm a confisqué la lune entière parce qu'il y a assimilation de b à m (cf. angl. lamb, comme Kamm et comb, peigne), donc 'ambo';

— la désinence fr. *-ance* ou anglo-saxon -ing/-ung

et

la désinence fr. -ment:

exemples: fr. nuis-ance (lat. nocu-mentum)
all. Beweg-ung = mouvement
angl. so-ap > sha-m-poo-ing = savonne-ment (l'n infixé, assimilé à m devant p, montre que ce verbe appartient à la catégorie de ceux où la lune est «invisible au présent»);

— angl. *ancestor* et lat. *maGister* (ancêtre et maître);
— it. *anche* (= aussi, pareil) et gr. homo-, ou an-omalie;
— lat. *ancilla* = féminin seulement car il s'agit de l'Ancilla Domini, à savoir la Lune-Ange

et

all. Mädel, angl. Maid;

— anglo-saxon *angel(n)* et lat. hamus (hameçon);
— angl. *anger* et all. Küm-mer (colère retenue);
— all. *Angst* (et 'bange'), et lat. metus et sa métathèse timor;
— *balance* et hébr. phelem (deux fois grec πλαξ, plateau);
— *branche*/rang et lat. ramus;
— *congé* (it. congedo) et lat. commeatus;
— fr. *-conque* (quiconque, quelconque) et angl. some;
— esp. *cuña*, berceau et cama, lit;
— fr. *cygne* (ŋ), gr. kukn-os (l'Ankh), all. Gan-s (l'ange) et Ham-sa en sanscrit;
— *danger et dam* (métonymie);
— all. *d-enk-en* et russe duma-t, angl. deem;
— esp. *dueño*, lat. dominus;
— all. *D-unk-el* et D-äm-me-rung (avec gémination due au complément phonétique, qui est plus fréquent en all. qu'en angl., ex. flag et Flagge, sun et Sonne);
— *en-clench-er* (ou dé-clencher) et all. Klemme et Klammer (...) retenant ce qui va être déclenché, par exemple la flèche de la foudre, fléaux divers;
— *enc-ore*, all. noch (ange disloqué)

et

angl. more, all. mehr à rattacher à l'akkadien *maru*, qualificatif de l'intensitif

et

all. imm-er, tout aussi expliqué par maru appliqué au duratif (le dieu qui préside au retour de la Justice est Mher du panthéon arménien);

— all. *Engel* et Himmel (métonymie), cf. aussi akkad. samu, ciel;

— fr. *épar-gn-e* et it. rispar-m-io (n et m s'étant ajoutés à la racine qui est celle de l'all. spar-, ou parc de lat. parcere et parcus);

— *éponge*, lat. spongia, et it. spuma (mousse);

— *fonge* et angl. foam (it. muffa) et par-fum;

— angl. *forei-gn* et all. fre-m-d;

— all. *F-unk-en* et fl-im-mer (inclusion de 'l' et gémination de m compl. phon.), métathèse de film;

— *geignant* et gémir;

— *gingembre* et russe im-bir, privé de 'gi' qui est le déterminatif usité à Sumer pour roseaux et assimilés;

— sum. *ŋestin*, vigne, et lat. mustum, moût (métonymie);

— all. *Glanz* et angl. glam-our;

— all. *hinken* et hemmen (avec spécialisation dans le sens);

— all. *Honig* (couleur lune, cf. angl. honey-moon) et Im-me, abeille-guêpe, ainsi que fr. mi-el (sumér. la-al, avec El à la place de la -Mi): ces termes sont reliés par métonymie;

— lat. *hunc* et angl. him,
lat. *nunc* et num en latin, nunam en sanscrit,
lat. *tunc* et tum;

— anglo-saxon *hunger* et faim (ϕ = H, courant d'ailleurs dans l'espagnol qui est quelque peu arabisant, ex. fuir = huir);

— le participe angl. en *-ing* rendu par -sam en allemand (ou 'some' en angl.): ex.: wirk-sam, hand-some;

— les dieux japonais *iza-nagi* (= ange) et iza-namisa, parèdre en emesal;

— *K-ang-ur* et grec Ka-me-los;

— all. *Klang* et lat. clam-or;

— all. *kr-ank* et krumm;

— *l-ance* et la-me (all. Klinge);

— *langue* et all. Maul (métonymie + métathèse);

— *languir* et angl. lame, all. lahm;

— all. *links* et akkad. šumēlu;

— angl. *lunch* et all. Mahl (ali-mentum);

— angl. *l-ung*, lat. p-ul-mo (gr. p-neu-ma avec N au lieu de L);

— *méninges* et mne-mo;

— all. *Mensch* et Imam;

— it. *ogni* et lat. omnis;

— angl. *once* (une fois) et all. -mal;
— *pr-ince* et lat. pr-im-us, appuyé par l'angl. first = all. Fürst;
— *Règne* et Royaume, angl. Realm, it. Reame;
— all. *R-ing* et R-ahme, angl. f-rame;
— *sang* et grec haima (esprit rude rendu par s);
— *sanglier* et it. maiale;
— all. *Schink-en* et angl. ham (promu en fr. jambon = ambo);
— all. *Schl-ank* et angl. sl-im;
— *signe* et grec seema;
— *singe* et lat. simia;
— lat. *s-ing-ul* et se-me-l (une fois);
— angl. *slang* = emesal déjà cité, ou slogan en anagramme, tandis que la langue du culte, l'eme-ku, pourrait tout simplement correspondre à anglic(an), terme d'église issu du lat. médiév. anglicus;
— *songe* et esp. sueño, et sommeil;
— all. *Stengel* (tige) et Stamm (tronc) avec spécialisation;
— lat. *t-ang-ere*, angl. me-et (rejoindre);
— lat. *ting-ere*, russe tëm-n-, lat. con-tam-inare (métaphore de la lune gagnée par une tache brune, cf. tache et contag-ion, et peut-être con-tum-acia (absence du coupable);
— *vend-ange* et lat. vind-im-ia;
— angl. *wrong* et all. gering, it. gramo;
— *Yank* (ou Inca), amerloque, et les Moai de l'Île de Pâques;
— all. *Z-unge*, angl. T-ongue et all. Stimme, voix reliée par métonymie à grec stoma, bouche (angl. mouth).

Il se pourrait que le groupe -ck- des langues anglo-saxonnes corresponde au grec -γγ- (sumér. ŋ), par ex.
— all. Backe et Wange (joue),
— all. Ecke et fr. angle, ou coin (ange disloqué lu à l'envers),
— angl. lack et lat. linquere, all. links (à gauche et à l'envers),
— all. schicken et schenken (envoyer — donner),
— angl. sick et all. sinken (péricliter),
— all. wickeln, lier, et lat. vincula.

Que penser de l'absence de tous les vocables énumérés ci-dessus dans les vocabulaires suméro-akkadiens? Ceci: que la terminologie n'est pas née en un jour, mais a pris du temps, s'est modernisée et, en quittant les langues mortes à usage cultuel, s'est développée dans les idiomes en formation, ou que des écoles de scribes de type suméro-akkadien ont essaimé et appliqué les bases de données à la formation de vocables ailleurs qu'en Mésopotamie.

Mais le sumérien a contribué d'une autre manière à la morphologie lexicale: par la voie de ses déterminatifs.

Les déterminatifs

Pour savoir quels ont été les premiers mots créés par l'humanité, il n'y a qu'à se tourner vers les déterminatifs, qui ont désigné d'abord les objets les plus élémentaires, puis ont servi, à l'état fossilisé (tantôt lus, tantôs tus), à classer des catégories de nouveaux termes entraînés par l'évolution culturelle. Ils ont été les signes avant-coureurs de l'irruption du langage dans l'épopée humaine.

Il y a deux types de classeurs:

— l'astrologique (qui classe dans la catégorie des choses sacrées, célestes, luni-solaires, sacerdotales),
— le déterminatif générique (noms fossilisés d'objets ou êtres appréhendés en premier lieu).

Personne ne peut se vanter de les connaître tous. Existe-t-il par exemple un déterminatif Pe ou Po pour le cheval? Non, à première vue. Pourtant si le cheval s'appelait ip-po en Grèce (où il épouse la forme de l'arc, akkad. huppu), et le nom akkadien de l'âne est soit emer sans préfixe, soit pu-ri-mu (esp. burro), le jeune cheval est en fr. pou-lain, promu Fohlen en all., à côté de P-ferd, si nous ajoutons le pa-lefroi, le pony ou pottok, esp. po-tranca, jument, Pé-gase, Po-llux, Bou-cépahle (cheval-magne, monture d'Alexandre le Grand), Bou-rack (monture du prophète Mahomet, à comparer à hébr. pa-rish), vu aussi l'avestique aspa, on dirait que P (Pe, Po...) a été le tout premier nom donné à cet animal (inscrit dans la demi-lune de p), puis il a été affecté au service de classement de l'espèce chevaline. Ce qui n'empêche de trouver ce déterminatif également pour le lion sumérien, pi-rig, dans le léopard et le guépard, le pitekos, pig ou porc et évidemment l'hippopotame.

Dans les textes sumériens, les déterminatifs se trouvent le plus souvent en préfixe du substantif, mais il y en a qui se suffixent, si bien qu'on ne peut pas parler de règle, d'autant plus que, en contact avec les akkadiens, les éléments structuraux de chaque mot (je veux dire: les logogrammes) ont été intervertis. Les déterminatifs sont encore rares dans le sumérien ancien par rapport à l'akkadien et à l'hittite, sauf celui pour *Dieu* (Dingir translittéré Me en akkadien, et comme tel, passé dans la langue latine en composition avec un nom de Dieu ex Lune, tels Me-hercule et Ma-mert).

Il faudrait connaître toutes les langues pour pouvoir dire dans quelle mesure les déterminatifs (sumériens, akkadiens, égyptiens...) ont conditionné la morphologie lexicale. Ceci vaut pour l'indo-européen aussi. Si par exemple le persan féminise par -banu (Shah-banu), c'est que Banu était un déterminatif classant la femme (après avoir désigné la femme elle-même, puisque Banu = femme en béotien).

En passant en revue ceux de la langue sumérienne, on remarque d'abord combien a été versatile l'adjonction de

-ki, déterminatif de lieu (villes, implantations, pays qui sont des répliques terrestres du Ciel qui est Kai en chinois, Sky en anglais). Cette particule peut se trouver au début comme à la fin du toponyme. En langue sumérienne, on ne devrait pas la lire, mais si elle a été incorporée, sa place est tantôt à droite (Ourou-k, diverses villes russes et japonaises), tantôt — et le plus souvent — à gauche, à mesure qu'on se déplace à l'ouest et qu'on descend vers le sud (Afrique). En plus des noms de villes ou pays avec Ki incorporé, que j'ai cités à la page 138, je rappelle que Ki existe à l'état indépendant dans le fr. ici, l'it. qui, le lat. hic.

-ku_6, déterminatif pour poissons et animaux aquatiques. Il peut avoir désigné pour commencer l'élément liquide, lat. aqua, all. Qu-elle, puis tout ce qui pousse et vit dans l'eau, et non seulement les poissons:

parmi les animaux: lat. quacula, caille; cygne (cu + ŋ = ange aquatique), ci-gogne,

parmi les fruits: cu-curbitacées; le con-combre; l'it. co-comero (melon d'eau).

-mušen, déterminatif trilitère pour oiseaux et insectes volants.

Pour 'mu' il y a all. Im-me (guêpe), et l'émou d'Australie.

Pour muše il y a fr. mouche.

Pour l'entier, il n'y a rien dans les langues indo-européennes.

-sar, déterminatif agreste.

Il correspond à la «serre», méthode de cultivation parmi les plus anciennes (toute autre étymologie est irrecevable).

L'all. G-ras et Ras-en en sont des métathèses, ayant pris le départ de l'akkad. erašum, plante.

Dans la tradition gréco-latine, il coïncide avec Cérès, déesse des céréales, russe ʒer-no.

Ces quatre déterminatifs préfèrent être suffixés.

Plus nombreux sont ceux qu'on trouve préfixés de préférence:

-dub, tablette de cire, cf. tab-le.

-dug, déterminatif pour poterie. On le reconnaît dans lat. duc-t-il, dit d'une matière qui se laisse travailler au tour, et dans l'angl.

dough, avec passage de la terre ou argile à la pâte alimentaire (sens déjà acquis en sum. dug-num = beurre fondu).

-gem, esclave féminin, all. Mag-d (il s'agit d'abord de l'Ancilla Domini).

-gi, déterminatif du roseau et objets en roseau, ex.: gi-dub(ba): stylet, calame (par métonymie de *dub* qui fait à son tour fonction de déterminatif pour la tablette de cire).

Il coïncide avec le 'gui', lat. hi-biscus, et classe la guimauve, alias ^{gi}malva.

Celui du roseau n'est donc qu'un compartiment d'un domaine bien plus vaste: le règne végétal:

all. Gitter, it. grata (grillage de roseaux ou branches embriquées). La voyelle i, degré zéro, indique que la porte ou la fenêtre est barrée. Mais avant Gitter il y avait l'angl. gate, porte, d'où est issu l'it. ghetto (quartier séparé de la ville par une porte). La voyelle de gate est degré plein; ghetto est la prononciation de gate,

it. vi-mini = van, osier (la *mini* correspond à N),

it. gi-nestra, all. Ginster,

it. gi-nepro (lat. juniperus),

fr. j-onc (lat. canna, roseau),

all. G-arten, j-ardin (sém. Qart, ville),

all. G-renze (clôture d'une propriété),

gr. gerron, bouclier d'osier,

g-lycine, issue de g-lukos (liquor «caché» dans la canne, ou les baies, cf. angl. lack),

all. G-ras = Ras-en,

all. Gerste (orge, cf. gären, fermenter, et orgie),

all. Zwei-g a reçu gi en suffixe,

all. grün et angl. green,

gazon, gerbe, germe (pousse), grain, greffe, guirlande, géranium...

On pourrait ajouter à cette terminologie la vigne, lat. vi-nes (et le vin, métonymie), sumér. ŋestin, vigne, lat. must-um.

Le grec oi-nos (= Noé) a gardé 'i', mais comme on a cessé de pratiquer le digamme, et 'v' ne se trouvait pas dans l'alphabet grec qui s'arrête à Tau, la fonction arrondissante a été allouée à la voyelle o, comme cela s'est produit pour oi-kos par rapport à lat. vicus, Ouranos par rapport à Varuna, ouest par rapport à west. Le vin existe toutefois aussi comme Ϝοῖνος en éol. et gini en arménien. L'avoine est assimilée à la vigne en tant que céréale à grappes.

La vigne en grec est 'ampelos', c'est-à-dire la Lampe, allusion à l'ambroisie du mythe.

-i, déterminatif pour fleuve ou canal. Il pourrait figurer à l'état incorporé dans l'Inn, l'Ill, l'Isère, l'Ilissus en Grèce, l'Iénisseï en Russie;

-ka, déterminatif pour bouche, cf. all. ka-uen.

-kam, déterminatif de plat, aliment, cf. esp. comer et lat. comestible.

-kur, déterminatif de montagne (ex. Cour-mayeur, M. Blanc, et Cornouailles) et de terre étrangère opposée à Calam.

-kuš, déterminatif pour peaux et cuirs, comme par ex. usan^{kuš}: fouet. Il pourrait donc avoir désigné l'animal qui fournit les peaux, tels all. Kuh, vache, ou lat. equ-us, cheval. Par la suite il classe les objets fabriqués, comme le coussin (du genre pouf), la couche, le coche par métonymie étant hippomobile.

-lù, déterminatif pour homme et profession masculine. Il subsiste dans «lui» et «celui-ci».

-mi, déterminatif pour femme et profession féminine. Il pourrait préfixer Mi-nerva (Varuna au fém.), l'épouse de Shiva: Mi-nakshi, et suffixer l'épouse de Viçnu: Lax-mi.

-munus, comme 'mi'. Il devrait figurer dans fe-mina.

-na$_4$, pour pierres, pierraille, pierres dures (ou instruments lithiques). Sumér. ka-nu = porte de pierre. On reviendra sur ce déterminatif, très largement répandu, au sujet des obélisques (*infra*, p. 173).

-ngis, déterminatif de plante ou bois. En version eme-sal on a le Maïs (produit Maya), ou

-gis = all. Weiz-en digammé.

-sag, tête avec bouche ouverte: cf. all. sag-en (dire) et it. sag-o-ma.

-she, orge, cf. russe tchaï, thé.

-sigga, pour le bouc, cf. all. Ziege, chèvre.

-šim, déterminatif de plante odorante (Aromatika): éventuellement le thym.

-tug, déterminatif pour vêtement, cf. lat. toga et tex-ere, all. Tuch, puis é-toffe digammée.

-urudu, déterminatif pour airain (ou bronze). Il est associé à all. Erde, Erz, parce qu'on sortait le métal de la terre.

-uzu, pour chairs alimentaires. Cf. lat. ed-ere, all. essen ou angl. eat.

-I, clou affixé aux noms propres (all. Personenkeil). Il figure à côté des cartouches royaux égyptiens.

-nig
-nam, déterminatifs pour abstraits. Il s'agit respectivement de l'ange et du nom.
Exemples: nam-lulu = l'humanité; nig-zig = la justice et nig-si-sa = le Droit.

Sumer — Calam — Canaan

Le pays que les Akkadiens appelaient Sumer (en isoglosse avec Asmara en Éthiopie et Samarie), s'appelait aussi Ka-lama (= Elam). Dans ce mot qui vaut «lune» soit à l'envers (malk, melek), soit à l'endroit, on a dessiné et baptisé le calame, la colum-na, la calomnie (grec 'diabolé', le démon qui accable l'ange) et l'enclume, instrument archétype du forgeron céleste (lat. in-cuDo montre une équivalence de D et du lumen).

L'équivalent véritablement sumérien de l'akkadien Sumer est Ki-engir dans lequel Ki représente le déterminatif du «pays» selon l'interprétation classique. Ka-la-ma est un synonyme de Sumer parce qu'il le désigne par opposition aux terres étrangères et de montagne, et dans le dialecte emesal il a été translittéré Ka-naŋa-ŋà (ce qui surprend, puisque le groupe ng est normalement étranger à l'emesal), alias Ca-naan (que les Grecs appelaient Phénicie).

Puisque la Bible nous transmet que les Hébreux s'interdisaient d'épouser des Cananéennes, et que les Samaritains étaient tout aussi méprisés à Jérusalem, alias Al Qods (Akkad + S déterminatif suffixé: Sadducéens), cette attitude raciste résume l'opposition occupants et occupés, vainqueurs et vaincus, sémites et sumériens, qui doit remonter au plus tôt vers 2350 avant J.-C., mais plus probablement vers 1900 (pénétration des Amorrhéens à Sumer).

Il n'y a dans la Bible aucune autre forme de racisme, et même l'opposition anges-filles des hommes s'enracine dans la superstition populaire qui explique la grossesse des femmes terrestres par des épousailles avec les Anges éternels, mésalliance réprouvée par Dieu le Père (récit-fiction).

La mythologie des Anges (les trente formes de la lune), considérée comme un sous-produit de croyances inférieures (c'est-à-dire sumériennes) par les Hébreux, est entrée tout de même dans le judaïsme, le christianisme et l'Islam sous formes diverses, tandis que celle des «Me», appartenant à l'entourage emesal, n'a laissé aucune trace dans la religion, mais a été exploitée par les écoles philosophiques et a fourni à Platon le Monde des idées.

Philon les a présentes à l'esprit lorsqu'il interpose, entre l'Être Suprême et l'univers matériel, toute une hiérarchie de Puissances intermédiaires qu'il assimile tantôt aux Idées platoniciennes, tantôt aux cohortes angéliques. Et lorsqu'il dit que le Logos est une sorte d'Être collectif qui les englobe toutes, c'est sans doute à la Geôle qu'il fait allusion, qui contient toutes les formes de la Lune (le Shéol, royaume des ombres).

Depuis 1959, G. R. Castellino (Il concetto sumerico di «me», *Analecta biblica* 12, 1959) m'a devancée (à mon insu) en comparant les Me aux Idées platoniciennes. Cette intuition paraît déranger plutôt que plaire (H. Limet, dans le *Dictionnaire Poupard des Religions*, p. 1075). Cependant, «la cause des vainqueurs plut aux dieux, à Caton celle des vaincus», en l'occurrence l'hypothèse formulée par Castellino avec tant de réticence. Qu'on songe à la langue arabe qui forme les noms des outils avec le préfixe mi- (fth ouvrir donne mi-ftah clé, trq frapper donne mi-traq marteau/matraque).

Les Me sont les différentes formes de la lune où les initiés avaient logé le Monde des Idées (instruments parfaits, Concepteurs infaillibles des Arts & métiers, attributs divins convertis en abstractions, logos spermatikos pour tout ce qui se reproduit sur terre dans le règne animal et végétal).

Les Me

Ce chapitre de la cosmogonie sumérienne est très riche, car il contient le germe de futurs développements philosophiques et de spéculations sur les rapports entre Dieu et notre monde.

Les astronomes mésopotamiens avaient donné ce nom aux archontes bons et mauvais et dont la forme était l'arc de lune ou une Mi-. Cependant les Phrygiens vénéraient eux aussi une grande Déesse de fertilité répondant au nom de Ma.

La Métaphysique est la Foi des philosophes, qui sont eux aussi des croyants dans une Cause Transcendante. Mais avant de réaliser qu'il n'y avait qu'un seul principe, avec corollaire de Monothéisme, on a pensé à une multitude de puissances célestes, qui se relayaient en changeant de forme, et auxquelles on avait donné des noms distincts, ce qui a débouché sur le Polythéisme. Pour les philosophes donc, ces puissances n'étaient pas des dieux, mais le siège des archétypes et des essences, qui informent tout ce qui peut se produire sur terre, perfection en moins. La liste des Me nous apprend cependant que le Monde Idéal n'abritait pas seulement les choses excellentes, mais aussi des exécrables, quoique en prototype: la Souveraineté, la Sainteté, la Divinité, la Bonté, la Justice, la Sagesse, la Vérité, la Loi, la Dame divine, la Couronne sublime, le Trône royal, le Sceptre, le Pastorat et autres dignités sacerdotales, etc., mais aussi la Descente aux Enfers, le Déluge, la Prostitution, la Calomnie, le Désaccord, l'Eunuque. Sont représentées les professions de scribe, forgeron, corroyeur, maçon, vannier, et la Musique. Même les rapports sexuels ne sont pas oubliés, parce que la lune était la Chambre nuptiale dans laquelle se célébraient les noces spirituelles.

D'un autre point de vue, éthique celui-ci, les Me sont les Lois qui gouvernent le cosmos en garantissant l'ordre. Elles se donnent en exemple et invitent à les imiter. Une spéculation ultérieure a même lu en elles des tabous à respecter (cf. grec μή prohibitif).

On lit dans Job 38,33: «Dieu est celui qui connaît les lois des cieux et les fait observer sur terre» — d'où l'intérêt pour la déesse Inanna de dérober les Me pour faire prospérer sa ville d'Eridu (récit-fiction).

Pourquoi dirait-on qu'on *observe* la loi, qui est une institution apparemment abstraite, si elle n'était par contre quelque chose de très concret, se montrant à tous, étant au-dessus de tout (cf. l'expression: tomber sous une loi)?

On a également vu, dans les Me, les destinées. L'équation est tout à fait défendable, puisqu'elle découle de Me = Parsu en akkadien (Perse-phone, fém. de Phaunus, dieu champêtre, reine des Enfers et fille d'une Me-Mitra: Dé-méter). La destinée propre aux Me était de mourir et renaître suivant un cycle, mais si celui-ci était transposé à la végétation, le sort était de rester six mois sous terre et fleurir pendant les six mois suivants.

La forme centum (plus ancienne) est lat. Parcae, les Parques, divinités infernales au nombre de trois parce qu'elles administraient, comme un fil, la naissance, la vie et la mort comparées cette fois à une trame. Le grec Moires se rattache soit à «mourir», soit à gr. méros (part, lot). L'invocation de la Parque impitoyable, lat. parce!, s'est employée pour demander moins d'acharnement dans un sort adverse.

Mais si nous assimilons le Ciel à un vaste théâtre, quels rôles jouent les Me? Ceux indiqués encore une fois par la translittération akkadienne «Parsu» et «Mu»: ce qui veut dire que la Me était une (com)parse mu(ette) sur la scène du ciel, puis sur terre dans le rôle d'un mime qui simulait joie et souffrance en rapport à sa destinée. Ces comparses se maquillaient le visage, d'où all. sch-mink-en issu de mime (ŋ = m).

Le sum. garza pour parsu renvoie à la garce, fille (terme qui n'est pas toujours péjoratif, cf. Larousse), et παρθέ-νος, vierge (*n* sert à caractériser un être jeune et même très petit, comme en-fant). L'it. burattino, fantoche, renvoie à Bharat, l'Inde.

Si l'on veut donner à Mu un sens d'ordonnance, c'est dans l'acception «distribution des rôles» (angl. cast-ing, russe tchast = part) sur la scène du théâtre qui essayait de reproduire le ciel sur la terre. Parsu est donc l'acteur-actrice, lat. persona; lu dans l'autre sens: all. K-asper(l), marionnette, et Sha-kespeare (pseudonyme).

On a avancé l'hypothèse que le dialecte dit eme-sal (langue des femmes au pied de la lettre, slang pour moi) était un jargon de théâtre. C'est tout à fait possible, et dans ce cas les rôles secondaires étaient joués par des comparses muettes, des mimes, alors que les déesses s'exprimaient dans un sumérien un peu spécial.

Au théâtre, qui a gardé longtemps la forme d'une demi-lune ou d'une lune entière comme amphi-théâtre, on représentait le déroulement des actes célestes dans les divers rôles remplis par les arcs de lune: formes ou Idées archétypes, Me, égypt. Maât, incarnation de l'abstraction, comme all. -tum, angl. -dom.

Les dieux gréco-romains qu'on interpellait avec Me (Me-hercule, ma-Dia pour Zeus) auxquels j'ajouterais ma-done, me-sire, ma-dame..., sont passés par la cosmogonie sumérienne des Me où ils étaient assimilés à telle ou telle autre forme de l'astre nocturne.

Si cette représentation était à l'origine une forme d'enseignement destiné à des initiés, dans un format réduit, elle s'est transformée par la suite en spectacle ouvert à tous, et les histoires les plus diverses ont pris la place du drame mis en scène pour révéler aux gnostiques la vérité cachée et le moyen d'acquérir l'immortalité.

Pour rendre accessibles les connaissances en ce domaine (origine de l'âme, cosmogonie expliquée en plusieurs formes: Idées Archétypes, Intellect, Principe Trinitaire, Lutte du Bien et du Mal, Lumière et Ténèbres, la Belle et la Bête ou la Femme et le Dragon, etc.) on a transposé le contenu en des paraboles enracinées dans la vie quotidienne, en donnant aux protagonistes une dimension humaine, attitudes, volitions, soucis et même défauts à notre mesure.

Puisque le monde d'en haut est comme celui qui est en bas et vice versa, l'assimilation du message porté par la pièce était possible pour autant qu'on s'intéressait aux choses du ciel: pour les autres il y avait une fable, un divertissement dont le but édifiant échappait.

Au répertoire des premières compagnies théâtrales figurait sans doute la légende grecque de Prométhée qui a volé le feu à Zeus, tandis que dans la tradition sumérienne ce crime a été commis par Inanna, emportant les Me dans sa barque. Prométhée pourrait être Protée (celui qui change de forme) + Me infixe. Tous les détails concernant les circonstances des vols ou des changements de forme auraient été inventés pour agrémenter la doctrine de la vérité cachée.

La *comédie* et la tragédie sont des répliques. La première se moque (métathèse), tourne en ridicule les *actes* qui se déroulent dans le ciel. Les actes sont normalement trois ou quatre. La *tragédie* précise la tournure dramatique des événements: l'objet de la mise en scène est le sacrifice du bouc émissaire, grec *Tragos*, inscrit dans terg-um.

La *farce* est la Parsu (russe Ferʒi, reine du jeu des échecs dont les pièces en couple représentent les deux moitiés de la lune: couple royal, deux chevaux, deux tours ou pylônes, deux archontes soit du côté des fils de la lumière, soit de ceux des ténèbres) ou Me sumérienne, et comme la farce est la substance cachée dans une enveloppe, on a Me = 🌝 pour expliquer le μή prohibitif de la langue grecque. Le vocable lat. clam = en cachette (cf. clan-destin) est du jargon de théâtre (on le trouve chez les comiques) qui renvoie à Sumer alias Calam, et au Melek, caché.

Les *masques* sont définis comme le lien entre le visible et l'invisible. À la fin de l'acte on doit être en mesure de démasquer la Vérité cachée. Un divertissement de ce genre est le *Bal masqué*, folklore instructif parce que lat. maschera est égal à all. Schirm (écran): avant de se manifester, la lune cache son visage soit derrière un écran noir, soit derrière les traits des différents animaux qui s'identifiaient à son côté pile, ou avatar, anagramme de terg-um. Toutefois l'angl. ou fr. masque montre que le vocable de départ est m + sk et que la lune se cache parce qu'elle a honte (escamoter, Akhamot, shame, Scham à lire dans l'autre sens), d'où les spéculations sur les tabous.

Au lieu de tomber dans le folklore comme les manifestations facétieuses, les pièces de théâtre ont évolué sur un plan philosophique qui a débouché sur la consécration artistique. Les dramaturges de l'époque classique ont cessé de représenter le firmament et transposent désormais le langage tragique aux vicissitudes humaines en les accompagnant de réflexions qui, elles, se posaient déjà au sujet des puissances célestes: notamment le sens du destin, l'engagement individuel et la prédestination. *Sophocle* réagit avec pessimisme: si la puissance et la liberté ne sont que des illusions (Œdipe, Ajax, Antigone, Créon), la condition humaine est un scandale et il faut attendre la mort pour avoir droit à la Justice, compagne des dieux infernaux.

La quête de la justice avait déjà animé tout le répertoire d'*Éschyle* en train de se persuader que le destin n'est pas le fruit du hasard, mais l'accomplissement d'une volonté supérieure à laquelle les hommes doivent collaborer dans leur propre intérêt, pour atteindre un ordre meilleur. Il n'y a pas d'avenir pour les audacieux: Prométhée enchaîné est le prototype de l'homme qui, par le vol des lois cosmiques, défie le destin qui nous accable par des actes arbitraires. *Euripide* introduira alors le Deus ex machina pour délivrer l'homme de la fatalité.

On est édifié de deux côtés par le théâtre grec: d'une part c'est l'histoire et l'épopée (et même la religion, cf. le culte de Dionysos dans la Bacchante d'Euripide), qui revivent sous nos yeux, de l'autre on s'investit dans le message de l'auteur. Mais celui-ci n'aurait pas développé ses réflexions sur la destinée et la libertés humaines s'il n'y avait pas eu une tradition de réflexion sur celles d'un certain astre prisonnier du hasard et de la nécessité, obéissant jusqu'à la mort et soumis comme les hommes aux lois divines qui le dépassent.

La tragédie de la destinée humaine pèse sur le déroulement du mythe célébré dans l'Anneau des Nibelungen. Les autres compositions de la tétralogie wagnérienne brassent les archétypes de la conscience allemande, notamment celui de la volonté de puissance, incarné par Wotan, et celui de l'humanité régénérée, incarné par le bel adolescent Siegfried, le divin Enfant qui triomphe des forces du Mal (Fafner). Siegfried est le Christ, Lohengrin est le Christ, Parsifal est le Christ.

Dans un tout autre langage, les épopées indiennes sont un bon exemple d'écriture à double lecture. C'est du moins ce qu'affirment les védantistes (par ex. A. Parthasarathi, *The Symbolism of Hindu Gods and Rituals*, Bombay, 1985, pp. 80 ss.) lorsqu'ils dévoilent, au-delà des épisodes et intrigues, un message plus profond pour l'humanité.

La Bhagavat Gheeta établit l'existence de la Vérité suprême et montre comment se réalise la fusion de l'ego et de l'Atman ou en d'autres termes la synthèse de l'homme et de Dieu. Les images des divinités sont pénétrées d'une vérité transcendante. Khrishna représente l'Atman, et l'Atman est l'étincelle vitale dans l'homme.

Le thème de la chute est sous-jacent au Ramayana, épopée de l'avatar Rama, qui illustre la façon dont l'homme tombe de l'état de béatitude et paix à une existence faite de misères et de soucis. Par ailleurs, c'est ce texte qui nomme pour la première fois le sanscrit, langue sacrée des brahmanes.

Les fables de l'Antiquité, surtout celles qui relèvent des cosmogonies, nous paraissent insensées et assommantes, d'une absurdité gratuite; certains détails cependant trahissent les mythes célestes, dont spécialement celui des trois jours: dans la légende d'Inanna descendue au Royaume d'en bas régi par sa sœur Ershkigal, elle demande qu'on vienne la chercher si elle n'est pas de retour *au bout de trois jours*. Dans un mythe iranien, Ahyra Mazda prévient Yima que la vie terrestre sera paralysée pendant un hiver de trois ans; autant dire qu'on applique à notre monde les règles du ciel. Dans ces légendes du Royaume d'en bas, le mythe lunaire est toutefois évincé par le cycle agraire et chaque fois qu'il est question d'un séjour aux enfers de six mois, suivi d'un séjour de six mois sur terre, c'est que le dieu Principe-de-Tout est devenu une divinité de la végétation.

IIIe système

Dans les pages qui précèdent on a déjà rencontré de nombreux exemples de *métonymie*. Elle existait au niveau des idéogrammes puisque les Égyptiens dessinaient une voile gonflée pour représenter le vent.

Lorsqu'on applique le principe de réversibilité entre la partie et le tout, la cause et l'effet, pour dériver des appellations, l'évidence même se passe de démonstration, comme akkad. emûqân: les deux bras et la force des deux bras;

ovum et avis
puits et puiser
asphalte et calafater
gr. pelek-os, akkad. pilakku (hache) et it. colp-ire (frapper).
it. pagare (payer) et grec agapao, chérir.

Organe et fonction:

gorge et ingurgiter
angl. ear et hear, ouïr
all. Flügel (aile) et fliegen (voler)
sanscr. pad pour pied et marcher
gr. χeir, main, all. Schere, ciseaux, et fr. dé-chirer (gr. μά-χαιρα: glaive)

Fruit et arbre fruitier:

pomme et pommier
all. Ranke (vrille) et akkad. keranu, vin.

L'abeille et le miel:

grec mélitta et méli/mélitos.

Céréale, ses fruits et produits dérivés:

Farine, obtenue avec les grains, fruits du froment (ment pour ).

Brasserie:

ce terme est rattaché à «brais», orge (lequel explique Orgie); all. Beere (baie) explique bière, tandis que gär-en, fermenter, renvoie à l'orge, ou à l'akkad. ši-karu, boisson fermentée et kuru(n)-nu, bière.

La mère et son petit:

all. Ferkel et it. scrofa (truie).

L'oncle et le neveu:

all. Onkel et Enkel.

Contenant et contenu:

ruche et cire; all. Erde et Erz; gr. al- pour mer et sel; all. Topf et Tüpfel, voir p. 18; pot et potable.

Réciprocité:

prendre et rendre.

Le tout et la partie:

russe ruka: main et bras; nog: pied et jambe; bezzoule, mamelle pour les Maures, et it. ca-pezzolo; all. Stock et Stück; éléphant et ivoire en anc. égypt. — Les Allemands appellent l'ivoire «Elfenbein» qui veut dire Hälften-bone ou os d'éléphant, car ce pachyderme était inscrit dans une demi-lune: elf. S'il avait occupé la lune entière, l'ivoire se dirait «Zwölfenbein». — Plume et paloma, calame et colombe.

La table et ce qui la recouvre:

table et angl. towel, nappe.

La tombe et ce qu'on met dessus:

gr. τάφος et στέφανος, couronne, symbole de résurrection de par sa matière végétale et de par sa forme: O. (gr. spelaion et lat. sepelio)

Animal et voix qu'il émet:

— bélier et bêler (même si blatérer est indiqué en fr.)
— angl. bear, ours, et barrir (que le fr. applique à l'éléphant)
— esp. burro, âne, et braire
— le tigre brahmanique et bramer (appliqué en fr. au cerf)
— le loup ou lykos, et ululer
— russe Kon, cheval, et hennir
— sumér. pi-rig, lion, et rugir
— it. latrare pour l'ululat funèbre du chien (face cachée), cf. grec λαθρα = en secret.

Culture et inventeur mythique:

vin, gr. oinos et Noé
harpe et Orphée
bacca (baie) et Bacchus
Les dompteuses Amazones et all. zahm.

Le sacrifice originaire et ceux de substitution:

gr. σῶμα, le corps (humain ou d'animal) sacrifié sur l'autel de la déesse Soma, la lune, a désigné dans une époque moins barbare la boisson offerte, appelée soma en sanscrit, haoma en avestique.

Mais c'est au domaine de la *parole* que la métonymie est reine:
1) la langue déjà désigne à la fois l'organe et la fonction (langage);
2) Zunge en all. ou tongue en angl. et grec φθέγγομαι, je parle, diphtongue;
3) grec logos et lat. gula, gorge;
4) gorge et jargon;
5) grec glotta et angl. talk;
6) grec stooma, bouche, et all. Stimme, voix;
7) angl. talk et lat. in-tellego, it. as-colt-are;
8) lèvre, lat. labrum, et parler, esp. pa-labra;
9) russe ia-ʒük, langue, et s-kaʒ-(at), parler;
10) all. sp-rechen et Rachen (gorge). Ou alors: l'angl. speake rappelle

l'all. Speichel, salive, et all. spRechen a R en infixe — tout comme steRben, mourir, serait construit autour de Stabe/tibias, ou copte ho-tb, mort.

Le domaine de l'écriture est tout aussi béni: ce qu'on verra dans les toutes prochaines pages. On verra alors que l'encre et ce qu'on trace à l'encre portent le même nom, qui est *ink*, à lire dans les deux sens et disloqué, comme par exemple akkad. ka-niku et russe kni-ga avec déterminatif du roseau; le japonais *kanu* se rattache soit à ink, soit à Ankh, l'Ange, parce que chaque caractère était inscrit dans une forme de lune. Il faut appliquer le Traité Poimandrès 8, V, 10 jusqu'aux extrêmes conséquences.

*
* *

Tous ceux qui auront lu, ne fût-ce que la moitié de ce livre, auront compris que les compilations d'étymologies parues jusqu'à ce jour peuvent rejoindre les Traités de linguistique dans la machine à recycler le papier.

Voici comment je conçois la mise en œuvre de l'étymologie: le terme en cause sera rapproché de tous ceux qui lui ressemblent et qui expriment la même idée, puis on désignera la forme de lune (arc, ange...) ou éventuellement du soleil dans laquelle il a été inscrit. Pour faire du zèle, on explicitera la fonction des préfixes, infixes et suffixes: s'agit-il d'éléments escamotables ayant fonction grammaticale, ou de déterminatifs (classant la pierre, le roseau, les animaux...), ou de **cadres** renfermant l'ensemble des caractères, comme les Kana japonais?

La comparaison entre termes qui se ressemblent en vue d'arracher un secret s'est presque entièrement exercée dans le terrain qui m'est familier, le cercle des langues dites indo-européennes avec préférence pour celles qui se prévalent d'une longue tradition écrite et qui ont produit des chefs-d'œuvre, parce que la perfection d'un idiome est étroitement dépendante de la rigueur, c'est-à-dire la fidélité aux principes logiques qui l'informent. Je me suis donc méfiée des dialectes et des langues marginalisées qui se perpétuent dans la tradition orale, avec faible recours à l'expression écrite, et qui n'offrent que peu de garantie d'authenticité. Se passer d'écriture, c'est ouvrir la porte à la corruption lexicale, à l'arbitraire syntactique.

Je m'efface volontiers devant les sémitologues, les sinologues et les turcomans nantis de la sensibilité nécessaire pour arracher leurs secrets aux langues sémitiques, chinoises, ouralo-altaïques. Je ferai toutefois une rapide incursion dans l'akkadien, première langue sémitique connue, pour montrer comment se laissent exploiter les ressources de l'alphabet magique:

a) Analogies
  aklum, mie, it. mollica
  alabattu, arbre: all. Blatt, feuille (métonymie)
  amāru, être plein: angl. more, all. mehr
  arbai, fonctionnaire = rabi, cf. all. Arbei-t, travail
  arha, mois, lat. aera
  asqaru, askaru, la faucille, correspondant à Sicaire
  atmu, discours: all. Atem, souffle
  bātu, être absent (pour la lune): tabou, l'interdit; angl. *but* adversatif
  diribu, peste: all. ver-derben
  engurru, océan, grec agkura, ancre
  erētu, sauver: all. rett-en. Qui est celui/celle qui sauve? La Tora, l'arta, ou même l'animal, all. Tier, sacrifié pour notre salut, tout comme gēšu est à la fois l'animal générique et le bouc (émissaire) qui donne le salut par son sang, cf. hébr. yasha, sauver pour confirmer Yeshoua = le Sauveur, hindi Gesha (nom de Vishnu effacé), all. Geis-el: l'otage retenu (akkad. litu à comparer avec all. leid-en, lat. dolere)
  gamaru (cf. amāru), être complet (ga collectivisant)
  hapāru, moissonner, faire mûrir (angl. ripe, all. reif)
  inanna, maintenant = nun
  inu = οἴνος, vin
  irsitu = all. Erz, minerai
  kapu, paume: lat. capio, angl. keep
  karasu, estomac, ventre: cf. charcuterie
  kardu, porte, lat. cardo (gond)
  ki-biret-im, le cosmos: ki sumér. + all. breit
  kubšu, disque lunaire et lobe du foie: all. Scheibe + K
  labu, lion: all. Löwe
  manû, compter, lat. numerus
  marâsu, être malade: maras-me
  mēnu, durée (d'un mois par exemple): grec μηνος
  mu-pāsiru, héraut = mu-parsu, mu-parque (et it. pàssero, moineau)
  muttatu: dépouille, cf. totem, all. tot
  nakāru, altérer: fr. arnaque
  na-pātis, grand ouvert: lat. patet
  narkabtu, véhicule, anagr. de barque + N
  puzzu, mystère, cf. angl. puzzle

qadmu, l'endroit = medicus (le revers est (w)arku)
qētu, la fin: quitter
rēbu, coucher du soleil: Erèbe (mythologie solaire, cf. Plutarque)
rīstū, le premier, cf. grec ἄριστ-
salmu, noir: it. salma, psaume, mašal.
Salmat qaqqadi, qui désigne les Sémites, et est traduit «têtes noires» signifie plutôt: ceux de calam (satem/centum). En akkad. le cadavre est assimilé à la couleur noire; en hébreu, il est assimilé à l'inertie: peger = lat. piger.
sarpu, argent: russe serebr-
tāru, retour: lat. iter. Appliqué aux planètes, tāru signifie «faire une révolution»
urtu = all. Urteil, jugement.

b) Les logogrammes

ange

unqu, anneau. Disloqué en kanū, nommer, kena, bien sûr; mais le groupe ang ou ankh est très rare parce que l'akkadien emploie me pour ŋ.

arc

L'arc des langues latines existe aussi en akkadien:
(w)arku, le revers; long (= loin?) Dieu est la mesure de toute chose, dixit Platon.
arqu, erqu: jaune: l'arc décroissant
ekurru, terre et Temple
erēqu, pâlir ou jaunir
erku, cable
karku, à tour de rôle
nakāru, changer
napraku, verrou: it. spranga
naqāru, détruire
rāqu: idée de vacuité, d'incomplet (all. quer = de travers)
seru, zaru: courber, lat. sera, et zéro.
Toutefois l'arc akkadien est Ḫuppu, pappa-nu; tandis que ḫapu = couper en deux. Ḫuppu a donné coupole et la dénomination grecque du kappa pour K (c'est-à-dire C appuyé à une hampe).
Lorsque Pe est préfixé aux noms, comme Po-seidon, Po-lyphème, etc., il faut songer à l'arc version akkadienne.

halb

La «halbe». Bien que moitié soit mišl (dont sullumu, couper en deux, est l'anagramme), ce logo est à la base de Ablu ou aplu, l'héritier; balā-tu, vivre, cf. all. leben; labāru, vieillir; pēlu, changer; eleppur, bateau.

lack

Le groupe 'lk' de l'angl. lack (manque) se trouve en

— kalū, fermé à clé (clé et kalū étant liés par métonymie). La clé elle-même se dit na-ptaru avec na préformante et patru, épée, poignard: silhouette de la clé, à comparer aussi à ipteru, rançon
— ha-lāqu, disparaître, perdre
— uklu, ukkulu: ténèbres.

both

Le groupe Boθ est dans šabattu = PL = Sabaoth qui toutefois est devenu NL chez les Babyloniens puisque le précepte de chômer est dicté par le repos du Démiurge (pratiqué à rythme hebdomadaire alors qu'à l'origine il devait être mensuel).

P.M. Ce retournement de sens n'est pas un cas isolé: on le constate à l'endroit des devas-asuras (les uns et les autres, fils de Prajapati, donc frères, mais frères ennemis, tentant de s'approprier le ciel), de Varuna-hvarenah (voir p. 227) et de l'emploi de B en russe pour indiquer «dans», ce à quoi il faut ajouter Both contré par Tabou, copte naa = être grand; all. Beide et Dieb.

L'akkadien est une langue flexionnelle mimmante, qui décline les noms au moyen de la particule 'm', par ex. pays = mat: mat-um, mat-im, mat-am... C'est une règle écrite qui se trouve dans les textes de Sargon d'Akkad, qui disparaît progressivement des documents juridiques pour ne rester debout que dans les textes hymniques ou littéraires (archaïsme).

Dans ce livre, c'est dans un sens original que je parle de langues mimmantes, nunnantes ou lullantes (ce dernier terme n'existe pas, et d'ailleurs la mimmation et la nunnation non plus, dans les meilleurs dictionnaires en circulation en 1992). J'entends par là qu'il y a un fort recours, dans les langues en question, aux symboles m, n ou l, que ce soit en fonction grammaticale ou à titre d'encadré.

Xénismes

Pour Safari, cf. all. fahr-en, voyager.

Pour Al-kazar, cf. caser-ne.

Pour Marabout et, avec n pour la pierre: morabtin: gr. rabd-, le pilier qui sert de monument funéraire pour le Dieu Inconnu, alias face cachée, ou l'animal qui y est inscrit: le lapin, angl. rabbit. *Ma* préformante/cadre.

Pour Talmud, cf. l'all. dolmetschern = talmudieren (faire de l'herméneutique).

Pour Kimono, cf. manche (qui enveloppe le tout et le cache, donc «manque»).

Pour Algèbre, recherche de l'inconnue, cf. les synonymes de cette dernière: all. Grab, al-gharb, cerbère, cobra, Gabriel, autant d'évocations de l'occulte.

PRÉHISTOIRE DE L'ÉCRITURE

I. *Écrire*

Il faut fouiller ce verbe fondateur pour atteindre l'étymon.

— lat. *scribere*: O. Schrader, à la page 347 du 2e volume de son *Reallexikon der Indogermanischen Altertumskunde* (éd. W. de Gruyter, 1929), retrouve dans lat. scribere le verbe allemand ein-kerben, dans l'écorce des arbres.

Cependant gr. graph-ein évoquerait plutôt l'idée de «*graver* dans la cire ou l'argile». Gopher, résine en hébreu, revient à l'écorce, mais ne dédaigne pas les sceaux (phragistique).

La vérité est que tous ces mots se tiennent par association d'idées. Le seul élément stable est g, le roseau.

— russe *pic-at* (pron.: pis-at: écriture centum et lecture satem) rappelle l'angl. pe-n-cil, cf. di-piNg-ere avec N escamotable (participe passé: pictu-).

La contrepartie orale du gr. g-lyph-e (hiéro-glyphe) est le russe slovo, autrement g-logol associé à lat. loq-uor, et syllabe.

Pour g-lyphe, g-logol, g-rapho, dans lesquels nous avons le préfixe en Gi, devenu digamme en angl. w-rite, une chose est certaine: ce préfixe est le déterminatif sumérien pour roseau, cf. sum. ^{gi}dub-ba = stylet (dub étant «tablette», cf. dub-sar scribe). En sémitique Gi est devenu K dans le radical trilitère K TB écrire, satémisé par la suite (all. S-tabe), et allié à l'encre (ink) dans akkad. ka-niku: document scellé (suivi par lat. in-cunab-ulum avec digamme), lu au revers: rus. kni-ga, livre.

— sum. *sar*, écrire, à rattacher à lat. cera, tablette enduite de cire, sum. im-sar(ra). La forme centum est maintenue en grec kér-am-os, argile.

— akkad. *šataru*, écrire, explicite le système à rebus de l'écriture laïcisée, parce que šataru correspond dans le désordre (typique des premières générations de scribes) à la cha-ra-de, certainement original au vu de l'all. Rätzel, énigme, de l'angl. read (lire), et all. red-en (parler), liés par métonymie à l'instar de dire et lire (gr. lego et lat.

leg-ere) ou parler et écouter/comprendre (angl. talk, lat. in-tellego et it. as-coltare).
La charade traduisait phonétiquement en jeux de clous, de pictogrammes ou hiéroglyphes les caractères de l'alphabet magique choisis par les scribes assermentés de la classe sacerdotale.

— akkad. *lapātu*, écrire, s'explique par le support, lat. Tabula ou all. Tafel, pour une écriture au roseau. Blatt convient à l'encre. De ce trilitère, le véritable noyeau est p-t (ou t-p).

— *KTB* (écrire, dans les langues sémitiques de l'Ouest et du Sud) est un trilitère qui a échappé au grand chambardement sinistroverse, puisqu'il présente dans l'ordre le déterminatif 'gi' sumérien pour roseau, plus la racine du verbe TB c'est-à-dire sum. dub, tablette.
Donc KTB est le sum. gi-dub-ba, stylet, calame dans lequel le calame gi et la tablette dub (tab-le) se tiennent par assocation d'idées.
TB est le nom du Tau in extenso (Tau, Taf ou Taw) et tel qu'il est représenté, il figure tout à la fois, par métonymie, le stylet (dub), la tab-ula sur laquelle on écrit, ou une quelconque tabula, pour offrandes par exemple, égypt. he-tep, all. Taf-el, et le caractère gravé dans la tablette d'argile: grec tup-os, cf. all. tippen, akkad. tuppu = imprimer un cachet, sum. dub, élamite tuppi = inscription, tandis que all. S-tabe (Buch-stabe) ou bast-on en anagramme, est la forme satem de la Koutoubia, de KTB, Batik dans l'autre sens (imprimécire) et grec bakteria, jeu de bâtons. À Delhi, la mosquée Qoutb, célèbre pour son minaret, prouve que les Libraires n'y sont pour rien.
TB, tout en étant le Bien (akkad. tabu), est un mot interdit, le *tabou* introduit en Occident par le capitaine Cock depuis l'île de Tonga où ce terme impliquait interdiction (des sens parasites se sont ajoutés en Occident). La langue polynésienne n'en a pas l'exclusivité, au vu du lat. veto et de l'all. ver-bot quoique lus dans l'autre sens. L'interdiction frappe ici le nom de Dieu à l'état caché (Ptah, Ju-piter, Achamoth ou, en sens péjoratif, le Pyton destructeur), alors que les noms qui lui correspondaient à l'état manifesté étaient proclamés dans la prière et les louanges. Si nous connaissons le nom secret de Dieu, c'est que les Samaritains nous l'ont transmis: le Taheb ou Messie caché, Tubib céleste. Dans Taheb, H est le disque qui, à partir d'une certaine époque, en correspondance peut-être de l'intuition que même invisible, la lune restait entière et lumière, cf. russe svet, caractérise en infixe les noms des divinités suprêmes: Brahma, le Mahdi, Anahita, Jahvé et même par ordre divin AbraHam.

EloHim par contre a seulement arrondi le K de Mikael.

L'all. Wetter, temps, l'hind. A-va-tar sont des avatars ultérieurs du dieu Tau. En sanscrit, -tva forme les abstraits, ex.: brahma-tva = fonction sacerdotale; amrta-tva = immortalité. Le russe en fait de même.

Dans le copte, hoo-teb signifie «tuer», et ho-tb «mort». Que la lune cachée soit ronde se lit dans it. patacca (monnaie sans cours, médaille sans valeur). Puisque la médaille a toujours deux faces, il va de soi que la lune, ayant l'apparence d'un disque, en a une visible et une cachée. On sait depuis l'Antiquité que la lune nous présente toujours la même face: les taches se trouvent toujours au même endroit. Le synchronisme des deux rotations (celle de la lune sur elle-même et celle de sa révolution autour de notre planète: 27 jours et 7 heures) est la cause de cette espèce de miracle.

Que TB devenu Taheb soit le nom du dieu caché, nous le confirme aussi la terminologie funéraire: akkad. abat, annihiler, grec taph-os = all. Tafel (esp. falta = manque, en métathèse), le Stupa bouddhique, l'all. Stapel (espèce de tumulus), lat. tumba avec le Noûs invisible  devenu M par assimilation devant une labiale, et ca-dav-er (d pour t, ce qu'on constate souvent en sumérien, mais aussi en anglais: ex. Devil pour Teufel). Au sein de certaines communautés on a inféré que le dieu en sa cachant signalait qu'il fuyait le regard profane et ne voulait pas qu'on viole son nom secret (le 2e commandement). Si les pratiques d'exorcisme et de sorcellerie étaient mises au ban, c'était probablement moins à cause des buts visés que de l'invocation de toutes les Puissances, y compris les noms de Dieu qui devaient rester cachés (ce n'est pas pour rien que cette magie est dite «noire»).

L'hostie est le saint des saints, caché et mis au tombeau, c'est pourquoi par analogie les sépulcres terrestres non plus ne devaient être profanées. Les tibias, grec osteon, c'est-à-dire hostie parce qu'ils se trouvent dans la partie la plus profonde du corps, étaient des reliques vénérées, qu'on représente en croix. Et puisque le Tau, qui a débuté comme une barre verticale (le t ougaritique est un clou), puis, complétée d'une horizontale, a pris la forme d'une croix, symbolisant le dieu absent (ce «dieu inconnu» dont relate Luc dans les Actes 17,23), on a trouvé naturel de l'associer à l'emplacement des tombes pour indiquer la disparition de la personne inhumée (la coutume d'ériger une croix sur les tombes pourrait être bien plus ancienne que le christianisme).

Du Tabou découlent des interdits non seulement à l'endroit du nom du dieu caché, mais aussi pour tout ce qui se passe en lui, c'est-à-dire dans la Chambre nuptiale de l'Évangile de Philippe 29 et 125, et précisément:

— Tabou de l'inceste:
a) parce que les jumeaux célestes se rejoignaient en elle pour consommer des noces incestueuses: les éons étaient groupés par paires (Logos et pensée par ex.); l'in-ceste me paraît accabler surtout Cast-or, une des deux moitiés et Père Spirituel des Kšatriya, caste endogamique des rois indiens. Castor habitait une partie de la lune: russe tchast, ou chest = 6, fr. zeste.
Comme les oreilles sont deux et ont la forme de 6, je crois pouvoir rattacher Castor à sumérien gestu, oreille, organe à la symbolique sexuelle bien établie puisqu'en Afrique on se croit tout autant fécondées par les paroles dans l'oreille que par le sperme du mari. Dans le bréviaire des Maronites et selon des sources anciennes du christianisme on explique de la même manière la conception virginale de Jésus: le Verbe a été reçu dans l'oreille;
b) parce que les liens de parenté entre les deux moitiés de la lune étaient encore plus étroits: père et fille, ou mère et fils, ou oncle et nièce, etc. Pour les gnostiques, Jésus est l'époux, le frère, le fils de Sophie, cf. Irénée (lequel précise que le Sauveur est l'astre du Plérôme).
Dieu ne veut pas d'endogamie, c'est du moins la leçon retenue en Occident; mais en Orient l'idéologie des castes prouve qu'on a inféré le contraire[7].

— Tabou sexuel, dans ce sens que les rapports sexuels devaient se dérouler à l'abri des regards indiscrets, dans la plus stricte intimité, toutes lumières éteintes: cf. angl. wed, s'unir, et fr. vide. Si ce tabou est universel, c'est qu'il est antérieur à toute diaspora loquens. Il était toutefois inconnu à certaines races caucasiennes, selon Hérodote, 1° l.

— Tabou alimentaire, concernant les chairs d'animaux dont on invoque à tort l'impureté pour expliquer la raison de cette exclusion qui est ésotérique: certains animaux étaient en effet inscrits dans le Noûs invisible, donc tabou: le *cochon* par exemple (= caché), dont on défend la consommation à 800 millions de musulmans (dans certains pays, le plus grand blasphème est de donner l'épithète de

[7] On prenait exemple de la Grande Déesse mésopotamienne, qui avait comme parèdre son fils, pour marier frères et sœurs en Asie antérieure et établir une filiation matrilinéaire pratiquée par les Élamites et les Étrusques. — Voir aussi le chapitre dédié aux Castes à la page 226 de cet ouvrage. Le «mariage secret» de l'art hittite et grec archaïque célèbre ce type de noces scellées chaque mois.

porc aux divinités suprêmes) ou le *lapin-lièvre* identifié à la lune vide (d'où l'expression, poser un lapin), lune-Tau, nom du dieu hittite *Té-lepinu*, anagramme de Lampade éteinte — les Aztèques l'inscrivent dans un croissant — proscrit sur la table des juifs depuis Deutéronome et Lévitique, des Celtes, des Bretons, des Baltes et des chiites d'Anatolie. Qui mangerait du chien (inscrit dans centum: all. Hund-ert) sinon les communistes et les Vietnamiens, s'indignait un rescapé de goulag laotien. La raison véritable est son identification avec la Lune Noire, qui nous est confirmée par *Anubis*, dieu tout noir, à tête de chien, préposé au Royaume des ombres en Égypte. Qui tuerait une vache en Inde? Qu'on cherche dans les Vedas l'allusion à la *vache sacrée*: on comprendra mieux alors ce tabou indien qui nous paraît absurde. Dans des cas extrêmes, on défend de prononcer le nom de l'animal, comme cela est arrivé à l'ours, vénéré comme Seigneur par certaines peuplades asiatiques.

Filiation par le dieu-tabou: se pensent nés du dieu Tabou les Hotep, Py-tif-ar, Py-thag-ore et les Aztèques (Stick).

J'ajoute ici que les Fastes d'Ovide nous rapportent l'interdiction de se marier au cours du mois de Mai dédié à la déesse Maia (qui survit encore de nos jours). La Maia, illusion, est la μή prohibitive et non la Mi, demi-lune.

— Tabou de l'alcool, parce que le vin a été lui aussi inscrit dans le Noûs (gr. oinos, Noé, v-in) en raison soit de sa couleur foncée, soit du récipient envoyé au scribe chargé de le baptiser, soit enfin de la fermentation assimilée à l'esprit vivifiant, c'est pourquoi les boissons alcooliques sont appelées Spiritueux.

— Tabou de l'inviolabilité de la sépulture, illustré par l'épitaphe du roi Tabnit à Sidon, qui a fait graver ces mots:

> «Moi, Tabnit, prêtre d'Ashtart, roi des Sidoniens, fils d'Eshmunazar, prêtre d'Ashtart, roi des Sidoniens, je repose dans cette caisse.
>
> Qui que tu sois, homme quelconque qui trouveras cette caisse, oh! n'ouvre pas ma tombe et ne me trouble pas, car il n'y a point chez nous d'argent, d'or, de vases. Si tu oses ouvrir ma tombe et tu oses me troubler, que tu n'aies ni progéniture parmi les vivants sous le soleil, ni lit de repos avec les Réphaïm».

— Tous les peuples connaissent des interdits qui nous paraissent inexplicables, tantôt sous forme de superstitions véniales, tantôt revêtant une telle importance pour la collectivité que leur transgression risquerait de déranger l'ordre du monde.

Mais grâce à Dieu, il n'y a pas que des tabous à respecter; la victoire de la lumière sur les ténèbres de la face cachée a impliqué jadis dans la société romaine la libéralisation des esclaves pendant un ou plusieurs jours, les saturnalia, fêtes du renouveau, de restauration de l'ordre et aussi du «monde renversé».

Tab dans l'autre sens devient akkad. abāt-um, annihiler, mais dans cette langue, la notion de tabou s'exprimait autrement: (ik)ki-bu, à jumeler à l'hawaïen Kapou et à l'all. Kaputt. Kibu (ou Kapou) s'identifie, comme le Tabou, à l'Être Suprême et invisible, le Bacchus du culte à mystères concurrent du christianisme débutant; en logogrammes: nig-nig (= Ange, accompagné du déterminatif de l'abstrait) «ce qui doit rester caché», à la page 247 de «Secrets et écrits» de H. Limet, dans «Actes Colloque Liège-Louvain-la-Neuve», novembre 1984, édités à Louvain-la-Neuve en 1986.

L'(ik)kibu est symbolisé par un bâton, lat. bac-ulum, érigé à l'emplacement d'un défunt. À propos de bâtons, on confrontera grec ῥαβδ-os et hébr. dabar, la parole en tant que Logos endiáthetos = caché, le Logos prophorikós étant le Verbe manifesté. Son tombeau: le Marabout (+ *n* pour la pierre).

Le premier mot qui vient à l'esprit dans un contexte sémitique est la Kaaba, le Cube ou Troisième Puissance, de pierre noire sacrée dans laquelle se tiennent trois déesses (Surate 53: Al-Lat, Al-lozza et Manat), soit la Trinité pré-islamique, les trois aspects de la divinité. La IIIe Puissance est la plus élevée des Trois Entités, parce que la IIe Puissance correspond au carré (le cercle gravé dans une matière réfractaire aux traits recourbés), la IIIe au cube (matrice de la coupole et du gobelet). Le cube noir est la cuve ou al-côve du Noûs invisible, cf. esp. acabar. La Cabale, science de l'occulte, pourrait s'y rattacher.

Dans un contexte indo-européen l'ikkibu (qu'on prie, cf. angl. beg), après détraction du complément phonétique et lu dans l'autre sens, correspond au Bouc *émissaire* (le *messie*, avec identité victime-bénéficiaire, cf. J. Haudry, *L'emploi des cas en védique*, Paris, 1975, page 189 de sa thèse universitaire: «L'intérêt des formules appliquées au Purusha primitif Havisa Devam/Yajnena yajnam yaj tient à ce qu'elles montrent syntaxiquement que le sacrifice est à la fois offrande et bénéficiaire de l'offrande». Le Purusha primitif est à la fois victime et Dieu, la divinité suprême), à l'angl. Big, le Grand, russe Bog et all. Bog-en: le dieu-Arc, formés avec la voyelle ronde O (degré plein en sanscrit), alors que pour Big on a choisi la voyelle plus étroite, comme all. tief, l'Insondable (parce que i et u sont «degré zéro» en sanscrit, cf. aussi les termes «micro» et «macro» où la voyelle fait toute la différence) pour indiquer sa disparition. À ce moment, la lune est innommable, ikkibu; on lui sacrifie le bouc émissaire; elle est ce bouc.

Le bouc était le dieu d'une des plus anciennes villes de Sumer: Umma. Il figure sur les plus vieux monuments de Suse.

Qu'il soit le dieu du néant ressort de l'it. buco, trou vide; qu'il soit la matrice ressort de l'all. Bauch, ventre.

Lorsque la lune mourait à cause de nos péchés, il fallait apaiser la colère du Père en sacrifiant une victime d'élection. Dans les idéogrammes sumériens, le mouton (udu) qui comme le bélier consacré à Khnoum en Égypte était la victime ou hostie par excellence, était représenté par une croix dans un cercle: ⊗, ⊕. En météorologie, ce signe indique «ciel couvert».

L'idéogramme sumérien nous engage à choisir entre ✕, tibias croisés de la victime, la table d'immolation, autrement dit Signe de Tanit, et la marque d'une lune qu'on a barrée parce que absente, en alternative avec 🌚.

Moi-même j'opte dans mon texte pour les tibias croisés qui représentent la forme la plus archaïque du Tau: la croix. Qu'on relise Ézéchiel 9,4 ou c'est Jahvé qui marque d'un Tau le front des élus. Le rite d'immolation de l'Agneau ou autre victime d'élection exigeait qu'on ne casse pas les os, membres du corps christique. Le sacrifice, qui est censé être à l'origine de l'univers (Rig Veda X, 90) et occupe la première place, officiellement, dans la vie de l'Inde présidée par les brahmanes, était déjà le centre de la pensée religieuse sémitique, qui nous a légué en même temps l'iconographie du principe antagoniste, le Ténébreux.

Le syncrétisme bouc-diable s'explique tris aisément. Parce qu'on les a logés tous les deux dans le côté pile de la lune, on en est venu à représenter le diable avec les cornes, profil caprin, queue et pattes de bouc.

Celui-ci n'est pas un traité de linguistique que vous lisez, mais de science globale.

Le sacrifice offert aux dieux pour les apaiser ou pour obtenir leurs faveurs est une donnée universelle, qui correspond à une phase de préconscience; la notion de bouc émissaire en expiation des péchés collectifs est postérieure et inaugure ce degré plus avancé de réflexion rétrospective qui est la conscience: la colère divine n'est plus perçue comme arbitraire, mais comme un châtiment mérité. Le conteur récupéré par le rédacteur yahviste de Gen. 4 fait se réveiller Caïn (produit d'une fiction, comme tout autre récit impliquant un Dieu anthropomorphe) au sentiment de culpabilité lorsqu'il répond à la voix de Dieu qu'il n'est pas le gardien de son frère. Il n'a pas encore de remords, mais il réalise soudain d'avoir commis un crime. C'est par la Loi qu'est venue la connaissance du péché, médite S. Paul en écrivant aux Romains, 3,20. La Loi céleste a signalé des tabous, qu'on a gravés sur pierre ou imprimés sur des supports à écriture. Le rôle de la lune (logos) en tant qu'inspiratrice de la conscience morale est indiqué par Philon (Quod deterius, 23-24) en même temps que sa face «lépreuse» à cause des péchés (Quod Deus sit immutabilis, 134-135). La lèpre de la lune (Sin = angl. péché), astre condamné à mourir pour expier ses crimes (peut-être l'orgueil de la Pleine Lune, précipitée comme Lucifer aux Enfers) a suggéré la similitude avec la maladie qui ronge les hommes, car la lèpre était considérée comme le signe visible des fautes commises, et que seul le pardon pouvait effacer et guérir. On obtenait le pardon en confessant ses crimes (rôle pédagogue de la lune), en se repentant et en expiant par le sang d'un bouc émisaire; en sachant ceci, on comprend les prophètes comme Jean-Baptiste qui annonçaient aux hommes: «Repentez-vous: le Royaume est proche» (cf. à cet égard l'Évangile de Nicodème, ch. XIX, où le Baptiste proclame: «Je suis Jean, le prophète du Très-Haut, celui qui précède la face de son avènement afin de préparer ses voies»).

La IIe option, celle de l'hostie, relève de la signification ésotérique de la croix égyptienne ou Ankh, englobant la table d'autel et le rite de l'Élévation, — promesse de vie éternelle —, car s'il est vrai que les dieux ont besoin de nos sacrifices pour exister (doctrine étalée dans les Brahmanas), voici qui est fait, réalisé, garanti par l'hostie ou lune ressuscitée, c'est pourquoi l'Ankh caractérise les Immortels dans les fresques égyptiennes.

Transposé dans la religion phénicienne, l'Ankh est synonyme de mort (thanatos) en tant que «signe de Tanit», représentant des tables d'offrande couronnées par la Résurrection et dédiées à Tanit, déesse de mort et renaissance, d'abord dans le domaine céleste, puis dans celui de la végétation qu'elle est censée féconder pendant la Néoménie (cf. Satapatha Brahmana 1-6-4).

La lune barrée (IIIe option) est une réplique du Noûs invisible; ceci implique pour la lecture et la transcription que T = N, et dans cet ordre d'idées je propose de confronter

a-Ni-ma (aNemos) avec A-T-ma (all. A-T-em)
all. Galg-en (gibet) avec Golgo-tha (Calvaire)
tess-on avec lat. tes-t(um̊), vase d'argile

le suffixe de l'abstrait:

t, ou té (ex. bon-té) avec n en grec (agathon, le bien),

la terminaison du participe passé (notamment la forme passive, car c'est de la victime qu'il s'agit):

en -n pour le russe et les langues anglo-saxonnes en alternance avec -t (ex. russe polutchën, reçu, angl. born, né, all. gerufen, appelé)
en -t généralisé dans les langues issues du latin et dans les langues anglo-saxonnes, depuis la grammaire akkadienne où il fait fonction d'accompli (couramment traduit comme 'parfait').

Pour se faire une raison de plusieurs cas où T est remplacé par D (par ex. Devil pour Teufel, désinence angl. et esp. du participe passé), il faut remonter au sumérien uDu, mouton, et au sanscrit iDa, l'hostie, dépeinte comme une jeune femme, c'est pourquoi D et T marquent le genre féminin, éventuellement promu Θ comme en Lilith, Ruth, Judith.

L'idéogramme sumérien T est associé à l'idée de vivre, ce qui peut s'expliquer comme une conséquence du cycle mort-vie en chaîne (il faut mourir pour naître, et plus précisément mourir sur l'autel ou sur la croix).

*
* *

Tout comme KTB renvoie aux Staben-type, l'angl. stick ou all. Stock (connu aussi en Égypte, voir p. 173) expliquent le grec stoïkeia, l'alphabet grec composé d'un ensemble de barrettes gravées. En effet, beaucoup de caractères grecs ont cette allure, tels Σ, Β, Γ, Δ (les majuscules). Le S-tock était à n'en pas douter lui aussi un nom de Dieu (par ex. grec Tukhe, destin, ou all. Tag, et le Styx, seuil de l'Enfer ténébreux = éta☺g, gardé par un chien ressemblant à Anubis), un nom secret, cf. tac-ere, tandis que russe maltchit, taire, est issu de Malkhot, ou russe maltchik, le Divin Enfant, ou l'Enfant-Roi d'Isaïe 9,1-7, en train de naître, c'est pourquoi on infixe le Noûs invisible dans all. Ki☺d par rapport à angl. kid, qui se contente de voyelle zéro. Tous les termes impliquant péremptoirement la nécessité de se taire sont des noms secrets de Dieu, tels it. zitto! à rattacher à zèt, all. Zeit, ou fr. chut!, grec s-kot-os, all. Schatten (ombre, pas de lune) qui est Stock en anagramme.

Le trait de séparation

En anglais, et aux bureaux des P.T.T., on a gardé l'habitude de placer en fin de phrase une stabe, ou stop (cf. it. basta et bastone: les anagrammes sont fréquents lorsque les termes passent sous le calame des scribes des premières générations).

On a choisi le bâton (stop) ou le point (cf. la forme de thêta archaïque), parce que dans le discours astrologique, la mort du dieu met le point final, avant de recommencer. Or, cette mort était symbolisée par le bâton ou la table d'immolation, ou encore le point dans le thêta, qui fait allusion à ce qui est caché, in ovo.

On a donc transposé au discours profane la symbolique céleste.

Un trait de séparation en forme de bâton est visible dans les inscriptions cypriotes (cf. *Naissance et évolution de l'écriture*, Bruxelles, 1985, p. 130). En séparant par une feuille de lierre (*ibidem*, p. 137), on glisse vers le baroque.

La séparation par un point se justifie par contre au vu de la forme archaïque du thêta: ⊙, où le point représente le dieu qui a terminé d'exister: all. Tüpf-el, caché dans le Vase mystique, all. Topf (métonymie), angl. tow = celui qui remorque, all. steuern, même racine que Steuer, droit à payer pour obtenir la franchise, lever l'hypothèque (ce droit est normalement le bouc émissaire qui permet de restaurer la lune dans sa puissance). Dans les Évangiles byzantins, on clôt la phrase par une croix, forme christianisée du Tau.

Suivant l'optique et la mythologie, ce dieu dont on n'ose pas prononcer le nom devient la Puissance des Ténèbres ou Teuf-el (diab-le): le démon accusateur, Satan, qui obtient la condamnation de l'innocente victime — le fort qu'il faut lier d'abord, avant l'avènement du Royaume — parole de Jésus, cf. Marc 3,27 et Luc 11,21-22.

*
* *

En mettant le Noûs infixe dans le type, on crée sta-m-p et all. Ste-m-pel, cylindre-sceau, qu'on cachait dans une enveloppe, action symbolisée par le Noûs.

On pense qu'on a d'abord écrit sur les feuilles des arbres (lat. folium, angl. leaf dans l'autre sens, all. Blatt), puis sur l'écorce interne de l'arbre, lat. liber = alber-us, comme l'all. Buch se rattacherait à Buche, hêtre. Par la suite, la matière employée a imposé un mode d'écriture par clous ou bâtonnets, qu'on gravait sur les tablettes de cire (lat. cera, sumér. im-sar-ra, précédé par grec kér-am- qui présente la forme centum) pour faire les comptes, prendre des notes, et pour les devoirs d'école.

Le papier doit son nom au papyrus égyptien: chaque rouleau, appelé volumen, pouvait aller jusqu'à 80 cm, pour 35 cm de hauteur. Le texte était disposé en colonnes qui correspondent à nos pages. Mais le papyrus ne fut qu'un succédané tardif et méridional du papier tiré du peuplier, lat. populus, all. Pappel (esp. papel), arbre des régions humides; et tout ce que les ancêtres des Égyptiens avaient tracé là-dessus n'a pas pu se conserver, si tant est qu'ils l'auraient permis.

Les parchemins, qui à plusieurs formaient un codex, doivent leur nom aux peaux de Pergame et auraient vu le jour vers 170 av. J.-C. La tentation est forte toutefois de leur trouver des devanciers un peu partout et dans toutes les époques.

II. Les hiéroglyphes égyptiens

1. *Considérations générales*

On n'est pas obligé d'avoir les mêmes intérêts ou les mêmes curiosités intellectuelles. Toutefois les linguistes, qui ont tant compliqué la recherche sémantique dans toutes les directions, auraient pu se demander pourquoi on a attribué à chacun des éléments écrits ou gravés tel ou tel autre son. Et lorsque les graphèmes en question sont des pictogrammes représentant tout ce qui existe dans le triple règne de la nature, comme les milliers de hiéroglyphes égyptiens, n'y a-t-il personne pour se soucier de savoir pourquoi on leur a alloué une certaine lecture?

La question ne s'est peut-être pas posée avec la même acuité que je ressens personnellement, parce qu'on a toujours cru au dogme du langage inné. On parlait et voilà — bien après — on a dessiné les paroles.

Comment se faire prendre au sérieux lorsqu'on a quelques siècles d'avance sur ses contemporains? Leur demander de croire que l'écriture devance le langage dépasse leurs forces, et même s'ils sont prêts à faire quelques concessions, il y a une objection de taille que je leur suggère moi-même: bon pour les 22 lettres = symboles astrologiques, mais comment, pourquoi et de quel droit les avoir épelées a, b, c, d... sans tomber dans l'arbitraire?

Dans quelles circonstances est né le côté phonétique de mon alphabet, de tout répertoire de signes? Si Champollion avait vécu un peu plus, il se serait posé cette question en songeant aux milliers de hiéroglyphes qu'il venait de décoder. Il n'aurait pas trouvé la réponse sans passer par l'alphabet magique, et de toute façon il était débordé par ses propres découvertes.

Vous verrez bien: il n'y a rien d'arbitraire dans les origines de mon alphabet, et je le prouverai, en remontant de proche en proche jusqu'aux premiers mots prononcés par nos pères d'une façon consciente. Mes arguments n'ont rien à voir avec par exemple les explications qu'on vous donne pour montrer que c > s en glissant la langue sur la voûte palatale. L'objection que je m'adresse comme un défi pour me confondre vous va si bien, que vous ne devriez pas hésiter à vous y mesurer pour voir où cela mène. Je vous attends à la fin du livre.

2. *Les deux sources de l'écriture égyptienne*

Dans le club dominé par les Coptes et les Misraïm il y avait de la place aussi pour l'élément phénicien au gouvernail des bateaux cabotant en Méditerranée. Ces marins s'orientaient grâce à la Phoïniké — l'étoile polaire. Et ils savaient écrire. Ceci ressort du quadrat concernant l'*enseignement écrit*, rattaché à l'étoile, *bsa*, celle de l'abside, qui est l'esprit-guide, basilissa, epsil(on), cf. grec sebo, vénérer, égypt. h-ps pour notre Grande Ourse, cf. it. *bússola*. La navigation se fait aussi sur le Nil, mais il n'y a pas de quoi se faire guider par bsa, alias psi.

On y rattachera le terme hébr. pesil-im — les idoles — = epsilon/lapis, ou pencil. (La forme centum serait la racine kbkb = étoile en akkad.).

Étant donné l'importance de 'nefer' et Pharaon en langue égyptienne, la colonisation européenne en provenance du Nil doit avoir emprunté le cours du D-nieper, alors que le Da-nube est celui des Nubiens. S'il est impossible de prouver que D est un déterminatif pour fleuve, il ne reste que l'entendre comme préfixe-cadre.

Le périple de ce peuple est par ailleurs illustré par l'association du soleil à la barque dérivant sur une masse liquide, la voûte céleste qui reflétait l'océan et était un réservoir inépuisable d'eau (seulement des marins pouvaient faire cette comparaison).

En plus des idéogrammes, les Égyptiens possédaient un véritable alphabet de 24 ou 27 lettres (des consonnes et quelques voyelles même en doublet). Cet arsenal leur aurait permis d'écrire tout ce qu'il fallait, mais en fait ils s'en servirent uniquement pour transcrire les noms étrangers (Ptolémée, Cléopâtre, Autocrator, Caesar...) ou pour aider la lecture d'autres phonèmes plus compliqués. En effet il existait de nombreux phonogrammes bi- ou trilitères, qu'on lisait de mémoire ou, le plus souvent, au moyen d'une, deux ou trois lettres de l'alphabet véritable, qui avaient alors une fonction de complément phonétique et aidaient le lecteur à déchiffrer la charade. Plus conséquents que leurs collègues akkadiens, qui lisaient aussi les compléments phonétiques, créant ainsi des géminations, les Égyptiens ne prononçaient pas ce qui était ajouté uniquement pour aider la mémoire.

Malgré donc cet arsenal de phonogrammes, les prêtres égyptiens ont créé au cours des siècles, quelque 700 idéogrammes muets. Pourquoi ce gaspillage?

Réponse des égyptologues: le gaspillage est seulement apparent. Il y avait des homophones (= même lecture, sens différent) et pour les distinguer, on dessinait, à côté, l'idéogramme. L'exemple le plus souvent invoqué est celui de nfr: beau/bon, mais aussi soleil, jeune fille, vin ou bière... (alors on dessinait à côté le pictogramme du soleil, ou de la jeune fille, etc.).

Nefer était un logogramme sacré, correspondant à Varuna, le Bien suprême, dieu éponyme du Pharaon qui en est l'anagramme. Il se trouve en métathèse dans le nom d'Arta-pherne, Tissa-pherne, Capharna-um, et tout seul dans Phryné. Le logo de départ: «rune» et «noir»: ce ne serait pas la première fois que le soleil est forcé à se loger dans la face cachée.

L'explication des égyptologues a le défaut de ressusciter le phantasme du langage né par génération spontanée, d'abord articulé puis écrit. Dans n'importe quelle langue, l'expression orale a été précédée par l'expression écrite, pièce après pièce.

Je voudrais parler aussi de ceux qu'on croit être des messages muets comme dans la bande dessinée, notamment les images qui indiquent une action: parler, manger, aller, etc. qui est le principe de la bande dessinée. Celle-ci s'est même maintenue très longtemps, puisque non seulement Gilgamesh, ayant ouvert la bouche, dit..., mais Jésus également, dans l'Évangile des Ébionites (seconde moitié du IIe siècle) cité par Épiphane, Haer. 30,13:

> «entra dans la maison de Simon Pierre, et
> ayant ouvert la bouche, dit...»

ou en Matthieu 5,2:

> «ouvrant la bouche, se mit à les instruire».

Dans les Actes des Apôtres 10,34, c'est Pierre qui ouvrit la bouche et dit...

Les idéogrammes contenant messages de bande dessinée: un profil avec la bouche ouverte pour *parler*, deux pieds qui marchent pour *aller*, etc. ont tous été baptisés dans un moule en même temps que d'autres objets ou idées, en venant à partager ainsi le sort échu aux homophones, comme le pictogramme sumér. DU qui signifie *aller* et beaucoup d'autres choses.

Une place à part revient aux *déterminatifs* qui classent la chose en fonction de ce qu'elle est: divinité, personne, oiseau, poisson, plante, pierre, bois, métal, parce qu'il fallait que le nom reflète l'essence. Ces éléments de classement ne sont pas si nombreux quoiqu'il y en a qui sont fossilisés, et parfois ils ne se prononcent même pas, bien qu'ils le devraient puisqu'ils participent à la morphologie sémantique. Prenons par exemple le cas de l'obélisque, entré officiellement en scène avec Ramsès II, 19e dynastie: comment s'y est-on pris pour le baptiser? En hiéroglyphes, on a d'un côté son image, qui est la partie idéographique, de l'autre la contrepartie phonétique ou consonnes t + kh + n. Y a-t-il un déterminatif? Non, disent les égyptologues, auxquels l'idéogramme de l'obélisque suffit. Mais moi je dis qu'il y a: c'est 'n', qui classe l'objet dans la catégorie de la pierre comme le préfixe-suffixe 'na' en sumérien, ex. al-an, statue; ku-na, porte de pierre. L'après-Sumer vient avec akkad. ab-nu, pierre, grec aksi-né, hache en pierre; samar. awen = all. Ebene, plaine (précédé par 'eben', lisse, qui renvoit à l'âge de la pierre polie). Ce suffixe caractérise aussi l'angl. sto-ne et l'all. Ste-in, ainsi que russe kamen(i), pierre évoquant le noble camée; la bor-ne, l'argile dite kaol-in probable variante de kamen avec l pour m, le gaulois mar-ne dont la racine 'mar' est redoublée en marmor; arè-ne; Ardennes = ardoise à rattacher à l'all. Erde et Erz, sém. Eretz; all. To-n. Il a paru logique de classer parmi les pierres même ce qu'on peut extraire des entrailles de la terre: aene(us), bronze; all. Eis-en, fer, angl. ir-on; tin (étain), it. otto-ne (cuivre ou aira-in) et peut-être ce qui pousse de la terre: all. Weiz-en (blé), Boh-ne, angl. bean (haricot).

Comme le nom de la pierre doit être des plus anciens, éventuellement épipaléolithique, ce nom a dû être d'abord *na* ou *an*, dont on a fait par la suite un déterminatif à ajouter à des vocables plus modernes, parmi lesquels: la colum-na, le dolmen, le men-hir et l'égypt. ma-na-ra, pyramide, où il se trouve en infixe. Si pierre et lithos ne l'ont pas, c'est qu'entre-temps on a cessé d'ajouter ce classeur. En particulier, lithos serait associé aux idoles par métathèse.

Les autres deux consonnes de notre obélisque forment le groupe t + kh, en correspondance de l'angl. s-tick ou de l'all. S-tock.

Traduction de t kh n: bâton de pierre érigé à la gloire du Dieu inconnu (comme la Koutoubia, alias S-tabe).

Voilà comment l'essence de la chose est contenue dans son étymon.

Qu'on ne pense pas que l'idéogramme de l'obélisque ait été ajouté aux trois consonnes pour la cause de l'évidence. Le critère qui a présidé à la formation des mots prévoit la démarche contraire: à mesure que les immigrants (venus d'Asie ou par la mer) rencontraient des animaux inconnus, tels les crocodiles, ou inventaient des outils, ou fabriquaient des aliments (céréales, vin, bière), les dessins respectifs étaient envoyés aux scribes (qui appartenaient à la classe sacerdotale consacrée au dieu Soleil, ou à la Lune-Amon, sacerdoce très puissant à Thèbes) pour qu'ils les baptisent. Le principe était soit celui-là même que je ne cesse de prêcher dans ce livre (les phases), soit un autre qu'il faudra alors déterminer. Les égyptologues sont payés pour cela. Une clé des valeurs phonétiques échues aux symboles serait appréciée pour sortir de l'arbitraire.

Pour ma part je n'ai aucun doute à cet égard: les 24 ou 27 lettres, quoique divulguées sous des formes laïcisées, proviennent de la source lunaire, avec effectivement la différence suivante quant aux choses représentées: au lieu de symboliser la lune — entière, moitié, arc — comme cela se voit dans nos alphabets, les dessins représentaient ce qu'on avait *inscrit* dans la lune: par exemple les lignes ondulées de l'océan, ou un lion, pour El soleil ou lune (selon Plutarque, ce fauve était solaire par excellence, mais son nom latin est celui de la lune, et en Inde la déesse Durga [= Démi-urge] le chevauchait).

Le scarabée Kheper s'écrit au moyen d'un disque, Kha, grâce à sa forme épousant bien un astre rond. Ce mot est resté dans le lexique allemand comme Käfer, dont la graphie a compensé le Kh égyptien, le disque, par ϕ à la place de p. Notre s-carabée, cherub, persiste dans une écriture de signes en désordre si le radical était l'arc (mais le logo 'rb' est tout aussi défendable).

Un tel procédé d'écriture — inscrire dans une forme de la lune — n'a rien d'inhabituel, puisque nous savons que si le bœuf ou bull s'appelle aliph ou alpha, angl. calf, all. Kalb, il le doit à ceux qui l'ont inscrit dans la demi-lune half ou halb, parée de cornes (l'hébr. keleb, chien, ne squatterise pas, mais découle de la loi de co-attribution qui régit tous les homophones, voir p. 175 ss.).

Une telle inscription très populaire dans les alphabets archaïques reflète l'association constante du Taureau Céleste et de la Grande Déesse dans les plus anciennes religions (El et Asherah pour les

Sémites, le dieu-taureau et la grande déesse chez les Hittites, noces de Zeus-taureau et d'Europe à Crète...). Le culte du Taureau et de la Déesse-Mère est déjà en place à Çatal-Hüyük, sept millénaires avant J.-C. Parce que les bovidés se sont adaptés à tous les climats, leur association à la divinité principale est-elle généralisée: Hathor en Égypte, Baal des Phéniciens, Minotaure, le Bull de Bel... En Inde, il n'y a pas de Baal ou de Grande Déesse parés de cornes, mais en revanche l'inviolabilité de la vache prouve qu'on lui reconnaît un caractère sacré, et cela non point pour mérites de production (la brebis et la chèvre donnent aussi du lait!), mais pour avoir été précocement inscrite dans la lune par les inventeurs de l'alphabet. Depuis la plus haute Antiquité on s'appelait Abel, ou comme les Elphes de la mythologie scandinave (Alphée), parce qu'on croyait que pendant la seconde moitié du mois, Alpha ou (H)albe avait fécondé le ventre maternel en projetant des étincelles. Ces gens, des éleveurs probablement, ont à leur tour apposé leur cachet sur les lieux qu'ils fréquentaient (les Alpes), ou les villes qu'ils fondaient: Alep et Ebla en Syrie.

La deuxième lettre de l'alphabet est Beth, qui veut dire Both (les deux demi-lunes); mais comme la maison avait la forme de B, elle en a pris le nom, et on a cru depuis, que beth est le nom déposé de la maison.

Le moment venu, il a fallu trouver une dénomination pour le chameau, et gim-el en écriture linéaire lui a convenu à cause de sa bosse. Avant le chameau, gamma était tout simplement une komma, arc de lune (mais le quechua *lama* nous montre que le nom du chameau n'a pas été gam-al, mais *m l* avec préfixe ka pour grec kamel-os).

La porte, dalet, s'est trouvée à son aise dans Δ (ou D); et ainsi de suite.

Les homophones

On se demande pourquoi les Égyptiens, tout en possédant un riche alphabet consonantique, ne l'ont pas utilisé. Mais ils l'ont fait! On le remarque surtout aux homophones, qui ne sont pas nécessairement le fruit du hasard. Toutes les langues les connaissent, et plus particulièrement celles constituées de mots monosyllabiques, comme le chinois. Toutefois il y a des homophones même parmi les trilitères, comme l'exemple déjà cité de l'égypt. anc. *n f r* lequel pouvait avoir une dizaine de significations, à commencer par beau/bon et continuer par jeune fille, étoffe, boisseau de céréales, vase de vin ou bière, chevaux, feu, soleil, couronne blanche de la Haute Égypte... On pourrait y ajouter le nénuphar, gémination en moins.

Pour pouvoir les distinguer, on lit dans les traités d'égyptologie qu'on a dessiné l'idée: nfr + le soleil pour indiquer le soleil; nfr + jeune fille pour désigner la jeune fille, etc. Il faut retourner le raisonnement et rejeter l'idée que les idéogrammes aient été ajoutés pour expliciter le sens exact des lettres alignées; au contraire, le scribe les a reçus tout seuls pour qu'il les dénomme: il a reçu l'obélisque, la jeune fille, l'étoffe, un animal inédit, etc. et après avoir décidé secrètement comment il pourrait garder dans le nom l'essence de la chose, c'est-à-dire forme, couleur, signalement caractéristique, classe ou catégorie (bois, pierre, bronze, etc.), il l'a inscrite dans un logogramme dont on connaissait déjà la prononciation, comme *nfr*, mais pour aider la mémoire il a juxtaposé une, deux ou trois lettres cherchées dans l'alphabet consonantique préalablement laïcisé, et qui faisaient ici office de compléments phonétiques.

Pour avoir été inscrits dans le même logogramme, plusieurs sujets ou objets en ont hérité le nom et se sont trouvés à l'état d'homophones à leur insu.

Le scribe toutefois ne communiquait pas le logogramme fondateur, qui était sacré (le véritable hiéro-glyphe), à moins de le rendre méconnaissable (*nfr* par ex. se dissimule derrière le rein, νέφρ-ος).

Cette clé d'interprétation ne s'applique pas seulement aux homophones, mais à tous les mots inventoriés. Sous les Pharaons, les scribes ont dû ainsi intervenir près de 700 fois (autant d'idéogrammes). Ce chiffre néanmoins n'est que la moitié des idéogrammes répertoriés à Sumer. Sous les Ptolémées toutefois, les hiéroglyphes ont proliféré par milliers.

Le premier alphabet phonétique connu, fonctionnant d'une façon indépendante (l'alphabet égyptien servait d'appoint) est le proto-sinaïtique constitué de plus ou moins 25 idéogrammes dont la tête de bœuf, celle de l'homme, etc. L'explication appuyée aux idéogrammes égyptiens ayant échoué, il ne reste pour ces lettres que l'exégèse valable pour les autres alphabets quels qu'ils soient: chacune de ces images a été dessinée dans un arc de lune, une demi-lune ou l'astre entier, dans le but de baptiser les différents objets ou êtres de la vie courante. Pour déchiffrer de telles écritures il nous faudrait tomber soit sur une bilingue, soit sur le brouillon du scribe préposé à la tâche difficile de conserver l'essence de la chose dans son étymon, c'est-à-dire les graphèmes composant son nom. À l'instar de l'alphabet égyptien, le sinaïtique a été divulgué uniquement dans sa contrepartie profane — les formes astrologiques ont été gardées au secret.

Ce qui vient d'être dit au sujet des homophones égyptiens s'applique également aux homophones sumériens, tels *du*, signifiant «tertre», «ennemi», «profondeur», «aller», «convenir», «construire», «libérer», etc.

III. Sceaux et encres

1. *Considérations générales*

Interrogés sur l'origine du langage, spécialistes et amateurs, toutes tendances confondues, s'entendent sur un point: on a d'abord parlé et puis écrit, et ils ajoutent «évidemment» à ce dilemme qui leur paraît stupide, en précisant que l'humanité aurait commencé à parler il y a plus ou moins 15.000 ans, et à écrire plusieurs millénaires après. Quel exploit que de développer une terminologie doublée de grammaire, et quelle discipline mentale!

Lorsqu'on s'intéresse à la linguistique, il est conseillé (ainsi G. Mounin, *Clefs pour la linguistique*, Paris, éd. Seghers, 1968/71, p. 16) d'aller chercher l'initiation chez les linguistes, et non chez les ethnologues, les philosophes ou les sociologues. Soit. Mais les linguistes et les dialectologues n'ont rien de bon à proposer, pire: ils entretiennent les erreurs accumulées à longueur de siècles et les inculquent dans les auditoires aux jeunes personnes immatures, et seuls les cancres auront échappé à la déformation cérébrale (c'est pourquoi les premiers à l'école ne sont jamais les premiers dans la vie).

J. Vendries (*Le langage*, Albin Michel, 1950) a eu la chance, dit-il à la page 367, de voir comment la langue parlée devient langue écrite, l'ayant constaté par autopsie au cours de l'alphabétisation de tribus qui auparavant parlaient seulement. Mais c'est un tout autre contexte! Ces tribus redécouvrent l'écriture sous-jacente à leur idiome.

Les Hittites qui, comme tous les autres peuples indo-européens, ignoraient l'écriture mais parlaient par science infuse, ont coulé leur langue dans les idéogrammes ou les clous autrui, c'est du moins le sens qui se dégage de la page 117 de l'*Histoire de l'écriture*, de J. Février, Paris, Payot, 1984.

Et que dire des Akkadiens? Eux aussi parlaient par science infuse une langue maternelle très avancée (infixes de conjugaison, flexions) qu'ils ont coulée dans les idéogrammes cunéiformes sumériens.

Voilà donc un préjugé à abattre, et d'autant plus tenace que nous tous avons d'abord parlé, tandis que plus tard à l'école on nous a enseigné à tracer les hastes, puis les lettres, puis à composer des mots.

On oublie ainsi qu'on a parlé d'abord parce que qulqu'un nous l'a appris. On a fait des expériences avec des enfants tenus à l'écart des adultes pour voir s'ils parleraient, et quelles seraient les paroles fondatrices... Ils sont restés muets!

Devons-nous créditer nos ancêtres du tour de force qui consiste à créer tout de go une ou plusieurs langues et admettre sans difficulté, pour les Akkadiens par exemple, qu'ils sont arrivés à Sumer en parlant presque comme nous, sans avoir jamais tenu un crayon dans la main? Tout en étant absurde, cette thèse est défendue par tous les auteurs interpellés, édités et médiatisés: qui oserait s'écarter d'un pouce d'un tel axiome, assené avec tant d'autorité? Ce n'est pas mon cas, car voilà ce que je pense par exemple des Hittites et des Akkadines: ils écrivaient déjà tout autant que les Sumériens; ils traçaient — probablement à l'encre — des caractères magiques, astrologiques, lesquels, ensemble avec les calculs astronomiques, constituaient un domaine de connaissance particulière, ésotérique: la science secrète de Anu.

Si les mages chaldéens avaient gravé les documents astronomiques et l'alphabet sur la pierre, il en resterait, comme ont survécu, depuis 35.000 ans[8], les galets aziliens d'Ariège peints ou gravés de notations cycliques en trentaines, ou en deux ou trois multiples de sept. À cette époque-là, on comptait par encoches, mais il n'y a aucune trace d'alphabet magique ni d'autre espèce. On ne parlait pas encore: on grognait, jacassait ou sifflait...

2. *La perversion des estampilles*

L'organisation de l'alphabet magique se dérobe à une datation parce que, outre à s'accomplir dans le secret, elle n'est reliée à aucun grand jalon connu; par contre l'écriture sur argile ou cire d'autres signes conventionnels accompagne le processus d'urbanisation et il y a donc moyen d'établir une corrélation avec des événements ou des cultures classées.

Il en va autrement pour le monde des nomades. On voit mal ou pas du tout des cheikhs errants emporter d'encombrantes bibliothèques d'argile en faisant campagne pour soumettre un peuple urbanisé. Ils emportaient bien sûr l'essentiel de leurs archives avec eux en se déplaçant, mais cela ne pesait pas lourd dans leurs bagages, puisque c'était à

[8] J'exprime ici mon scepticisme sur des datations aussi reculées, qu'on propose notamment pour les chefs-d'œuvre de l'art rupestre. (La datation concerne la pierre, non la gravure).

l'encre sur papier ou peaux que la science secrète était écrite, et non pas en hiéroglyphes ou clous, mais en arcs et cercles. Ces bases secrètes étaient gardées jalousement, à l'instar de celles qui se trouvaient à Memphis, Thèbes et Héliopolis, et qui existaient bien avant les stèles funéraires royales considérées comme les plus anciens textes égyptiens. Il ne faut pas s'étonner que l'écriture hiéroglyphique apparaisse réalisée presque d'un bloc dès la première dynastie.

Si de tous ces textes sacrés (et secrets) rien ne nous est parvenu, c'est parce que les mages (perses, chaldéens, égyptiens) n'ont pas voulu qu'on y accède, matière périssable aidant. Les fouilles ont par contre été prodigues en tablettes enduites de cire — du profane pour les profanes — car il fallait bien vulgariser un moyen de communication pour les contrats et les transactions, dont les premiers exemplaires étaient rédigés dans les idéogrammes trouvés à Sumer, traduits de surcroît en caractères linéaires, puis cunéiformes. L'écriture cunéiforme est une écriture idéographique qui réduit tout en syllabes et dont les éléments ont la forme d'un clou (la seule exception étant l'écriture alphabétique d'Ugarit allant de gauche à droite).

Deux modes d'écriture se rencontrent donc en Mésopotamie, celui qui fonctionne à l'encre et qui n'a pas été divulgué ou s'est détruit, et celui qui continue les graffitis rupestres, pour autant que ceux-ci ne soient pas une mystification récente; les messages, traduits en codes, sont gravés dans des matières qu'on veut faire durer, pour la mémoire de la postérité, ou pour les archives.

Lequel a précédé l'autre?

La grande aventure de l'écriture ne peut pas avoir commencé avec la technique compliquée des cachets en pierre, même si longtemps les premiers témoignages d'écriture de l'humanité (indéchiffrés ou décodés) ont été et sont restés de ce type. On ne peut pas poser avant toute autre démarche dans l'art d'écrire celle qui consiste à graver des caractères sur une estampille pour l'imprimer sur plusieurs surfaces molles comme la cire ou sur l'argile.

Tout en ne pouvant pas préciser la date de naissance de l'alphabet magique, dont les formes arrondies ne pouvaient être tracées qu'à l'encre (matière facile à se procurer, étant soit d'origine végétale comme la résine des arbres, soit minérale comme les hydrocarbures, l'asphalte par exemple qui est repris dans les vocabulaires suméro-akkadiens comme eser, esir, c'est-à-dire rési(ne), parce que des gisements existaient dans la région), je maintiens que l'écriture formée par les caractères en question a précédé l'industrie des sceaux. Mais qu'écrivait-on? Certainement pas des épopées.

Les documents fondateurs ont été les bases de données qui servaient à la création des noms d'hommes, choses, animaux, arbres, et des verbes, des adverbes, des éléments structuraux formant par exemple les abstraits, etc. Ces bases existaient, occultées, partout où il y a eu éclosion d'écriture: en Égypte malgré le riche répertoire de hiéroglyphes, à Sumer qui détient le record d'antiquité, à Akkad malgré une écriture développée pour convenir à des surfaces molles comme les tablettes de cire. Toutes les charades traduites en images ou clous sont des vocables préalablement créés par les scribes en combinant les caractères magiques de façon à reproduire l'essence de la chose. Ne disons donc pas, comme J. Février (*Histoire de l'écriture*, Paris, Payot, 1984, p. 107), que le Rébus conduit presque inévitablement à l'écriture phonétique. Cette écriture existait déjà et c'est elle qui a donné lieu au rébus dans la translittération profane, pour respecter le côté phonétique tout en préservant son caractère sacré.

Les sceaux les plus anciens sont ceux des couches pré-sumériennes en écriture indéchiffrée, ou de la vallée de l'Indus.

Les sceaux de la toute première génération (IVe millénaire av. J.-C.) marquaient la possession, ou étaient des signatures imprimées sur des calculs (par ex. nombre de moutons confiés à un berger pour le compte d'un temple), ou des inscriptions pictographiques dont on ne saurait pas dire s'il s'agit d'une prière, d'une formule magique, d'une commémoration, faute de savoir les déchiffrer.

Les premiers témoins de l'écriture déchiffrée sur sceaux sont le plus souvent des textes économiques. La longue histoire de la sigillographie nous fait comprendre pourquoi on s'est mis à écrire de droite à gauche là où on a fabriqué des estampilles bien avant de dresser les inventaires d'Ourouk et de passer des contrats dans une vaste zone d'échanges entre sédentaires (je remarque en passant la racine commune de ferme ou farm et firma et firma-ment, ou de l'esp. *finca* et all. funkeln, car les sujets astrologiques étaient la marque la plus recourrante).

Pendant des siècles et des siècles on a obtenu l'envers des caractères sur la matière imprimée, car il a fallu former les scribes à écrire de droite à gauche, habitude qu'ils ont gardée par la suite, avec des caractères ou clous tournés de 180°. Même l'ordre des mots en a été affecté: ainsi par exemple ce que nous appelons «Front démocratique révolutionnaire du peuple éthiopien» devient en angl. l'EPRDF, c'est-à-dire «(de) l'éthiopien peuple le révolutionnaire démocratique front».

Cela dit, il me paraît superflu de se demander si l'alphabet magique était dextroverse ou sinistroverse. Tout ce qui dans le monde sémitique est tourné vers la gauche provient d'une matrice dextroverse. Le modèle phénicien ayant été importé en Grèce assez tôt, il est normal que les premières inscriptions grecques aient été sinistroverses. Cependant la direction est dextroverse à l'époque classique, ce qui ne peut pas s'expliquer en invoquant la cause technique, puisque la Grèce ne connaît pas de tradition phragistique comme il en existe dans le monde sémitique. Il faut donc penser que les Grecs ont reçu d'abord la liste des Phéniciens et ont écrit comme eux, mais plus tard l'alphabet magique a percé dans son modèle originaire dans d'autres foyers de culture indépendants des Phéniciens.

La légende attribue aux Phéniciens l'invention de l'alphabet acrophonique; je veux bien, à condition que la date de la découverte ne soit pas celle qu'on propose, si récente, mais une beaucoup plus reculée. On sait combien secret était le caractère de ce peuple mystérieux, ainsi ne faut-il pas s'étonner de toutes les précautions prises pour empêcher la divulgation de la découverte peut-être la plus grande et qui conditionne toutes celles qui ont suivi.

La forme des lettres et leurs noms étaient ce qu'on a gardé le plus longtemps secrets, tandis que le principe acrophonique avait déjà percé en Égypte et dans le Sinaï, mais en forme de hiéroglyphes, ou de clous dextroverses à Ougarit.

On a souligné au sujet de l'alphabet phénicien classique que les lettres sont munies de hastes dès le IXe siècle en Syrie, Cilicie et Chypre. Après une phase moyenne, le phénicien récent donne l'impression de reproduire une écriture manuscrite à l'encre. Les hastes de b, d, p, q n'avaient de but que de délimiter les arcs de lune croissants (b, p et P = rhô) et décroissants (d, g, k, q). L'apprentissage des hastes à l'école maternelle ne fait que continuer une très ancienne tradition.

Si l'encre a servi pour tracer l'alphabet magique, pourquoi n'aurait-on pas eu aussi des sceaux à l'encre, pour sceller la correspondance confidentielle? L'origine du mot 'ink' (encre) se perd dans la nuit des temps; et tandis que les Anglais ont conservé ce terme pratiquement intact (c'est-à-dire sans additifs), les Chinois ont perfectionné l'invention concrète jusqu'à la faire déboucher sur la xylographie au VIIIe siècle, puis quelques siècles plus tard sur la typographie à caractères mobiles.

De ces deux branches cousines, la première a été mordue par le démon de la navigation et du commerce, l'autre a exploité toutes les ressources de l'encre, de la calligraphie à l'imprimerie. L'écriture chinoise a ceci de particulier, qu'elle inscrit dans un carré chaque mot, souvenir du temps où les choses étaient inscrites dans la lune, éventuellement carrée.

Si l'encre a été quelque chose de très ancien, les sceaux qu'on mouille devraient avoir précédé les autres; il convient donc de voir ce qu'on a encore pu écrire à l'encre, même si aucune trace n'en reste à cause de la matière périssable. L'absence de preuves n'est pas une preuve.

Parmi les plus anciens documents non parvenus, il y a ceux que les Phéniciens, quel que soit le nom qu'ils portaient entre l'histoire et la préhistoire, ont rédigés pour leurs périples: Carte du Ciel, Carte de la Terre (reproduite à peu près par Hécatée et Hérodote), diagrammes et notes secrètes ressemblant à des relations de voyage. Ce peuple de marins passe pour mystérieux parce que, entre autres, il n'a laissé aucune trace écrite de ses mouvements. On ne le blâmera pas, puisque c'est en risquant leur vie qu'ils exploraient des terres inconnues: pourquoi en faire sottement profiter les autres? De plus, ils ne se conduisaient pas toujours en bons chrétiens dans les ports qu'ils accostaient: ils volaient les femmes et même des hommes pour les revendre comme esclaves: les négriers ont toujours existé. Les Guanches, qui les connaissaient bien puisqu'ils portaient presque le même nom, et dont une île s'appelle Gomera, les accueillaient à coups de pierre (récit de Hannon).

Lorsqu'ils se mirent à faire le commerce et le transport des métaux, qu'ils allaient chercher très loin, ils enfouissaient l'or et les trésors dans des endroits qui portent leur nom, comme par exemple chez les Inca, ou à Ang-kor, ou à Ghana (Ange en métathèse), capitale du plus ancien royaume du Soudan, que la tradition fait commencer par 400 souverains blancs. (Le voyageur arabe El Bekri a visité et décrit ce pays, qui fut pendant tout le Xe siècle la tête du circuit africain de l'or, en 460 de l'ère musulmane = 1067 de notre ère).

Il faut voir dans l'habitude d'enfouir un trésor une attitude ancestrale, préhistorique et presque animale, qu'on remarque au moins chez les chiens. Mais alors que le chien se sert de son odorat pour retrouver ce qu'il a caché, les hommes doivent noter les repères sur du papier ou des peaux. C'est ce que les Phéniciens et tout explorateur avisé ne se seront pas privés de faire.

L'orfèvrerie était particulièrement florissante en Sardaigne, dont le nom est la version satem de Carthagin-.

Les liens spéciaux entre les Phéniciens et les Grecs se lisent dans Sidon d'un côté, et Poseidon de l'autre, à qui on érigea un temple en accostant le cap Sounion, pour le remercier d'avoir accordé un bon voyage et rester sous sa protection, habitude confirmée par le récit d'Hannon.

Les Grecs de Mycène appelaient Po-ni-ki-yo, donc Puniques, les Phéniciens. La φώkaia (Phocée) serait la Phénicie (O = ).

Les anges qu'étaient les Sumériens et les Phéniciens se retrouvent aujourd'hui de nom, après maints brassages, en Angleterre, France, Hongrie, en Chine et parmi les Tziganes ou grec médiéval 'Ἀστιγγανοί devenu en italien Zingari ou Zingani, donc Su-me-ri (option ŋ pour Me). Ils ont les yeux et les cheveux noirs, ce qui s'harmonise avec l'épithète «têtes noires» (s'il faut accepter la traduction de sum. sag-gi_6-ga) qu'on applique aux Sumériens dans le mythe de la création et ailleurs. Pour ma part, je préfère m'en tenir à la référence à Calam, voir p. 158 sous «salmu».

Le périple phénicien de l'Afrique fut commandité par le pharaon Néchao vers 600 av. J.-C. Un peu plus tard les Carthaginois chargèrent Hannon de fonder des colonies au-delà des colonnes d'Hercule en Lybie, c'est-à-dire en Afrique. Ce ne sont pas des dates légendaires, mais la maîtrise navale des Phéniciens amène à les considérer comme des pionniers actifs depuis des millénaires. Leurs carnets d'adresses ne pouvaient pas être d'une matière aussi lourde que les tablettes d'argile, qui auraient d'ailleurs survécu partiellement jusqu'à nous. Du papier ou des peaux de bananes séchées ou de carroubes devaient leur fournir le support de la mémoire écrite. Ne sont-ils pas considérés comme les inventeurs de l'alphabet? Et lorsqu'ils durent choisir dans la masse des signes en circulation ceux qui leur convenaient pour les besoins du commerce, comment se fait-il qu'ils aient jeté leur dévolu sur la précieuse série de 22 lettres?

Laissons maintenant les Phéniciens circumnaviguer et rayonner dans toutes les directions; pendant ce temps, des princes de la guerre faisaient leur métier sur les continents. Comment allaient-ils correspondre entre eux si ce n'est par des missives manuscrites? Il fallait plus que la bande dessinée. Le commerce en était encore à la phase du troc, mais la guerre et la diplomatie ne connaissent pas de demi-mesures: elles ont même précédé le commerce. Et tandis qu'on peut s'échanger des biens par le moyen de la bande dessinée, les rois et tout personnage important signaient leurs lettres avec un sceau personnel; par exemple celui de Salomon était une étoile. Mais l'époque dont je parle a quelques millénaires d'avance sur Salomon. Avant d'entreprendre une campagne à l'issue de laquelle ils allaient s'établir dans leurs sites historiques, ces princes du désert qu'on appellerait aujourd'hui des chefs de bandes pillardes, envoyaient à leurs congénères, parlant possiblement la même langue, des messages scellés par une empreinte intangible et inimitable, tel le sceau coulé dans la laque ou imprégné d'encre (rouge, pour les empereurs romains). Il n'était pas question de faire remettre des messages gravés dans de lourdes tablettes d'argile cachées dans une enveloppe encore plus encombrante, au risque d'être interceptées lors d'une embuscade, alors qu'un message écrit sur des feuilles était facile à détruire. Le destinataire d'ailleurs le faisait disparaître dès qu'il en prenait connaissance. J'attire ici l'attention sur l'akkad. ka-niku, document scellé, à comprendre comme message confidentiel écrit à l'*ink* et cacheté.

L'utilité extrême de tels messages montre l'intérêt qu'il y avait à organiser des réseaux de poste, dont le plus célèbre, celui de la Perse, parcouru par les anges par référence aux messagers du ciel, ne fut que l'aboutissement historique d'un service de transport préhistorique. La concession de la sous-traitance en ce domaine s'accompagnait, même tout récemment, de l'octroi de titres princiers.

Les chefs de guerre n'avaient pas beaucoup de temps à consacrer à l'instruction, mais disposaient de scribes-secrétaires assermentés pour la dictée et la lecture (ce que faisait d'ailleurs aussi l'apôtre Paul, pourtant lettré, lorsqu'il adressait des épîtres à ses Églises). La possibilité d'échanger des messages entre complices augmentait les chances de réussir une agression, qui est presque toujours le fait d'une alliance de plusieurs hordes en intelligence. Le message remis par l'ambassadeur ne devait présenter aucune trace de bris, car le porteur ignorait lui-même la teneur de la missive, ce qui était garanti par l'intégrité du sceau apposé avec le cylindre (ou avec l'anneau royal), tandis que le destinataire confrontait la devise avec le fac-similé déposé chez lui, voire sur lui (tatouage, cf. grec sfragizo, sceller, et it. sfregio, balafre). L'inscription du même genre, adopté en héraldique, témoignait des intentions, actes de foi, serments et promesses de l'expéditeur: «viribus unitis!», «je ne défaillerai pas!», «plutôt mort que trahir!», «plus rapide que l'aigle!». De tels messages tatoués (des «tau» cunéiformes gravés sur le corps) sont documentés archéologiquement, tel ce prêtre-guerrier assyrien promettant «piétiner ses ennemis avec joie!».

De là vient l'importance du garde-sceaux, qui était, et reste la deuxième personne du Royaume (ou de la République). Ce dignitaire était le favori du Roi, qui avait en lui une confiance totale alors que la Reine, souvent étrangère, était regardée avec suspicion et tenue à l'écart. Le Chancelier, synonyme de secrétaire, celui qui, en anglais, «con-ceal» (c'est-à-dire cache avec un seal), vérifiait l'intégrité et l'authenticité des sceaux du courrier reçu et apposait le sceau du roi (ou de l'état) sur la correspondance au départ, ou sur des décrets (tâche reprise par le Ministre de la Justice) en ne laissant personne s'approcher pour prévenir tout vol ou toute imitation par des espions de l'entourage. Avant d'écrire sur l'argile, on a écrit sur une pâte de feuilles (lat. folium = angl. leaf). La pâte obtenue des feuilles, tiges, liège, était la charta, issue du lat. scortea et cortex (écorce), qui explique par métonymie les caractères. Un synonyme de cortex est it. buccia, support du livre, en angl. book, et en all. Buch (pour lequel on pense aussi à l'hêtre, Buche).

Le message confidentiel était enroulé et cacheté au moyen d'une estampille également d'origine végétale si, comme nos cylindres encreurs, elle était en caoutchouc (acajou, ou mieux encore acacia, gommier: cherchez la gomme dans it. mogano, angl. mahogany).

L'estampille mouillée d'une encre végétale, résine (= racine), c'est-à-dire *imprégnée, imprimait* (ŋ = m): voici un cas flagrant de métonymie ou association d'idées, comme pour la matrice humaine ou animale qui, imprégnée, imprime les caractères au nouveau-né.

Le terme plus simple, et donc originaire, pour le sceau est l'angl. seal. L'all. SieGel présente l'infixe G, comme le lat. siGillum ou siGlum, car c'est bien un sigle qu'on imprimait grâce au sceau, qui pouvait être l'anneau avec monogramme-emblême. Il va de soi que l'archétype en était la lune (encre noire) ou le soleil (pour l'encre rouge). L'infixe Gi est un rappel du roseau sumérien, si souvent associé à la cire des tablettes. L'angl. conceal signifie: cacher (un message) au moyen d'un cachet, lat. celare: cacher ou tenir secret. L'esp. sello, timbre, est l'effet obtenu en apposant le seal. On descend du sceau imprimant au timbre postal tout en restant sur la même racine grâce à la métonymie ou association d'idées agent-effet, comme on observe également pour

angl.	to stamp = imprimer
	the stamp = le timbre
fr.	marquer
it.	marchio
all.	(Brief)marke = timbre.

Le mot *cachet* s'applique soit à l'enveloppe qui cache un message, une somme d'argent ou un comprimé, soit au sceau qui scelle le tout.

L'it. timbro est l'imprimante (tambour) et la marque en même temps; l'all. Stempel est l'estampille, tandis que le fr. timbre est l'imprimé.

C'est en *imprégnant* d'abord qu'on obtient quelque chose en *imprimant*: la parenté de ces deux vocables montre que l'encre a été associée à la technique des sceaux là-même où ŋ = m, ou ñ = m (origine suméro-akkadienne ou eme-sal). Les vocabulaires suméro-akkadiens ne les ont pas parce que l'encre était réservée à la science secrète de Anu.

Après l'encre est venue la laque, qui signifie également «cacher», cf. angl. lack avec allusion à la lune cachée, ainsi que lock, it. lucchetto (verrou) = ce-al ou se-al par lecture tête-bêche.

L'estampille est de la même famille que le tambour, qui dans nos latitudes a deux significations:

1) instrument de percussion,
2) fr. tampon, qui a suivi le progrès et est devenu le rouleau de la machine à écrire, ou par la suite le support de mémoire magnétique.

Ils n'ont en commun que la forme cylindrique.

Comme on n'invente aucun mot, il n'y a qu'à réutiliser ceux qui existent déjà, ainsi:

— ronéo a revalorisé les runes, et
— ronéotyper allie les runes et les typen ou Staben;
— le tambour, ex cylindre-sceau ou estampille, s'est reconverti dans la dactylographie ou dans les supports magnétiques d'ordinateurs;
— le ruban rappelle la matière constituante végétale: angl. rubber, gomme.

Les encres

Pourquoi déranger un certain lat. encaustum (brûlé) quand il y a angl. ink? Ce vocable tout nu est certainement l'originaire, forgé par ceux qui appelaient la lune «ange», et précisément les Anglo-Chinois en passant par les Sumériens et les Phéniciens. On peut tracer une isoglosse unissant les Angli d'une part, Yang-, Chang- Hong-Kong de l'autre; ou la Manche ici, et là-bas le Mantchu-quo (avec quo = ki, déterminatif sumérien pour pays, logé en suffixe, alors qu'il préfixe Sumer dans Ki-engir, ce qu'on a déjà vu). Il s'agit d'un seul peuple, même si d'après la statuaire, les Sumériens n'avaient rien de chinois, ni d'anglais d'ailleurs. Les Phéniciens ou Fenkhu s'enracinent eux aussi dans Ki-engir, mais ils ont quitté Sumer déjà sémitisés. Et tout comme ils ont été incapables, à cause de leur individualisme poussé, de fonder un État à Sumer, ils perpétuent sur les côtes méditerranéennes le modèle des villes indépendantes et rayonnantes: Tyr, Sidon (reliée au dieu de la mer Poseidon) et

Carthage fondée 1800 ans av. J.-C. au temps du roi Pygmalion. Leur conception de l'Empire était l'Emporium, qui vaut comptoir commercial, marché.

Pour les Grecs, Canaan et Phénicie étaient la même chose, parce que la terre de Sumer ou Ka-la-ma est translittérée comme Ka-nang-gá dans le dialecte emesal: or Ca-na-an (avec redoublement issu du complément phonétique) est obtenu de Ca-nang-nga par réduction en 'n' de 'ng', logo de l'ange remplacé ailleurs par la Mi, autorisant le parallèle entre les Inca et les Maya, ainsi que les Moai de l'île de Pâque, où le culte des ancêtres nous a transmis le nom d'un d'entre eux: Pou Ha-kanononga, distorsion compréhensible de ca-nang-nga (on remarque la prédilection du préfixe, ou cadre, P, pour les noms phéniciens, par ex. Po-seidon, Py-gmalion). La physionomie toute nez de ces géants n'est pas sans rappeler les traits grossiers et le regard mystique des premiers Sumériens, avec leurs sourcils en arête de poisson. Presque à la même époque d'installation dans l'île de Pâque, un Ange fut Empereur de Byzance au XIe siècle.

Ces gens s'appelaient ainsi parce que leurs éponymes attribuaient à l'Ange de Dieu ou à ses différentes phases, ou aux étoiles, leur conception dans le ventre maternel. Les Phéniciens y ont vu l'intervention de l'oiseau Phénix (étroitement associé à la lune par le mythe de morts et résurrections en chaîne).

Alors que l'alabaster est l'astre blanc, c'est à l'astre noir qu'on a songé en forgeant le nom it. de l'encre: inch-iostro. L'encre, on l'a baptisée 'ankh' soit à cause de sa couleur noire, rappelant l'ange de la nuit, soit parce que les liquides, comme le vin ou la bière par exemple, étaient soumis à l'appréciation du scribe, chargé de les nommer, dans leur récipient. Si l'encre se trouvait dans une coupe, l'assimilation à l'ange, qui est la -mi en akkadien et emesal, est due à la forme de l'encrier (l'essence de la chose doit coïncider avec l'expression écrite).

À part l'encaustum, les Romains préféraient désigner l'encre par 'atra-mentum' qui signifie liquide noir et visqueux, tiré des résines d'arbres, ou de carbures liquides, cf. gr. aNthrax, charbon (avec n infixe à la place de 'mentum' suffixe); ou it. c-atra-me, arabe qatran, fr. goudron. La désinence en -me de catrame, magma, bitumen (synonyme d'asphalte, cf. esp. falta = manquer ou être nécessaire) a valeur collectivisante, de masse, de matière. Les hydrocarbures offraient un autre moyen d'écrire hors des encombrantes tablettes enduites de cire.

Il me paraît donc possible et logique que les premiers sceaux aient été de matière végétale imprégnée de résine ou d'encre, et que leurs applications étaient du domaine politique (intelligence). De tels messages étaient voués à la destruction dès réception, et de toute façon le temps se chargeait de cela; donc il n'y a pas à espérer de jamais trouver des échantillons, sauf dans les romans d'aventure.

Les anges ont d'autant plus le droit de breveter l'encre, que l'encre et la laque sont des spécialités chinoises: la calligraphie s'est surtout développée en Chine et en Perse/Elam, et l'écriture élamite est une des plus anciennes, étant attestée dès le troisième millénaire comme la sumérienne. Les tablettes d'argile par contre ont accompagné le développement du commerce là où tout a été organisé en fonction de cette activité si importante pour les collectivités sédentarisées, impliquant des archives pour les actes notariés, des poinçons pour garantir les poids & mesures, des cylindres-sceaux pour sceller dans une enveloppe les tablettes rédigées pour des transactions, mariages, etc. en les authentifiant.

Les cylindres reproducteurs et les cachets en matière dure (argile, stéatite, marbre, ivoire) avaient une longue histoire derrière eux. Il ne faut pas chercher dans la psychanalyse (introversion et extroversion) la motivation du sens droite-gauche des écritures sémitiques. C'est à force d'écrire à l'envers pour pouvoir lire à l'endroit que la direction sinistroverse est entrée dans les habitudes. On a ainsi fabriqué des sceaux pour poids & mesures, monnaies, amulettes, scarabées commémoratifs. L'alphabet magique, qui devait s'écrire de gauche à droite, qui est le sens de la marche de la lune et des aiguilles des montres, s'est donc trouvé lui aussi tourné de l'autre côté dans l'alphabet phénicien, araméen, hébreu, etc., n'en déplaise à K. Khazaï, à la page 19 du Catalogue Naissance et évolution de l'écriture, 1985. La confusion des langues (tour de Babel) a démarré le jour où les caractères et les racines ont été retournées.

Les considérations développées par E. Lipinski dans la *Revue Oriens Antiquus*, n° 3-4/1989, pp. 241-248 (les Phéniciens et l'alphabet), notamment les formes archaïques des lettres grecques et l'absence d'inscriptions ou ostraka jusqu'au VIIIe siècle, sont exploitées pour plaider la priorité de l'alphabet phénicien sur le gréco-latin, mais ne pourront pas convaincre tant qu'il ne sera pas répondu à cette question: pourquoi cet alphabet sinistroverse est-il devenu dextroverse dans la Grèce et Rome classiques (où l'écriture n'a pas été conditionnée par une longue tradition de cylindres-sceaux)? En attendant la réponse, j'affirme que les séries classiques ne dépendaient pas de celle de Byblos, mais étaient près de la source originaire, celle de l'ougaritique dextroverse.

La question de l'*a* final des lettres grecques a été abordée par E. Lipinski (*ibidem*, p. 244) à la lumière de l'araméen, qui postpose l'article a. Cette perspective a été tournée court parce que iota, pi, rhô excluent une origine araméenne et se rattachent à une prononciation phénicienne: yod, main; pē, bouche; rōsh, tête (en araméen respectivement yād, pum, rēsh).

Mon point de vue est le suivant: faites asbtraction de gam-ma et sigma qui se perdent dans la préhistoire sumérienne (cosmogonie de ma/me qui sont les arcs de lune rectrices de l'univers), et d'e-psi-l(on) qui comme u-psi-l(on) et psi se perdent dans la préhistoire égyptienne (voir p. 171), les lettres se terminant par *a* se trouvent toutes dans la première partie de l'alphabet jusqu'à lambda qui est grec lampad avec a final. Elles sont en nombre suffisant pour codifier les étoiles de chaque constellation contemplée à l'œil nu. C'est pourquoi l'affectation d'un α s'arrête à mi-chemin.

Ce serait pour les distinguer des phases lunaires, symbolisées depuis α jusqu'à T (ou ω), que les astronomes de l'époque ont voulu féminiser les lettres destinées aux étoiles, eux qui ont baptisé les étoiles principales: Orka, Ursa, Canicula, Vega (Lyre), Betelgiosa ou Betelgéuse (l'α d'Orion, le chasseur intronisé avec son chien Sirius), nom féminin d'Adalgiso, alias Adelchi roi des Longobardes, c'est-à-dire en esp. hidalgo ou guide suprême. Arabisé, ce terme astro-nymique est devenu yad al-giawza = main du géant.

La courtoisie des gens de mer envers les femmes s'extériorise toujours dans les noms qu'ils donnent à leurs bateaux.

TROISIÈME SECTION

DONNÉES EXTRA-LINGUISTIQUES

Introduction

Les éléments extra-linguistiques livrés par les légendes, la religion, la philosophie, l'archéologie sont tout aussi importants pour cautionner le rôle de la Maia en tant que Maieutica, et parachever la fouille linguistique y compris le big bang du langage conceptuel. Il est déconseillé d'aller dès maintenant chercher le dénouement de l'aventure dans les dernières pages; mieux vaut essayer de découvrir par ses propres moyens comment s'est produit le jaillissement du langage. Qu'on sache seulement qu'il n'y a aucun organe prévu pour cela, comme si d'abord nous avions été programmés pour nous taire ou pour jacasser. Pour parler nous utilisons des organes créés pour d'autres fonctions vitales: respirer, avaler, mâcher, mordre, sucer, cracher, ou pour imiter les animaux dans le but de les tromper.

Le langage est une fonction parasite: est-il condamné à disparaître dès qu'un certain palier de notre ascension intellectuelle sera atteint? Après tout on pourrait très bien s'en passer si l'on découvrait d'autres moyens de communication plus performants.

> «Les langues? Elles prendront fin»

parole de l'apôtre Paul dans sa Ie Épître aux Corinthiens 13,8.

COSMOGONIES
TRINITÉS ET TRIADES

En numérologie, le trois occupe une place très importante, qu'on songe par exemple aux trisagion de S. Jean Chrysostome, notamment celui de la prière eucharistique: Saint Saint Saint est le Seigneur Sabaoth. La sainteté du numéro trois peut s'expliquer de différentes manières:

a) le Timon de l'Ourse, qui indiquait le Nord;

b) le temps nécessaire à la lune pour renaître (cf. Mt. 20,19: Le 3ᵉ jour il ressuscitera. C'était un moment privilégié, fatidique, magique);

c) les trois aspects de la divinité, qui est une seule dans la multiplicité qu'on a pu ramener d'abord à C, D et O, ses formes essentielles et visibles, comme l'Hécate triforme (les trois visages de la lune: bicorne, demie, pleine).

Une spéculation ultérieure réélabore cette Trinité en fonction de l'intuition qu'il existe un degré zéro tout aussi réel, et même le plus important, cf. Paul écrivant aux Corinthiens: ce qui se voit est provisoire, mais ce qui ne se voit pas est éternel (2 Cor. 4,18).

Il y a des notions qui sont trinitaires comme la Trilogie: trois discours cousus avec le même fil conducteur, et surtout la Trinité qu'on rencontre, à l'état souvent de simple allusion ou réminiscence, aussi bien en théologie qu'en philosophie:

— la Cabale expliquait la genèse du monde par un acte de Dieu, aidé de trois entités supérieures, les Sépharim:

Sephar: (lettre)-chiffre
Sipour = parole proférée
Sepher = lettre écrite.

Le Nom secret de Dieu, on se le communiquait de bouche à oreille dans la chaîne cabalistique: Eme-th = russe Imia, nom. Le nom de Dieu serait le nom. Mais ce nom signifie quelque chose, et précisément non pas le emi (moitié), mais la prohibitive grecque ou arabe μή (ma).

— La mythologie post-védique, brahmanique et donc pré-aryenne, nous propose la Trimurti qui est la trinité formée par Brahman (le Maître occulte, le Un de Plotin, élément créateur, abstrait), Vish-nu (conservateur du monde: la lune en fonction), Çiva (l'élément destructeur, à savoir les ténèbres obnubilant la lumière). C'est une trinité qui englobe le dualisme opposant le principe de lumière au principe de ténèbres, mais il n'y a pas de manichéisme bon-mauvais, puisque chacun des dieux de la Trimurti est consubstantiel aux autres. Le Tao ne pose pas non plus le dualisme en termes d'opposition, puisque le mot qui convient au Yang et au Yin est «complémentarité», formant unité. Pour la théosophie égyptienne, l'antagonisme Horus-Seth était un élément nécessaire à l'équilibre cosmique.

C'est donc en Inde que nous puisons à la source la plus pure du principe trinitaire:

— Maître occulte qui engendre dans l'invisible,
— dieu manifesté qui régente l'univers,
— principe ou prince des ténèbres qui détruit lune et archontes: il s'ensuit un cycle infernal et infini de morts et réincarnations (Samsara, notion transférée au monde sub-lubaire) avec notion-clé de *délivrance* soit pour le Dieu, soit pour nous qui sommes à son image, et qui, par le même mécanisme, nous approprions la vie éternelle[9].

Au fil des spéculations théologiques ou philosophiques on s'est éloigné de ce modèle dualiste lumière-ténèbres: la Trinité chrétienne nous propose un triumvirat marqué par l'institution typiquement iranienne du Parrain qui adopte et donne l'onction. De ces trois **personnes**, le Père est incontestablement Dieu, le Fils ou Verbe (logos proforikos) procède du Père tout en étant un avec lui (cf. Évangile de Jean), et le Saint-Esprit assume le rôle du Parrain (cf. les Actes des Apôtres sur l'Église naissante et les charismes ou dons de l'Esprit, ainsi que la formule du baptême associant le Saint-Esprit au Père et au Fils). Hiérarchiquement, la 3e personne de la Trinité semblerait reléguée vers le bas, pourtant elle correspond au Maître occulte ou Brahman qu'il est absolument interdit de blasphémer (cet interdit s'apparente au 2e commandement de ne pas nommer Dieu: plus spécialement l'hostie, celle qui était pour l'Orphisme l'âme dans le corps, est devenue le Saint des Saints, la Chambre nuptiale, cachée, de l'Évangile de Philippe, 125 et Actes de Philippe XXIX), à ne pas prononcer pour ne pas la profaner: on évite même de la regarder lors du sacrifice sur l'autel. Ce dieu sans nom est celui qu'on ne voit pas, qui n'inscrit aucune forme ou

---

[9] Face à la Trimurti brahmanique, on trouve dans le Samkhya classique, qui n'est pas théiste, une trinité de «modes d'être» ou *gunas*, qui sont **sattva** (lumière), **rajas** (passion) et **tamas** (ténèbres), correspondant à la suite enchaînée de passion-mort-résurrection. En Occident, on les appelle modes de la Substance (Spinoza).

chiffre dans le ciel. À la longue, on l'a quand même dessiné comme  et appelé Noûs ou Noun, ou (h)ostie, cf. fr. ôter = enlever et hôte, angl. Ghost (fantôme), all. Geist. La forme centum est 'octo', hectoplasme, c'est-à-dire spectre, ou forme de la lune 100, c'est pourquoi le nom ineffable d'Allah est le centième.

L'ineffabilité d'Elohim ou Yahvé est confirmée par Philon d'Alexandrie, Legatio ad Caium, § 353: «...une appellation qu'il n'est même pas permis d'entendre, encore moins d'exprimer en propres termes». Caius Caligula venait de l'articuler... Pourtant Plutarque (Quaest. rom. 61) révèle que les Romains avaient eux aussi une divinité tutélaire qu'il était interdit d'énoncer.

La religion iranienne, qui a été si féconde pour le christianisme en ce qui concerne le Parrain, connaissait aussi le dualisme inhérent à la Trimurti hindoue, dualisme paisible, qu'elle a transformé en une lutte acharnée de principes opposés: le Bien, Lumière d'un côté; le Mal, ténèbres, de l'autre (Manichéisme). Le combat eschatologique s'achèvera toujours par le triomphe du Bien, célébré par un banquet messianique en l'honneur de Mister AmΦi.

Le Manichéisme n'a fait que développer et porter aux extrêmes conséquences la doctrine gnostique du Dualisme en tant qu'opposition Bien-Mal, ou Vie-Mort, ou Fils de la Lumière et Fils des ténèbres ou bons et mauvais archontes (Paul ne cite que les mauvais dans 1 Cor. 2,6 et Eph. 2,2) qui sont respectivement les arcs tendant vers la lumière (lune croissante), et les arcs qui la contrarient (lune décroissante). La réforme de Zoroastre a réduit les archontes à deux: les jumeaux Manyu Spenta, S.E. du Bien, et Angra Spenta, Esprit du Mal.

En séparant les fils de la lumière de ceux de la perversité, la parabole de l'Intendant malhonnête (Luc 16,1-13) montre que Jésus, probablement initié par une secte comme celle des esséniens, a valorisé l'expression manichéenne. Par ailleurs lorsqu'il introduit une distinction entre les pouvoirs du Père et ceux du Fils, c'est à l'Un Arreton de Plotin ou au Noûs de Philon qu'il fait allusion quant au Père, tandis que le Fils apparaît subordonné. Il y a une mythologie qui envisage la subordination de la Lune au Soleil, et une autre qui l'envisage au sein même de la Lune. Jésus est tributaire de la première lors qu'il se présente comme l'Héritier (cf. Parabole des vignerons homicides, Mt. 21,33) ou l'Oint de la confession de Pierre, Mt. 16,16; de la seconde, lorsqu'il s'associe étroitement au Père (cf. logion de type johannique en Mt. 11,27: seul le Père connaît le Fils, seul le Fils connaît le Père; et Jn 14,10-11: «Je suis dans le Père et le Père est en moi»).

Il y a lieu de remarquer enfin que là où l'étape du dualisme ou lutte irréductible entre le Bien et le Mal (tout co-éternels qu'ils soient) n'a pas été franchie, la nécessité d'un Médiateur est d'autant plus ressentie qu'on transpose les deux pôles antagonistes sur deux sphères nettement séparées: le Haut et le Bas. Au retour de l'exil, la séparation entre le Ciel et la Terre où règne le Mal se creuse au point qu'on n'ose même plus prononcer le nom de Dieu. Jahvé agit par des intermédiaires: sa Parole, son Ange, la Shekina, etc. De là l'attente d'un Messie[10] qui puisse concilier les deux plans, qu'on puisse invoquer pour chasser les démons, ou représenter dans des icônes aux pouvoirs magiques.

La Trinité de l'Islam est révélée par la Sur. 53: trois sublimes déesses (Al-lat, Al-ozza et Manat) se trouvent dans la Caaba ou Cube noir (la troisième puissance qui englobe les deux autres).

La Trinité est dérangeante pour les hommes de bonne volonté en quête d'une super-religion planétaire qui rallierait toutes les religions strictement monothéistes. Mais une fois qu'on a établi quelle est la source du monothéisme, cette source est celle de la Trinité également. Il y a lieu cependant de distinguer entre les bonnes et les mauvaises trinités. Celles-ci méritent plutôt le nom de triades parce qu'elles associent sans unir. La trinité est *triple* — ce qu'on ne saurait pas affirmer de la triade.

*

* *

Que devient la Trinité dans les systèmes élaborés par les philosophes hellénistiques?

Pour Plotin et Philon, le Noûs correspond à Brahman, mais alors que la trinité du philosophe alexandrin est un concept uniquement anthropologique (soma, psyché et noûs sont les trois composantes de l'homme), Plotin échelonne une trinité d'hypostases (substantiae) qui sont le fondement de tout, le principe ou source de pensées, pure

---

[10] Missa serait en vieux-perse l'équivalent reconstruit des formes Mithra/Mitra avestique et mède, cf. R.-A. Turcan, *Mithra et le Mithracisme*, P.U.F., Paris, 1981, p. 13. Donc la formule «Missa est» est une concession chrétienne au mithracisme, tout comme probablement l'hostie élevée sur l'autel, mais ce rite est très ancien, comme suggère la forme de l'ankh égyptien.

Le Taurobolium a influencé lui aussi la phraséologie chrétienne puisque le fidèle reçoit (lat. accipere) le sang de la victime et est régénéré (in aeternum renatus). L'Eucharistie chrétienne prévoit que le communiant déclare en recevant l'hostie «Je ne suis pas digne de Te recevoir», cf. Prologue de l'Évangile de Jean: à tous ceux qui l'ont reçu, Il a donné le pouvoir de devenir enfants de Dieu.

transcendance. Le système de Plotin, tête de file du moyen-platonisme, est un monisme où l'idée de création est remplacée par celle de l'émanation, dans le but de résoudre le problème de l'un et du multiple. De l'En, qui contient les idées, émanent le Noûs ou Intelligence éternelle et la Pysché ou âme universelle, qui active les apparences phénoméniques y compris les âmes individuelles. La contemplation est la voie royale de retour à l'Un.

L'Égypte n'est pas en reste, en fait de triades. À Thèbes on a regroupé Amon, Mout et Konsu; à Edfu on trouve ensemble Horus, Hathor et Harsi. Et puis il y a celle inspirée du modèle familial, le Père, la Mère et le Fils, qui est à l'origine de la Sainte Famille offerte à l'adoration des chrétiens. Mais la Trinité chrétienne, qui pourrait la définir? À l'Esprit Saint est dévolue la fonction de Parrain avec ses sept dons, mais les théologiens chargés d'en faire un dogme aux Conciles étalés entre le IVe et le IXe siècle se sont égarés dans leurs labyrinthes et ont buté sur «Filioque». En Occident on veut que l'Esprit procède du Père et du Fils, alors que la sensibilité orientale exige une hiérarchie: l'Esprit procède du Père par le Fils (per filium). Ceci est important surtout pour le Fils, qui est mis au même niveau du Père, c'est-à-dire Dieu, par «filioque». Qu'on se rappelle, par référence, que le Verbe ou Logos n'était pas Dieu pour Philon.

À Babylone on a associé par exemple Anu (le ciel) à Enlil (air et terre) et à Enki ou Ea (le monde souterrain): on s'est éloigné du modèle orginaire (le brahmanique) parce qu'on n'a pas associé les trois aspects d'une même divinité, mais trois dieux ayant chacun un domaine où il règne. Toutefois il y a des réminiscences communes au moyen-platonisme puisque Enlil détient les 'Me' qui sont les idées, les normes rectrices de l'univers (en fait: les demi-lunes ou arcs).

Au temps de l'exil, les choses ont changé en religion et la Triade a été remanipulée: Anu occupe toujours la première place, suivi par Bel-Mardouk et par Ea/Ao. En reconnaissant au premier le statut pontifical, au deuxième celui de guerrier et au troisième (les eaux proligères) une action fécondante, on apporte un coup direct à l'idéologie indo-européenne. Et pour que ce ne soit pas un cas isolé, voici le panthéon aztèque, offrant

— un dieu des prêtres: Quetzalcoatl,
— un dieu de la guerre et de la chasse: Mixcoatl,
— un dieu de la pluie et de la germination: Tlaloc (à côté d'une grande déesse Toci, d'une déesse du maïs, etc.).

Les plus récentes des trinités ou triades sont celles inventées par

G. Dumézil, entre 1924 et 1985, dans une cinquantaine d'essais. L'idéologie de la fonction tripartie indo-européenne valait-elle un tel effort? Je crains que non, encore que, n'ayant pas lu l'œuvre de l'auteur, je la jugerai uniquement sur les résumés parus récemment.

L'alliance du pouvoir temporel et du pouvoir spirituel est de tous les temps et lieux y compris la plus ancienne civilisation chamito-sémitique: il suffit de songer à l'Égypte où le Pharaon est tantôt lié aux prêtres d'Ammon, tantôt aux prêtres héliopolitains pour exploiter le tiers état: ceci sur terre, tandis qu'au ciel la fonction guerrière est exercée par Horus, et celle de juge-souverain et magicien par Osiris (ou si l'on préfère par Aton, Amon, Ptah... les candidats ne font pas défaut). Pour parrainer les producteurs et la fécondité, il n'y a que l'embarras du choix.

Que l'idéologie tripartite soit une dérive du secret trinitaire de Dieu, on le déduit aisément du Pap. Leid. 350, IV, 21-22, qui réintègre la trinité égyptienne dans l'unité en disant que *Amon* est le nom du dieu caché, *Re* est sa face et *Ptah* son corps. Les trois font un. C'est ce que dit aussi le Pap. de Nesi Amsu, British Museum n° 10, 188, où Osiris affirme: étant un, je devins trois.

Pourquoi prêter seulement aux Indo-Européens la pratique de la séparation des pouvoirs? Même dans cette nation de prêtres qu'était l'ancien Israël il y a eu à une certaine époque séparation des pouvoirs: rois et prophètes, au-dessus du tiers état.

Les différents panthéons indo-germaniques ont été fouillés dans ce sens pour aboutir à des triades souvent artificielles et composées presque à la carte:

— le Panthéon latin a eu l'heur d'échapper à la mainmise parce qu'à Rome existait une triade en bonne et due forme: la Triade archaïque avec Jupiter souverain, Mars dieu de la guerre et Quirinus à vocation agraire (quoique martial à ses origines sabines);

— panthéon iranien: Ahura Mazda-Mithra (symbolisé par le disque ailé) assument ensemble la fonction de roi-magicien et de prêtre: la fonction guerrière est disputée, à votre choix, entre Rudra l'archer, Vayu, dieu du vent et de la force brutale, et Vartraghan armé de foudre, tandis que la fonction nourricière s'incarne dans la déesse Anahita et dans les jumeaux Nasatyas (Açvins);

— panthéon de l'Inde ancienne: ici le caractère arbitraire de la fouille est encore plus flagrant. La seule Trinité ayant jamais existé en Inde est celle rapportée par les Brahmanas, formée de

Brâhma Trimurti: les aspects production, conservation et
Viçnu transformation du principe divin,
Shiva

et qui éclaire la véritable nature de la Trinité chrétienne[11]. Mais Dumézil l'a écartée parce qu'elle n'était pas védique, c'est-à-dire indo-germanique et les caractères propres à ces dieux d'avant l'invasion aryenne ne convenaient pas à l'à priori dumézilite.

Il ne restait que fouiller le panthéon védique (Prajapati, Mitra, Varuna, Indra, Syria, Soma, les Açvins et quelques autres) pour décider que Varuna incarnait l'autorité magique et juridique, Indra la force de la guerre et les Açvins tout ce qu'il fallait pour assurer la fécondité. Qui cherche trouve.

La caste des brahmanes est pré-aryienne, puisqu'elle a pour protecteur l'Être Absolu, Brahman, ou l'avatar de Vishnu, Rama, des dieux étrangers au panthéon védique.

La perversion dumézilite s'est exercée évidemment aussi à l'endroit des Ases et des Vanes de la mythologie germano-scandinave, les premiers étant souverains et guerriers, les seconds des dieux agraires. Il n'y a que l'embarras du choix, car chaque divinité cumule plus d'une fonction; mais Donar-Thorr et Odin l'emportent parmi les Ases, et Freyr-Njödhr parmi les Vanes. Mais j'inscris à son crédit la sincérité de son inquiétude face au germanique Ragnarök pour son aspect eschatologique et destructeur: il l'étonne — alors que ce dieu est le portrait craché de Shiva.

L'école dumézilite retrouve les trois fonctions dans tous les aspects de la vie (conception de l'individu, l'univers et son histoire, la doctrine médicale... jusqu'aux gravures rupestres). Dans le domaine de la mythologie, cette école croit dur comme fer que les trois classes védiques — mais sont-elles védiques? — ont élaboré, chacune pour soi, trois cosmogonies: celle du dieu guerrier Indra tuant le dragon Vṛta, celle de Brhaspati maître du brahman, et celle d'un Artisan universel «Visvakarman». Mais l'Artisan universel n'est rien d'autre que le Démiurge platonicien qui crée l'univers, alias Logos johannique; la cosmogonie de la lutte entre le Serpent et un Dieu bon, Indra, en l'occurrence, renvoie au symbolisme du serpent creusant les entrailles de la lune.

L'approche dumézilite n'a épargné aucun domaine: talismans, bienfaits, calamités, tout y passe. Quant à la doctrine médicale, j'ai déjà dit

[11] Sabellianisme: la Trinité n'est pas l'union de trois personnes, mais les trois manifestations successives de l'unique essence divine: Père — Fils — Saint-Esprit.

que les Açvins ou jumeaux médecins sont les deux moitiés de la lune salutaire entrées dans le panthéon indo-européen. Mais l'école en question découvre le schéma trifonctionnel même pour l'art de guérir.

Récapitulant, la séparation des pouvoirs n'est pas une idée fixe indo-européenne; et les triades sont concoctées à la carte, sauf la Triade archaïque romaine.

Il est à craindre que de l'imposant édifice trifonctionnel étiqueté d'œuvre magistrale, *etiam periere ruinae*. À ceux qui ont lu ou liront les 50 volumes, de me donner un cuisant démenti.

Dionysos Zagreus

Le mythe du dieu sacrifié et mangé, celui de Jésus qui en partageant le pain a dit: «Ceci est mon corps; mangez...», a pris le départ probablement en Inde, où Purusha est l'homme premier dont le démembrement créa l'univers. En Grèce, cette créature divine s'appelle Dionysos Zagreus, enfant mis à mort et en lambeaux pour être mangé par les Titans.

Le petit reste

On peut donner une interprétation mythologique à la notion du petit reste parce que certains prophètes le comparent à un germe (ils songent à ce germe de lune qui n'est pas tué):

— pour le «petit reste», cf. Isaïe X, 21 et IV, 3 et Michée V, 6-7;
— pour le «germe», cf. Isaïe IV, 2. Dans l'Épître aux Romains 9,27, Paul parle d'un germe en citant Soph. II, 7-9 et III, 10-15.

Shintoïsme

Les Japonais affichent le soleil sur leurs drapeaux; son culte est l'un des plus anciens au Japon. Mais la cosmogonie lunaire explique la croyance dans un monde plein de forces opposées, appelées Kami, qui donnent naissance à toutes choses. À l'instar des 12 bons archontes qui affrontent les 12 mauvais, ces Kami sont les com-ma ou arc de lune, avec complément phonétique.

Le premier kami se rapporte au centre cosmique: c'est ici que se tient, à l'état de virtualité, l'énergie qui fait tout germer.

La sympathie universelle admise par le shintoïsme, malgré l'opposition des kami entre elles, repose sur l'origine commune à tous les êtres vivants, qu'on peut comparer à l'αρχή d'Anassimandre ou de l'apocalypse de Jean (3,14).

Création de dieux multiples

Lorsqu'on est confronté à la création de dieux multiples, comme les Kami du shintoïsme japonais, les Annunaki sumériens, ou les Ans dont El était le père d'après les textes de Ras Shamra, il s'agit des différentes formes de la lune enfantées au jour le jour. Le pluriel en -n (typique des verbes latins, sanscrits, et de certaines catégories de noms allemands) s'explique par le retour des enfants au sein du Noûs, ou Noun, ou Nin. Dans la pensée sémitique (pluriel en -m) le retour se fait au sein de Ma ou Me. C'est le Néant qui engendre.

Le pluriel sumérien en **ga** est éclairé par le préfixe collectivisant de l'all. **ge** (Ge-brüder, Ge-stirn, etc.) employé aussi pour former les participes passés, dans lesquels l'élément structurel suffixé -n (Noûs invisible) ou -t (**tau** de passion et mort) indique l'absence de lune, tandis que l'élément préfixe **G** est là pour témoigner que tous les petits sont rentrés à la base et qu'une nouvelle génération commence.

Le mythe babylonien de la création est d'abord un mythe de fabrication de noms: «lorsque en haut les cieux n'étaient encore *nommés*, et qu'en bas la Terre n'avait pas encore de *nom*... alors de leur sein des dieux naquirent, etc.» (I, 1-9 en Kramer, ch. 11 et 12).

On veut dire par là que la lune a engendré les différents arcs bien avant que les hommes trouvent des noms pour les désigner.

Cosmogonie hermétique

Le Traité de Poimandrès contient les éléments suivants:

L'obscurité, enroulée comme un serpent, s'écarte pour laisser passer le Verbe-lumière.

Le Noûs-Dieu (V, 7: le dieu invisible qui était avant toute chose) engendre un Démiurge qui engendre les gouverneurs (c'est-à-dire les archontes). Leur gouvernement s'appelle Destinée.

Ce Démiurge engendre aussi l'homme à son image, et lui livre la création.

Le Plérome s'appelle Ogdoade. L'homme après la chute doit traverser sept sphères pour l'atteindre et retrouver son statut de pneumatique.

Le Noûs a tous les noms parce que toutes choses sont issues de cet unique Père (8, V, 10), ce qui légitime la démarche d'inscrire dans le Noûs tout ce qui existe.

Orphisme

Deux traits caractérisent cette religion à mystères:

1) L'œuf primoridal, à comparer avec l'œuf pondu par Noun égyptien et duquel va naître un dieu qui organisera le chaos et fera surgir le multiple. Le symbolisme est évident.
   L'hindouisme et le shintoïsme, la théologie d'Hermopolis en Égypte et bien des légendes confient à l'œuf cosmique le rôle démiurgique d'engendrer l'univers.
2) Le dualisme de l'Être: l'âme est dans le corps, par analogie au corps christique sorti de l'enveloppe spirituelle et y retournant. L'élément éternel est celui qu'on ne voit pas.
   L'orphisme partage cette conception avec les pythagoriciens, Platon, les gnostiques et les manichéens.

Prajapati

Il y a du Japet père de Prométhée, mais surtout du Jupiter dans le nom de Prajapati et dans la façon qu'il a d'engendrer par émanation de sa propre personne.

Nous apprenons en effet par la Satapatha Brahmana 6-1-1 (les brahmanas sont des traités en prose expliquant le sens des formules sacrificielles) que ce Démiurge dont le nom est l'anagramme de Jupiter, était au commencement le Tout; cependant il désira devenir plusieurs et, tout comme Jupiter engendra de sa propre tête Minerve, il fit sortir par émanation de sa propre personne les Asura (frères aînés des dieux) et les hommes, la Terre, le Ciel et le brahman (qui est à la fois la triple science védique et le pouvoir du brahmane). Le monde entier existe par la force de ce dieu, qui est en même temps le fondateur du rite sacrificiel. Pour restaurer la divinité épuisée dans la création, on célèbre le rite d'édification de l'autel dont chaque élément symbolise une partie du monde et du dieu.

Malgré l'anthropomorphisme et le zoomorphisme poussé de la religion indienne, il reste quelque chose de la théorie émanationniste codifiée par Plotin.

Genèse

A) *Genèse 2,1,8*

C'est un jardin merveilleux qui sert de cadre au récit de la création selon Genèse 2,1,8 et à la mythologie grecque des Hespérides.

Des deux côtés on a un verger au milieu duquel s'élève un pommier aux fruits d'or selon la théogonie d'Hésiode, qui donnent l'immortalité; un arbre de Vie et qui confère la science du bien et du mal selon la tradition sémitique (dans la Baghavat Gita par contre il est question du figuier sacré et de la connaissance, mais la feuille de figuier est aussi une donnée biblique).

Au serpent tentateur entortillé sur le tronc répond chez Hésiode le dragon posté à garde des fruits, en renfort des Hespérides chargées de défendre l'accès du jardin. Je ne sais pas si l'on s'est avisé de faire le rapprochement entre les deux versions du mythe, d'autant plus que

Parad-is = Hes-périd-

mais il ne faut pas essayer de le localiser nulle part ailleurs que dans l'imagination des conteurs. Les citations telles les noms des rivières entourant le Paradis (= pratum) se rapportent non pas à la topographie du mythe, mais au monde des rédacteurs du récit, en équilibre entre les origines indiennes (Pradesh, ainsi que Eden issu de Udyana, jardin en sanscrit) et la Mésopotamie (akkad. Purattu, Euphrate, à comparer à Bharat, Inde).

Les Hespérides sont l'équivalent féminin de sa-farat-um («ange» en arabe, tandis qu'en hébreu gan = ange est le jardin) qui sont les esprits, séraphins ou chérubins armés de glaives flamboyants pour garder l'accès du Paradis.

Le serpent des uns ou le dragon des autres symbolise la puissance des ténèbres associée à Dieu créateur dans un jardin imaginaire, métaphysique comme les anges. La divergence entre la tradition jahviste et la mythologie grecque s'explique par l'apport personnel des rédacteurs à partir d'une source d'inspiration unique: l'Arbre de Vie, des anges gardiens de cet arbre et le serpent. Il est impossible d'enraciner historiquement un serpent qui parle. Non seulement les détails révèlent-ils des formes de société et des degrés culturels différents (par exemple il est question de statuaire dans la Genèse; de mœurs: tabou de la nudité, monogamie; Dieu créateur anthropomorphe, qui crée par ses propres mains, alors que dans le récit sacerdotal il crée par la Parole: il y a ici deux conceptions antagonistes de la création), mais il y a en plus dans la Genèse le thème de la déchéance, présenté en concurrence avec la Chute des fils de Dieu[12] du texte sacerdotal Gen. 6,1-4, qui entraîne la

[12] La croyance dans une fécondation métaphysique des femmes terrestres par les Anges (arcs de lune, étoiles) est à l'origine de ce mythe conservé dans la Bible.

perte de l'immortalité. Les deux versions du mythe montrent l'effort des hommes, depuis les époques plus anciennes, de résoudre la question de leurs origines et puis de leur déchéance. Ils en cherchent la cause dans une faute première et très grave qui à l'aune de leur expérience pouvait être un simple larcin, le vol de fruits défendus, proposé en deuxième relecture comme des symboles de connaissances ésotériques réservées aux initiés comme celles de l'ordre de l'alphabet magique. On se penche alors sur le thème de la condition humaine après la chute du ciel, ou l'expulsion du Paradis, souci qui semble absent des sources utilisées par Hésiode, mais qui hante la tragédie grecque à travers ses principaux représentants (Éschyle, Sophocle, Euripide) et se prolonge dans une série ininterrompue d'écrivains existentialistes.

Les éléments du mythe: l'arbre, depuis la simple tige à la synthèse de plusieurs plantes, est un des sujets le plus répandu dans l'iconographie sémitique; il est souvent couronné du disque ailé, ou entouré de deux personnes, créatures monstrueuses comme les sphynx, les licornes, les griffons qui s'affrontent, chacune occupant une moitié théorique de la lune. Mais l'arbre est unique et il symbolise le Bien, comme le Serpent entortillé au tronc est unique aussi, et symbolise le Mal. L'arbre sacré de Mésopotamie comporte fréquemment un nombre régulier de branches: 7, 14, 15 ou 30 par référence aux jours du mois lunaire.

Chez les Aryas l'arbre de vie distille le soma ou amrita, liqueur d'immortalité, mais il est également l'arbre de la science qui inspire poètes et philosophes (c'est sous un figuier que Bouddha a atteint l'illumination, tandis qu'Odin passa 9 nuits sous le figuier avant de découvrir les runes). On sait par les Védas que l'arbre du soma était gardé par les Gandharvas ou Centaures (en Perse, cet arbre s'appelle haoma et est gardé par les Gandrawa).

Le chréubin biblique est devenu un chien, Cerb-ère, gardien de l'au-delà infernal. Le cerbère et le serpent enroulé sur son corps sont les emblèmes de Pluton, roi des Enfers. Ceux-ci, dans la mythologie scandinave, s'appellent Nifleim rappelant les Néphilim bibliques, produits de la terre, opposés aux fils du ciel.

Que la place du chien soit aux Enfers, c'est-à-dire dans le côté pile de la lune, ressort du vocable hund-ert = 100 en allemand. Les Égyptiens le savaient (Anubis). Quant au *dog* anglais, il est éclairé par l'idéogramme cunéiforme **udug** qui signifie démon ou esprit de mort.

L'archange Gabriel, qui est le gardien du Paradis selon l'Islam, est l'anagramme de Chérub, ou aussi de karibu, génie posté à l'entrée d'un sanctuaire babylonien.

Le côté infernal, cerberesque, de Gabriel est livré par l'arabe Gharb = all. Grab (tombeau), fr. corbillard.

B) *Genèse 6*

Une autre tradition que l'Ancien Testament a tenu à conserver en ce qui concerne les origines de l'humanité se rattache directement à la croyance d'une insémination céleste des femmes terrestres. Les fils de Dieu ou Anges ont quitté leur statut éternel pour engendrer la race déchue que nous sommes. Le style mythologique du récit se justifie par la mise en cause du Mythe qui est le parent de l'humanité.

Le symbolisme des jumeaux au Proche-Orient

Les syzygies

Dès le IIe millénaire av. J.-C., les astronomes chaldéens avaient l'habitude de classer les lunes par paires, une croissante et une décroissante: ils appelaient Nanna ou Sin la lune croissante, Nergal la lune décroissante.

Les astronomes babyloniens tardifs, lit-on chez J. Starcky, *Le antiche divinità semitiche*, Roma, 1958 — RB 67 (1960), pp. 269-276, énuméraient au moins 7 paires de jumeaux, sans compter les variantes:

1) — Lugalgirra et
Meslamtaca (BM 86378)
qui sont les gémeaux majeurs; et six autres paires, qui sont les gémeaux mineurs:
2) — Lal
— Ninsar ou
3) — Palil et
— Ninsar (VR 46)
4) le couple
— Lulal et
— Latarak
sont les jumeaux se tenant devant Orion (BM 86378)
5) — Ninsar et
— Irragal = le grand Irra, épithète du dieu Nergal pour VR 46
6) — Nabu et
— Lugal
appelés les deux dieux (Shenailân)
K 2067 correspondant à Adah et Shamash

7) — Sharur et
— Shargaz
K 2067: régente du monde et fracasseur de l'univers.
C'est-à-dire le bon et le mauvais archonte.

Cette liste nous donne 14 noms de dieux, parce que chaque forme de lune était considérée une divinité à part. En fait, les divinités sont une trentaine.

Pour faire comprendre qu'il n'y avait pas 30 dieux, mais un seul, pour faire cesser ce facteur de discorde et de dispersion qu'était une telle pluralité d'adorations, Dieu a chargé les prophètes d'instaurer le monothéisme par la prédication du «Dieu unique d'Israël», qui s'est transformé par la suite en monothéisme national. Dieu s'est fait connaître comme l'unique, d'abord comme le Dieu d'Abraham, d'Isaac et de Jacob, puis sous son nom pour toujours.

Un tel souci d'unité est évident aussi à l'endroit du *Fils unique* (par exemple Év. Jean 1,14): il n'y en a pas 24, car l'engendré est toujours le même.

Barnasha

Il est le nom occulte de Dieu dans certaines prières anciennes. La forme féminine est «Bérénice». Quant à Co-pernic, nom prédestiné, il correspond à l'aram. Kebar enaš. Pour l'expliquer, nous pouvons songer à l'angl. 'brain' et à Varuna, la face invisible, le dieu de la mort pour lequel il faut porter le deuil, fr. berne.

Que Barnasha ne soit pas à lire comme Bar Nasha (fils de l'homme) ressort de la patelle, appelée bernique, mollusque à coquille ronde, désignant aussi un espoir déçu dans le français vulgaire, devancé en cela par l'it. pernacchia, parce que les mollusques sont particulièrement visés par le langage blasphématoire: ainsi l'huître, qui secrète la perle, petite lune, explique l'exclamation vulgaire it. «òstrega». Clément d'Alexandrie, dans Protreptique, écrivait que l'huître... vit, croît, subit les influences de la lune (biorythme ante litteram).

Le nom choisi par Jésus pour se désigner en rapport à ses prochaines souffrances est donc tout à fait approprié puisqu'il correspond à l'astre en train de se consumer. C'est pourquoi d'ailleurs les Arabes appellent «bournous» le manteau à capuchon qui les enveloppe presque entièrement.

Les années — semaines

La terminologie russe nous apprend que l'année ne durait qu'une semaine. Les Russes en effet appellent God (dieu) chacune des quatre premières années, en souvenir de la série complète de 4 phases (donc: une année = 6 ou 7 jours, et les Mathusalem n'ont qu'à refaire le calcul de leur âge), mais pour continuer, ils se servent de Let, qui veut dire été (leto). À partir de cinq donc, les années sont des véritables cycles solaires qui débutent par cette saison. Ceci est confirmé par la correspondance entre grec 'ear' printemps et all. Jahr, an. On a préféré à la longue organiser l'année autour de l'astre diurne, mais le calendrier lunaire est resté incorporé dans le calendrier solaire.

Angélologie

Les anges et les archanges sont d'abord la lune et ses formes, chacune étant réputée être une divinité indépendante. Lorsque Moïse reçoit la révélation de Yahvé, les messagers privilégiés du Dieu suprême sont l'Ange et la Parole. Celle qui a été longtemps la source de tout ce qui existe, naît, est pensé, recède maintenant à un rôle d'intermédiaire. Dieu n'agit plus directement, mais il envoie sa Parole, se fait représenter par son Ange, ou les anges.

Dans le judaïsme tardif, on invoque dans la prière du matin les deux anges (jezer), qui nous inspirent les bonnes et les mauvaises actions. Ceci correspond aux bons et aux mauvais archontes, respectivement ceux qui dégagent chaque jour davantage la lumière de la lune, et ceux qui l'obnubilent (forces des ténèbres).

En Babylonie, l'invocation des sept sages (apkallu) servait à conjurer les sept démons mauvais (lamastu). Là où le terme «ange» est inconnu, c'est «génie» ou «démon» qui convient.

Flave Josèphe: G.J. II, VIII, § 142) assure que les Esséniens juraient de garder secrets les noms des anges. Énoch en connaissait 150, consignés dans les livrs de la secte, à ne pas divulguer.

Les sept Anges gardiens mentionnés dans le Livre d'Hénoch, 20,1-8 se nomment:

Uriel	qui commande au monde et au Tartare,
Raphaël	qui préside aux esprits des hommes,
Raguel	qui exerce sa vengeance contre le monde de la lumière,
Michel	qui est préposé à la garde de la meilleure partie du monde, du peuple d'Israël et du chaos,

Sariel	qui est chargé de surveiller les esprits qui poussent les autres esprits au péché,
Gabriel	qui gouverne le Paradis, les serpents et les chérubins du Paradis,
Remiel	que Dieu a commis à la garde de ceux qui ressuscitent.

La Loi

En s'engageant dans les diatribes au sujet de la Loi, S. Paul opposait (2 Cor. 3,4):

— la lettre, qui tue (la loi de l'A.T.),
— l'esprit, qui vivifie (l'alliance nouvelle).

Le problème est mal posé, car l'esprit ne s'oppose pas à la lettre, mais lui donne le sens. L'opposition existe seulement entre les deux esprits (dualisme manichéen: esprit de ténèbres et esprit de lumière — alors que pour les philosophes indiens l'activité créatrice et l'activité destructrice se complètent mutuellement).

Lorsqu'une loi, ou un commandement, reste lettre morte, c'est par référence à une absence dans le ciel: il n'y a pas de lettres inscrites qui brillent, et les hommes sont désemparés.

Le Corpus des lois correspond au corps (mystique) des règles rectrices du cosmos.

Suivre la loi, les règles, n'a de sens que si celles-ci bougent sur fond de firmament.

Correspondance

Comme la correspondance est faite de lettres, qui doivent correspondre, je propose de donner ce nom d'abord à 🌛 en ligne avec 🌜, D en ligne avec ◑...

Le contrat céleste

On sait que Mitra était le dieu du contrat, et le Contrat lui-même. Ce terme nous introduit dans le cadre des négociations et comme au début celles-ci concernaient l'achat et la vente, de qui ou quoi s'agit-il lorsque le discours concerne le ciel? Qui est acheté? (lat. emere). Et qui est racheté? (lat. redimere). Le participe passé de «emere» = empt-um correspond à l'angl. empty, vide. Pendant le vide qui dure trois jours la lune est en état d'achetée et il faudra la racheter, lat. reDimere, en offrant en sacrifice un bouc ou un mouton. Lorsque le captif a été redemptus, il devient à son tour le Redemptor parce qu'il rachète les péchés de la collectivité (cf. le mythe du Sauveur Sauvé dans le Chant de la Perle de Thomas).

Le gage qu'il faut dégager est peut-être ce Gog de l'Apocalypse de Jean 20,8 ou Ézéchiel 38 (et avec voyelle degré zéro: les IGIGI ou génies akkadiens).

La genèse des notions de délivrance, rachat, rédemption, n'est nullement historique, mais bien mythologique, céleste. Le chantage s'exerce lorsqu'on exige, pour libérer l'otage, un prix de plus en plus élevé (des hécatombes, parce que cent est la NL), sans quoi l'obscurité persiste (angl. black-mail).

Le Sacré Cœur

La dévotion du Sacré Cœur de Jésus s'est progressivement répandue depuis le XIe siècle, à partir d'écritures, ainsi que dans la piété d'âmes comme S. Bernard ou S. Marguerite, à laquelle Jésus révéla le dessein de sauver les hommes par son cœur.

On chercherait en vain dans les évangiles une allusion au cœur de Jésus, y compris au sujet de ses plaies, puisque le coup de lance le frappa du côté droit.

Il ne peut non plus être question d'un culte des reliques, car celui qui est emporté au ciel, emporte tout.

Ce cœur que Jésus nous présente à la contemplation veut nous rappeler en fait son rôle de médiateur. C'est Platon qu'il faut lire (La République), là où il fonde l'État sur l'âme de l'homme qui est triple: intelligence (la tête), courage (le cœur) et instincts (le bas ventre), auxquels correspondent les trois classes sociales de la Cité: les gardiens ou philosophes, les guerriers ou aides, les artisans ou cultivateurs.

Le problème, pour Platon, était de savoir comment parvenir à la justice (curieux le choix de ce terme, alors que «ordre» ou «paix» aurait mieux convenu).

Or les instincts n'écoutent pas la voix de la raison, pas plus que l'artisan ne se soumet spontanément aux philosophes, sans les bons offices d'un Médiateur (cf. Épître aux Hébreux 9,15). Dans l'homme, selon la doctrine platonique, le Médiateur est le cœur; dans la Cité, le guerrier. Quand le cœur et les guerriers se soumettent à l'intelligence et aux lois, et ils les imposent respectivement aux instincts et aux artisans, alors la *justice règne*.

Les théologiens du christianisme nous offrent par le biais du symbolisme ce que l'école de Platon enseignait à ses adeptes. En nous montrant son cœur rayonnant, Jésus nous rappelle que personne ne va au Père sans passer par lui.

Un autre point de contact entre l'Académie et la théologie chrétienne est cet Amour/Eros qui parut si nécessaire à Platon pour atteindre la connaissance (Banquet); dans la littérature johannique on trouve Dieu = Amour (1 Jn 4,16).

Le mystère de la Chambre nuptiale

Tout comme la notion de moitié, celle d'entièreté ou *totalité* repose sur la lune. C'est évident lorsque celle-ci atteint la plénitude, mais il faut de l'intuition pour imaginer qu'elle redevient entière après le dernier quartier et avant le premier du cycle. Mais en fait, les astronomes de l'Antiquité n'avaient pas de doutes à cet égard si l'on compare

lat. tot-us, tout et l'all. tot, mort, le dieu des morts Toth,

tandis qu'on a soin d'infixer le Noûs ◉ là où le terme contient l'idée d'*ensemble*, à savoir:

lat. cunct-: tous les membres ensemble (le Noûs qui récupère tous les quartiers)
grec pant-, all. ganz (cf. hébr. géniza = lieu caché).

Mt 18,14: «Votre Père qui est aux cieux ne veut pas qu'un seul de ces petits se perde» (la tâche du Berger céleste est de ramener les petits au bercail).

Cette image rejoint celle, gnostique, de la Chambre nuptiale où les deux moitiés (les deux époux) se retrouvent pour une hiérogamie ou accouplement mystique, qui va engendrer les syzygies par paires (un croissant et un décroissant).

La représentation d'une cérémonie de mariage mystique, désigné en grec «mariage secret», était très populaire dans l'art grec archaïque et dans l'art hittite (Bitik, près d'Ankara, vers 1400 av. J.-C.).

La Chambre nuptiale était le plus haut sacrement gnostique. Plusieurs textes gnostiques y font allusion:

1) l'Évangile de Philippe, 125:
«Or, la Chambre nuptiale est cachée. C'est le Saint des Saints. Le voile dissimulait d'abord de quelle manière Dieu gouvernait la créature. Mais lorsque le voile se déchirera et que l'intérieur sera manifesté...»

2) le logion 104 de l'Évangile de Thomas:
   «Quand l'époux sera sorti de la chambre nuptiale, qu'ils jeûnent et ils prient...»
3) Actes apocryphes de Philippe, XXIX:
   «Le Seigneur lui dit: «Philippe, voici, ma chambre nuptiale est prête et heureux est celui qui a son vêtement brillant car il est celui qui reçoit la couronne de la joie sur la tête».
4) Grâce à Clément d'Alexandrie, Strom. III, 1, 1, nous savons que pour les Valentiniens le monde supérieur s'organisait en syzygies, et il était séant de s'accoupler.
5) Pour l'union de l'âme et de son époux, qui est aussi son *frère*, dans la Chambre nuptiale, cf. l'Exégèse de l'Âme, Nag Hammadi II, 6, p. 132, 21.

On prête aux deux moitiés de la lune la même variété de sentiments et attitudes humaines.

Même la notion du Bien et du Mal en tant que prise de conscience d'actes contraires à l'ordre et nocifs à la collectivité s'enracine dans la source de lumière aux prises avec les forces des ténèbres qui l'étouffent, la persécutent, l'humilient, la dérobent, la dépiècent, la mettent au cachot et la tuent par pure méchanceté gratuite.

Stylistique

La parole, on l'écoute. Et le silence? Bien qu'inaudible, il appartient lui aussi au domaine de l'écoute. Et pourtant:
— le silence, on l'observe, on le rompt,
— les commandements, on les observe,
— le secret, on le livre (il faudra donc dé-livrer l'otage),
— la justice, on la rend (restitution de ce qui est caché/voilé),
— l'injustice, on la répare (elle était en morceaux, abîmée, endommagée),
— la fonction, on la remplit.

L'implicite

Dans ce mot, im (in) n'est pas une négation, mais l'opposé de 'ex' et veut dire «dedans».

La négation n'est pas la seule notion qui correspond à ◉, lu 'n' dans toutes nos langues et signifiant: il n'y a pas.

À une étape ultérieure, on comprend que bien qu'invisible, la lune existe quand même, mais «**dans**» sa coquille, en tant qu'œuf primordial (orphisme); ou dans la Chambre nuptiale, en tant que couple (hiérogamie ou noces mystiques, cf. l'Év. apocr. de Philippe, XXIX: Le Seigneur dit: «Voici, ma chambre nuptiale est prête et heureux qui a son vêtement brillant»).

La lune est donc im-plicite, c'est pourquoi la préposition **in** s'écrit ◉ comme la négation et toutes les langues l'ont adoptée (in, en, ein, inter, endo, dans, infra...) sauf le russe qui emploie B.

L'identité de «ce qui n'est pas» ou «ce qui est dedans» correspond au Logos ἐν-διάθετος, le Verbe antérieur à la création pour Théophile d'Antioche (doctrine antiochène), qui se manifeste comme Logos προφορικός. La particule «pro» est typique de l'émanation.

La Gnose

La démarche cognitive est progressive, parce qu'elle accompagne la naissance de la Source ou de l'objet de la connaissance:

lat. nosco	à cfr à	nascor
it. co-nosco	à cfr à	nasco
fr. connaître	à cfr à	naître
angl. know, knew	à cfr à	new (lune nouvelle)
all. kennen	à cfr à	be-ginnen (commencer)
gr. gi-gnosko	à cfr à	gi-gno-mai (devenir)
russe snat	à cfr à	natch-at (commencer).

L'all. wissen, savoir, se rattache à weiss, blanc, comme la lune naissante.

Ceci concorde avec la définition qu'on donne de la Gnose: connaissance par révélation. Les traits essentiels de la Gnose sont le dualisme lumière-ténèbres et la création par émanation.

Ethnica

Pour désigner les pays qui portent presque toujours le nom du dieu éponyme (père ou mère des habitants qui ont fondé une ville-état), les plus anciennes écritures nous apprennent qu'on se servait de déterminatifs, dont **ki** ou **kur** en sumérien, soit en préfixe soit en suffixe. La tendance à suffixer s'est généralisée puisque, même avec d'autres déterminatifs plus explicites comme «tania», «matia», «terre» ou «land» on a composé des noms tels la Mauri-tanie, la Dal-matie, l'Angle-terre, le Finn-land , le Deutsch-land, le Nederland, etc. Les habitants toutefois n'ont pas toujours incorporé le second élément: il y a Néerlandais et

Dalmatiens, mais simplement Anglais, Finnois, Deutsche. Il en a été de même pour les deux grandes îles de la Mer Tyrrhénienne: la Sardaigne et la Corse (lat. Corsi-ca, avec déterminatif en -c). Les habitants s'appellent respectivement Sardes et Corses (les premiers étant, recto verso, les Teresh cités par les textes égyptiens comme un des Peuples de la Mer). Le déterminatif de la Sardaigne est ñ (ŋ) qu'on retrouve aussi dans la ville qui l'a colonisée: Cartha-gin- formé de Qart (Ougarit) = ville en phénicien, et de l'ange disloqué (jinn arabe). Cet élément a servi à préfixer, dans la Sardaigne elle-même, les Monts Genn-argentu.

Καρ(χη)δών ou Carth-age signifient le 'cardo', axe nord-sud d'une ville bâtie par des gens habitués à se repérer par rapport à l'Ourse. Le hiéroglyphe ⊕ pour ville est bon pour l'arabe Qart, pour russe gorod, pour tous les Cart-, Cert-, Cort- et aussi pour la forme satem Sard(es) et Sard(aigne) avec spécialisation (darse = port, entrepôt). Le Yard ou Jardin ne fait pas d'exception à la règle, c'est pourquoi les quatre bras du fleuve qui sortait de l'Eden seraient le croisement d'un Cardo archétypal avec le Decumanus. Dans le nom grec de Carthage, l'infixe, qui rend la forme de la ville, est le Taw phénicien translittéré X par les grecs. Le nom originaire de la ville punique devait être Qartaŋ, mais on a escamoté le ◉ du groupe ng et allongé la voyelle du thème (O bien rond: Cartag-☺), parce qu'on a décidé que la lune est entière seulement au nominatif, tandis que pour le génitif et les autres cas, sauf le vocatif, l'astre décline: pour marquer cela, on a sorti le Noûs invisible et on a amenuisé la voyelle (o > i). Suivent cette règle plusieurs noms en -o dont imago, origo, cardo, ordo, torpedo, incudo, libido (le cygne en russe, page 224, devenu symbole des pulsions, forme contractée de ci-gogne associée à la procréation, présage des enfants à venir, car on commence à entrevoir un lien entre la libido et les naissances).

Les Carthaginois vouaient un culte sanglant à Moloch; les Tyriens se faisaient représenter partout dans la Méditerranée par Melqart, dans lequel il faut voir, camouflé derrière des affixes, la divinité tutélaire du négoce et des colonies: Hercule posté à garde du détroit de Gibraltar. Mais le véritable dieu des navigants était Poseidon, qui n'est rien d'autre que Satan, ou le dieu éponyme de Sidon avec préfixe P. Il était l'égal de Zeus, mais c'est sur les eaux qu'il régnait sans partage: ainsi des temples lui furent-ils érigés là où les Phéniciens faisaient escale après avoir survécu aux tempêtes: Athènes, Cap Sounion, Tarente, Paestum (avec allusion à Satan/Poseidon, car les divinités honnies par les judéo-chrétiens comme Satan, ou le Dragon, ou le

Serpent des ténèbres, recevaient un culte ailleurs, notamment en Orient, et chez les Phéniciens qui, dans le cas de Sidon, pensaient avoir été conçus par leurs mères avec la coopération du dieu caché).

Les pronoms personnels

Dans nos langue, la 1ère personne s'est largement imposée comme issue du lat. me (fr. moi) réservé aux cas obliques; toutefois ce pronom a existé aussi au nominatif, comme le montre la conjugaison suffixale de certains verbes grecs (ex. di-do-mi) et latins (er-am).

Son concurrent 'je' s'est imposé sous différentes formes, dont lat. et gr. ego, all. ich. Le possessif sumérien (première langue connue) est biforme: mu et gu (mon, ma mes...).

S'il paraît évident qu'on a tutoyé la lune pour la prier, la supplier, lui faire des remontrances, d'où le pronom Tu (Du, etc.) pour la 2e personne, et si la 3e personne est venue à l'existence parce qu'on parlait de lui-elle, comment expliquer la 1ère personne? L'homme a dû réfléchir sur son identité et chercher le moyen de l'exprimer. Soit a-t-il pris comme modèle l'ange (sum. nga = me en emesel), soit s'est-il tourné vers un autre terme de comparaison. L'origine conventionnelle des pronoms de 1ère et 2e personne pourrait pour une fois ne pas être la lune, mais la numération.

Je dis ceci pour aider mes détracteurs à démolir les fondations lunaires de mon édifice.

Les deux premiers chiffres, au vu de certains éléments, auraient pu orienter l'identité des interlocuteurs:

— pour ego, cf. sanscr. eka, 1,
— pour tu, Du, tibi, tebià, cf. sanscr. dva, 2, angl. two.

L'angl. emploie la voyelle i pour la première personne, mais en l'écrivant majuscule: I = 1. Ou alors s'agit-il d'une réminiscence du Personenkeil ou coin cunéiforme accompagant les noms des personnes?

Ces personnes qui sont moi et toi, sont devenues au pluriel nous et vous. En ce temps-là, l'anglais et le russe faisaient bon ménage. On a fait valoir que ces deux langues, tout en étant indo-européennes, n'ont rien en commun. C'est un peu exagéré. Par exemple, Russes et Anglais ont une façon identique de rouler la liquide l. La nécessité est la même en angl. (need) et en russe (nado). Russe noga, jambe, est comme l'angl. knee, ou l'all. Knoch-en, os-fémur en rapport de réciprocité comme l'angl. bone, os, et l'all. Bein, jambe. Génitif: *of* outre-manche, et *-vo, -of* et *-ef* suffixé en russe à titre de gentilice (Roman-ov). Angl. fitz (fils) = russe -vitch.

Les négations not et niet s'entendent bien.

La progressivité de l'action est très à la mode en russe (verbes duratifs) et en anglais (au moyen des participes).

Mais en se séparant, les ancêtres des Anglais ont retenu qu'on leur disait Vü (= vous), ainsi ont-ils continué à se désigner comme We (= nous) (glissement de sens).

La 1ère personne du pluriel se présente très hétéroclyte: We en angl., Mü en russe, Nos en lat. en concurrence avec mü russe, parce que la flexion verbale prévoit m-s à la 1ère pers. plur. (ex. eram: 1ère plur.: eramus). Donc au départ 'm' a servi de base pour moi et nous.

Héraldique

Chaque blason indique quel était l'animal inscrit dans l'astre (soleil, lune ou constellation) auquel on prétend remonter par insémination divine. Si c'est l'ours, il s'agit d'avoir pour père-mère une des deux constellations consacrées à l'ourse; si c'est le chien, il s'agit d'avoir Syrius pour arrière grand-ancêtre, ou la lune, hund en gotique. Oui, on peut avoir ses pénates dans la face cachée de la lune, sous différents noms, comme on a vu aux pages 125-130.

Numismatique

À cause de *pecus* = *pecunia*, on pense que la monnaie, qui marque la fin du troc, représente la contre-valeur en bronze d'une brebis et qu'on aurait frappé à l'effigie de la brebis la monnaie de change. Je dirais plutôt que la moneta en tant que (Junon) Moneta est la contrefaçon de la «mente» ou de l'all. Monat et qu'elle affiche l'animal ou l'arbre consacré à la divinité elle-même, qui était par ici la brebis, par là la vache, ailleurs la chouette (Athéna) ou un éléphant (tétradrachme du temps d'Hannibal, IIIe siècle av. J.-C.), ou un bélier (statère de Croesus, VIe siècle av. J.-C.), un taureau à Sibari, Pégase ailé sur une décadrachme de Carthage. Janus bifront était l'effigie de l'as romain, Méduse celle du statère napolitain. À Syracuse, sur le demareteion (anagramme d'Artemid-), c'est la déesse de la lune, Artémis, qu'on a frappée, entourée de quatre dauphins. Par ailleurs l'all. Münze correspond à it. manzo (veau).

Enseignes apotropaïques

Les trophées sont les parties de l'animal qu'on a abattu à la chasse, et plus spécialement celles qui sont le plus à craindre: griffes, défenses et ramure. Leur exhibition servait à éloigner les malheurs (grec apotropé — on fait les cornes avec les doigts pour détourner maladies et autres revers). C'est pourquoi il faut croire qu'étaient des cornes les théraphim volés par Rachel à son père Laban (Gen. 31,34).

Totémisme

Le Totem est par définition l'ancêtre fondateur d'un clan et peut revêtir forme animale ou végétale, ce qui entraîne l'interdiction de consommer la chair de l'animal qui l'incarne.

Étant le siège de cultes négatifs, Freud s'y est intéressé dans la mesure où le sentiment de culpabilité aurait sa cause dans les tabous (sexuels, d'inceste, d'endogamie) que tout totémisme comporte ensemble avec l'interdiction alimentaire, qu'il a expliquée par un refoulement oedipien (désir de tuer le père).

L'origine de tous ces tabous est par contre celle révélée dans la IIe section de ce livre: inscription dans le Tau ou dieu mort (tot-em) de l'animal ou végétal qui est aussi le père putatif du clan.

Zoolâtrie

Avant l'émergence de l'*homo sapiens loquens*, nous ne savons pas quel était le regard porté sur les animaux, mais sans doute ce regard n'était-il pas artistique. Les chapelles sixtines de l'aire franco-cantabrique (la grande affaire de Breuil) sont des farces de facture récente, mais comment le faire admettre après tout ce qu'on a publié là-dessus? Les chefs-d'œuvre d'Altamira et de Lascaux avaient été d'abord évalués à -40.000, suscitant le scepticisme des préhistoriens. Les spéléologues ont dû alors faire des concessions allant jusqu'au Néolithique (-8.000). C'était sans compter avec les mammouths et les buffles géants, disparus de la région depuis longtemps. De nouvelles concessions se sont imposées, cette fois dans l'autre sens, entraînant une datation mésolithique: -16.000.

Sont-elles concevables des brutes qu'un raptus de créativité pousse à quitter la nature pour s'enfoncer avec torches, burins et colorants dans de longs corridors souterrains ou des calanques, dans le but déclaré d'illustrer de mémoire des scènes de chasse d'animaux qui n'existaient même plus? Et que dire de leurs soucis pédagogiques, puisque ils montraient *ce qu'il savaient* (cœur peint en rouge dans le mammouth de la grotte de Pindal, en Espagne, radiographie du poisson dans l'Abri du poisson, respectivement n° 479 et 480 de l'*Encyclopédie Illustrée de l'homme préhistorique*, de J. Jelinek — Paris, Grün, 1975).

Souvenez-vous de la supercherie de l'homme de Piltdown (montage de crâne humain et mandibule de singe)! Breuil et le C 14 nous ont bien eus.

Si les supercheries avaient seulement eu comme conséquence de faire vivre les équipes préposées à la conservation des sites, ce ne serait pas si grave. Pour récupérer l'argent dépensé, l'Etat pourrait toujours vendre aux enchères les blocs gravés ou peints, d'autant plus que la valeur artistique est incontestable. Tant pis si les directeurs des sites préhistoriques, d'ailleurs fermés au publique, seront reduits au chômage technique, et avec eux les gardiens des fidèles réproductions exécutées pour notre édification dans des salles annexes.

C'est sur le plan scientifique que la duperie entraîne des conséquences fâcheuses: on se croit obligé de placer le démarrage culturel dans ces régions occidentales bénies par l'éclosion de l'Art, alors que, comme on verra bientôt: *ex oriente lux*.

Les représentations animales doivent être envisagées en liaison avec l'écriture et la nécessité de baptiser les choses et les êtres, pour communiquer: la motivation n'était pas du tout artistique au début. Bien après, dans les foyers les plus anciens de civilisation dont nous avons connaissance, l'Egypte ou Sumer par exemple, l'Art fait irruption dans le domaine religieux avec un déferlement d'associations fabuleuses pour l'iconographie des dieux, monstres et génies tutélaires mi-hommes mi-bêtes, ailés ou non, ornés toujours d'attributs animaliers. Il est ardu de comprendre pourquoi l'homme doué de raison de l'époque historique ait pu concevoir des idoles aussi éloignées de l'observation et diviniser les bêtes depuis le scarabée jusqu'au serpent insidieux.

La zoolâtrie ne se justifie pas sur le plan rationnel. Si l'animal est maléfique, on le craindra, sans pour autant le vénérer. S'il est utile, l'homme le dompte, le monte, le cravache, le dégrade à bête de somme, en tire sa subsistance (lait, bouse) ou l'engraisse pour en faire un bon rôti. Il n'y a pas de quoi diviniser et adorer des proies apprivoisées.

La zoolâtrie des Égyptiens choquait Plutarque; tout comme il rejetait l'évhémérisme, il pensait qu'il fallait retenir uniquement le symbolisme des animaux associés aux dieux et aux déesses.

L'apôtre Paul stigmatisait l'égarement des hommes qui «ont troqué la gloire de Dieu immortel contre des images de l'homme corruptible, des oiseaux, des quadrupèdes et des reptiles» (Ép. aux Romains 1,23).

Saint Anasthase (Contre les païens) rejoint Paul et Plutarque: «Certains sont descendus si bas dans leurs pensées, qu'ils ont inventé des êtres qui n'existent absolument pas...[et] les honorent comme des divinités tels, ici, des dieux à tête de chien, à tête de serpent ou d'âne».

L'union, dans la divinité, de l'humain et de l'animal choquait la raison chrétienne.

Le chien est le meilleur ami de l'homme, doit-il être pour autant porté sur les autels? On prise la noblesse du cheval, mais «noble» n'est pas «divin». La vache est considérée sacrée en Inde, et on prétend que c'est à cause de son utilité, à commencer par le lait qu'elle donne, etc. Mais pourquoi pas la brebis alors, qui fournit en plus du lait la laine? Il faut remonter très haut pour expliquer le caractère sacré de la vache, la «vache intarissable» de la mythologie indienne. Son parèdre le Taureau est consacré lui aussi, et il est accompagné de sept vaches sacrées sur les murs de la IIe chambre de la tombe de Nefertari (septem-triones). Sous différents noms, en Égypte, en Inde et à Crète plus particulièrement, le taureau et la vache paraissent recevoir des hommages dus à des dieux: la déesse Hathor à Denderah, le taureau Boukhis couronné du disque solaire à Thèbes, le bœuf Api à Memphis, incarnation animale de Ptah; le taureau Mnévis à Héliopolis: il porte lui aussi le disque solaire entre ses cornes. Le Minotaure[13], également appelé Asterios, recevait un culte sanglant dans une Crète légendaire. En Inde, le taureau Nandi servait de monture à Shiva (une sculpture gigantesque de ce taureau surplombe la ville de Mysore). Sur les tablettes de Ras Shamra en Syrie, c'est El le taureau fécond qui, au IIe millénaire av. J.-C., gouverne le ciel et la terre.

La zoolâtrie se fait à l'échelle du monde des idées. Grâce à leurs cornes, les bovidés qui comptent parmi les premiers animaux apprivoisés, se prêtaient à épouser les formes de la lune, croissante ou décroissante, ou la demi-lune (alpha, angl. c-alph), qui fécondait les femelles à son image, de telle sorte que veaux et vaches ont été baptisés en son nom et lui ont été consacrés (les héliolâtres les ont associés au soleil). L'association au dieu suprême était de nature ésotérique; les artistes initiés savaient pourquoi ils représentaient les dieux avec des cornes et un disque solaire ou le croissant lunaire sur la tête: la main-d'œuvre exécutait d'après les ordres reçus et le peuple adorait... Si Chagall a peint des vaches volantes, c'est plus en interprète du subconscient collectif que par perversion créative.

Après les bovidés, on a rapporté au dieu suprême les animaux des

[13] Ecriture syllabique de Mithra (sacrifices de taureaux), avec N infixe comme Mantra, Mentor, Montre, it. mentre (courte parenthèse d'invisibilité). Météore.

habitats respectifs: le cerf, l'éléphant (gr. elaph pour les deux), le lion, le serpent, les oiseaux... tous y sont passés, avec des appellations similaires souvent, comme couleuvre et colibri, ours et angl. horse, cheval, all. Hirsch, cerf; loup et lapin; ég. sobek, crocodile et russe sabaka, chien; angl. goat, chèvre et it. gatto, chat; all. Kalb, veau et kalbu = chien dans les langues sémitiques; tous ces homophones s'expliquent par la loi de la co-attribution, impliquant cohabitation forcée.

Et puisque la lune ou le soleil ne pouvaient pas les contenir tous, on les a déplacés sur les canevas tendus par les constellations. Le chien s'est ainsi trouvé en compagnie de Sirius, le taureau en compagnie d'Aldébaran; le cheval a élu domicile en Pégase. Le cas de l'ours est tout à fait particulier: on l'a logé dans la Grande ou la Petite Ourse non sans raison, car ces constellations indiquaient le chemin de retour aux contrées nordiques sur lesquelles il dominait en seigneur (mais son nom d'origine est bien celui de l'arc: gr. ark-t-, satem ours). Par la suite le cheval (horse) et les bœufs (septem-triones) ont été attelés aux chars célestes, mais l'importance de l'ours était si prégnante que même si cet animal n'est pas de ceux qu'on attelle, on continua de parler du Char de l'Ourse plutôt que du Char des bœufs.

Dans l'ésotérisme, le soleil et la lune sont devenus rapidement anthropomorphes. La seconde plus spécialement prêtait ses contours aux différentes parties anatomiques. Les dieux sont devenus comme des hommes; dans la déesse Hathor par exemple, représentée comme une femme parée de cornes, c'est la lune (Thora) que les Égyptiens adoraient, avec la vache comme attribut sacré. Anubis, divinité cynocéphale de l'au-delà ténébreux, est, lui aussi, dieu de la face cachée de la lune auquel on avait consacré le chacal (she'ol) ou le chien: cf. all. Hund et gotique hund = 100, ou russe cot = Sotis.

Toth dieu lunaire également, celui qui, disaient les prêtres égyptiens, avait inventé les hiéroglyphes au ciel, prit la tête d'un ibis. Vénéré à Éléphantine, Khnoum, dieu créateur, a la tête d'un bélier (cf. all. Schaf, mouton, et schaffen, ou gr. krios, bélier, et créer).

À mesure qu'on inscrivait les différentes espèces dans le modèle céleste, plusieurs attributs animaliers se rencontraient sur l'image d'un dieu: le serpent, l'oiseau ou ses ailes, pattes ou queue de chèvre, oreilles ou cornes de vache...

Les oiseaux avaient une place privilégiée dans le ciel, c'est pourquoi les dieux sont munis d'ailes, à défaut de recevoir une tête d'oiseau.

En puisant dans un tel répertoire magique, les sculpteurs et les architectes de l'Antiquité ont flanqué les portes des palais de monstrueux chérubins ailés, mi-hommes mi-taureaux, tandis que des sphinx hybrides montent la garde des nécropoles.

L'anthropomorphisme est sous-jacent dans la plupart des cas, mais lorsqu'on l'a mis de côté, l'ésotérisme étrusque a produit la chimère, le phénicien a enfanté les griffons, celui de l'Extrême Orient le dragon ou, en pays khmère, des cobras à sept têtes. L'art pascuan — un ésotérisme atrophié parce que la chiurme, composée probablement de bagnards en fuite, dont un Cananéen, s'était coupée des sources vives de la connaissance — a produit l'homme-oiseau et l'homme-lézard. Je ne partage pas le goût d'Éluard et de Breton qui auraient donné tout l'art roman, les cathédrales, le château de Versailles pour un objet d'artisanat local. Les gargouilles qui ornent les frontons des cathédrales montrent à quel point on respectait certaines traditions païennes. Mais la forme la plus répandue et recherchée a été celle de l'ange, image asexuée pourvue d'ailes, non plus symbole terrifiant de la divinité supérieure, mais intermédiaire, ami de l'homme.

Les Grecs et les Romains, qui pour être entrés bons derniers dans l'histoire païenne n'en ont que mieux affiné la perception du monde, ont retenu uniquement l'aspect anthropomorphe de leurs dieux et ont classé les animaux sacrés ou les arbres, tels le laurier ou le chêne, au rang d'accessoires ou attributs des divinités; ainsi la rationalité était sauve, et la tradition respectée. Il n'y a aucune raison de faire de l'évhémérisme et supposer que Zeus et Héra, ou Jupiter et Junon, aient formé un couple de souverains préhistoriques régnant sur les tribus paléo-grecques ou paléo-latines.

Beaucoup de légendes d'ailleurs ne se seraient pas formées sans le concours de la fiction mythologique qui associait ou identifiait astres et animaux: tel par exemple le récit de Zeus aimant Léda sous la forme d'un cygne (lequel était la monture de Brahma, dieu suprême du panthéon indien — un autre point de contact est celui déjà vu en Prajapati).

En présence d'une transformation zoomorphe d'une divinité anthropomorphe, l'explication se situe au niveau des constellations, elles-mêmes réceptacles de tout ce qu'on a rapporté aux astres du jour et de la nuit.

Dans l'Apocalypse syriaque de *Baruch* 51,10 et 11 (*Vies d'Adam et Ève, des patriarches et des prophètes*, Cahier Évangile, Suppl. au n° 32, Éd. Cerf, p. 106), nous lisons:

> «Ils [les justes] ressembleront aux anges, ils seront comparables aux étoiles» (cf. Mc 12,25).

> «Les espaces du paradis s'étendront sous leurs yeux, et leur sera dévoilée la majestueuse beauté des animaux qui sont sous le trône [de Dieu], ainsi que toutes les armées des anges».

Les animaux sous le trône dont il est question en Baruch, sont ceux du Zodiaque, voire de la Face cachée, ou éclairée.

La vie, la mort, le mariage, le veuvage, l'adultère, l'inceste, le parrainage, l'accouchement, etc. sont des notions terrestres et célestes à la fois, la lune étant la Chambre nuptiale des textes gnostiques. Le couple placé au sommet d'un Panthéon serait donc la personnification des deux moitiés (ne dit-on pas «ma moitié»?), animées de sentiments et même de défauts très peu divins et tout à fait humains.

Je parachèverai ce chapitre en indiquant les affinités les plus marquantes entre les dieux et les espèces animales et végétales:

En Égypte: Rê est représenté comme un homme à tête de faucon; le scarabée (Käfer) incarne Khephri, soleil matinal; Isis est parfois une déesse-vautour; Horus est symbolisé par le faucon (à Edfou, où il a son sanctuaire principal); Khnoum a une tête de bélier; son épouse Hécate a une tête de grenouille; Anubis est associé au chien; Amon a comme animaux sacrés le bélier et l'oie; Mout, épouse d'Amon (qui veut dire «caché») est figurée sous la forme d'un vautour; leur fils Khonsu, dieu-lune, a une tête de faucon; Seth, ennemi de la lumière, reçoit, au début du IIIe millénaire (époque thinite) une tête d'âne ou d'oryx; Ptah a été assimilé au taureau Apis; Sekhmet, son épouse, est une déesse-lionne; l'attribut de Nefertoum est le lotus; les animaux consacrés à Atoum, patron d'Héliopolis, sont le lion et le serpent; Hathor a été représentée comme une vache; Thot, patron des magiciens, est représenté sous forme d'ibis et les babouins lui sont consacrés (son culte est propre au XVe nome de la Basse Égypte: Hermopolis); Apophis est le serpent; Montou le griffon; Souknos était vénéré à Arsinoé comme crocodile; un autre crocodile, Sobek, était vénéré à Kom Ombo; la déesse Thouéris était vénérée comme hippopotame à Hermopolis. Bastet était la déesse-chatte. De plus, on donnait la forme de serpents aux quatre couples formant l'Ogdoade concoctée par les théologiens d'Hermopolis.

En Mésopotamie: on a consacré le tamaris à Anu, le palmier à Tammuz, le cyprès et le taureau à Adad; le dragon à Marduk avec allusion à la mythologie asiatique; le renard à Enlil.

Panthéon phénicien: le lion et le scorpion sont consacrés à Ishtar.

Panthéon romain: avec la foudre, l'aigle et le chêne sont les attributs de Jupiter; le cygne, l'olivier et le laurier sont ceux d'Apollon; le caducée et deux serpents entrelacés représentent Mercure; la chouette

était l'attribut de Minerve, Varuna au féminin, précédé de Mi, chouette égyptienne.
Panthéon indien: en plus des espèces de l'habitat dans lesquelles s'incarnent les très nombreux dieux indiens (éléphant, tigre, serpent, lotus...), il faut rappeler les avatars de Vishnou: poisson, tortue, sanglier, lion, à expliquer comme animaux inscrits d'abord, et manifestés ensuite.

On aura remarqué que le grand absent de cette liste est le cheval. Il est pourtant inscrit dans la lune en double exemplaire, tout d'abord parce que lat. equus signifie «égal», donc une moitié = l'autre moitié. Toutefois il ne faut pas oublier qu'on peut avoir la même forme mais un esprit différent, opposé même. Platon le savait bien, qui comparait l'âme humaine à une bige dont un cheval est noble et l'autre possédé des instincts les plus bas. Cette donnée ésotérique survit dans la bige étrusque: un cheval blanc et un alezan, tandis que le blanc Arjuna et le noir Krishna forment la paire, assis dans le même char.

Le symbolisme du cheval en tant qu'archonte destructeur est exploité dans l'hindouisme, puisque Vishnou doit s'incarner dans Kalkin, le cavalier apocalyptique préposé à la fin du monde (ce sera son dixième avatar).

On croit, par connaissance ésotérique et point dogmatique, que chacun de nous est tenu par une paire d'anges, qui président à la bonne et à la mauvaise inspiration. La Mundaka Upanishad, III, 1,1 en fait autant en distinguant deux oiseaux dans un même corps, l'un supérieur et l'autre inférieur.

Normalement, les oiseaux à plumage noir ont été considérés des messagers de malheur et de mort, comme les corbeaux par exemple, tandis que la colombe a été assimilée directement au Saint-Esprit et plus particulièrement à celui donné au Baptême. En l'appelant Taube, les Allemands la considèrent tabou[14].

Parce qu'ils pondent les œufs, les oiseaux et les serpents ont été tout naturellement assimilés à la lune qui était l'Œuf primordial de l'orphisme. Le serpent d'ailleurs, à cause de la mue périodique, avait une raison supplémentaire d'y être associé, ce qui lui a valu l'honneur d'orner les têtes de Pharaons et des dieux (Horus par ex.), d'être nourri aux frais de l'État (sur l'Acropole d'Athènes) et d'être adopté comme symbole de guérison (cf. Moïse, Esculape, et de nos jours comme

[14] On la sculpte sur les fonts baptismaux comme symbole (paulinien) de mort et résurrection données par ce sacrement, gr. βα-πτ-ισμός à cfr. à russe ptiza, tout comme l'all. Taube correspond à Taufe et τάφος.

emblème des pharmacies). Cependant, cet ange déchu, **naga**, a été honni comme symbole du mal, comme Satan. Pour composer les contraires, on l'imaginera lové dans les entrailles de la déesse lune, dans sa partie cachée, où il s'identifiait au principe du mal, grec po-ner-os, ténèbres, le méchant, le diable (avec ner = noir, c'est-à-dire la puissance des ténèbres). On a donné le nom de Satan aux puissances infernales du monde d'en haut, et χθon- à celles qui vivent dans les entrailles de la terre (la race des vipères, ophidienne), à l'œuvre pour faire triompher le mal dans toutes ses acceptions: péché, maladie, injustice, mort.

On ne fait pas toujours une distinction lexicale entre le cygne et l'oie, qui sont au centre de plusieurs cosmogonies. Le terme russe pour cygne est le-be-d qui renvoie à Léda-oie aimée par Zeus-cygne, et dont l'infixe b représente le cadre où le cygne a été logé. Par allusion à cet acte de volupté, on a forgé le mot **libido**. La mythologie nous est de secours pour prouver les affinités terminologiques.

a) Le cygne est associé à la création du monde dans une version hindoue de la cosmogonie: le monde manifesté (ce terme nous dit qu'il s'agit de la lune) provient d'un œuf (orphisme) porté sur les eaux (sans doute primordiales) et couvé par un cygne — Hamsa. On retrouve ce récit aux quatre coins du monde: chez les Égyptiens, les Chinois, certaines tribus africaines et chez les Grecs où l'œuf est conçu par Léda, l'oie, après son union avec Zeus-cygne. Il n'est pas absent de la mythologie wagnérienne.

b) L'oie. Dans la tradition celtique on ne fait pas de différence entre cygne et oie. Les peuples altaïques assimilent l'oie sauvage au cygne et par là à la vierge céleste fécondée dans une hiérogamie qui rappelle celle, égyptienne, de Nout (ciel) et Geb (terre).

L'oie fait l'objet d'un interdit alimentaire chez les Bretons (Jules César, de B.G. 5,12).

Les Russes (qui ont donné au busard le nom de la 'lun') réservent l'appellatif d'**oie** pour la femme aimée; l'angl. Lady est également une allusion à Léda, qui était d'ailleurs la mère des Dioscures. Même le jeu de l'oie aurait une signification ésotérique.

Voilà donc comment se justifie l'étymologie russe le(be)d = Léda, oie.

Le coq a été par contre associé au soleil parce qu'il l'annonce tôt le matin. Les Japonais disent que son chant fait sortir Amaterasu, déesse du soleil, hors de la caverne où elle se cachait. C'est pourquoi les temples shintoïstes entretiennent des coqs dans leurs enceintes.

Pour avoir été divulgué et vénéré sous des formes animalesques, on comprend que Dieu ait signalé l'ordre de ne pas le représenter, sous quelque forme que ce soit: notamment ces mascottes que les nomades emmènent avec eux (ourson, singe, perroquet...), qu'on n'a pas perdu l'habitude d'accrocher aux véhicules modernes. Ces animaux étaient ceux dessinés dans la face cachée parce que mascotte = escamoter.

La Belle et la Bête

La Grande Déesse, la Mère Sublime, la Bonne Fée souriante, secourable, miséricordieuse, rayonne sur la face éclairée, périodiquement pourchassée par un monstre, le Dragon, la Bête qui l'oblige à chercher refuge dans un lieu caché pour mettre au monde le Divin Enfant qui doit venir rétablir l'ordre en haut et en bas. Tel était certainement l'enseignement des premières apocalypses; dans celles plus récentes, dont la plus aboutie est l'Apocalypse de Jean, les auteurs ont transposé au microcosme le rapport de force du macrocosme. À Qumran on avait convenu d'opposer les enfants de la lumière aux enfants des ténèbres (ou du monde) accusés de toutes sortes de machinations. Dans l'Apocalypse de Jean, la Bête campe l'arrogance du pouvoir romain, et plus précisément, dans le chapitre XIII, 1-16a: Caius Caligula, tandis que la bête chiffrée des versets suivants est CLAVDIVS = 666[15]. Il fallait additionner les lettres latines. La devinette du chapitre XVII renoue avec Daniel: les sept rois sont les empires babylonien, mède, perse, macédonien, séleucide, romain, le septième est Hérode Agrippa, le huitième est le sixième, c'est-à-dire Rome (ce que j'ai exposé dans *La Bête de l'Apocalypse*, Monaco-Bruxelles, 1991, dépos. Peeters, Leuven). Deux mille ans d'exégèse ont donc suffi pour dévoiler le mystère (cf. A. Läpple, *L'Apocalypse de Jean*, Paris, Cerf, 1970, p. 168).

Sagesse indienne

L'Inde éternelle puise essentiellement à deux sources: le védisme et l'hindouisme (ou brahmanisme).

Le premier a reçu l'étiquette d'indo-européen; son panthéon est dominé par Indra, célébré dans plus d'un quart des hymnes du Rig-Véda.

L'hindouisme est la richesse autochtone pré-aryenne. Les brahmanes,

---

[15] Epiphane paraît s'en douter, lorsqu'il place l'exil à Patmos d'un Jean nonagénaire sous le règne de Claude (Haer. LI, 12, 33).

qui collaboraient avec les rois aryens en tant qu'officiants du culte, y ont puisé les éléments structuraux de la religion nationale, dite Loi (Sanatana Dharma: Loi éternelle); le panthéon est dominé par la Trimurti: Brahma, Vishnu et Shiva, très éclairante pour la Trinité chrétienne. Les dieux aryens tombent dans l'oubli.

Brahma correspond à russe Vremia, Temps;
Vish-nu correspond à russe Viech, la Chose (et Fish, le poisson qui a été son premier avatar);
Shiva est en même temps le chef, l'essence du 'sheva' (élision), l'all. schief (faux), le cheval.

L'autorité acquise par les brahmanes leur a permis de se hisser au sommet de l'échelle, évinçant les chefs de guerre qui détenaient le pouvoir, et de prétendre à un statut presque divin.

A. *Les castes*

La subdivision de la société indienne en quatre grands ordres, dits **varna**, est un fait religieux codifié par la Loi de Manou vieille de trois mille ans. Cette hiérarchie a été actualisée vers 200 après J.-C. et n'a jamais été abolie: l'art. 17 de la Constitution votée sous Gandhi en 1949 prévoit uniquement la suppression de l'intouchabilité. En théorie, tous les hommes sont égaux en vertu de l'étincelle divine qui les anime, mais le système des castes est une garantie de stabilité sociale que personne n'a intérêt à faire disparaître. Ces quatre castes sont:

— Les Brahmanes, issus de Brahma, ou de Rama, avatar de Vishnu; ils se distinguent par leurs coutumes alimentaires et leurs règles de conduite. Ils détiennent le monopole de la religion et de la connaissance.
— Les Kshatriya (dieu éponyme: Castor), qui ont rang de noblesse militaire et constituent la composante aryenne de la société. Ils comprennent les guerriers rajpoutes. C'est Castor qui leur a enseigné à faire comme lui: se marier dans sa caste. La vocation martiale est connotée aussi par lat. castr-a.
— Les Vaishya (nom retourné de Shiva ou dérivé de Viç-nu), parmi lesquels les Banya spécialisés dans les prêts d'argent et les échanges monétaires. Commerçants.
— Les Shudra (à rattacher à Sider, l'étoile, cf. russe Go-sudar-s-tvo, gouvernement, et [centum] assyr. Koudour-rou, pour stèle = étoile), qui exercent des métiers artisanaux ou s'adonnent à l'agriculture.

Même s'ils s'enrichissent remarquablement, la barrière qui les sépare des autres trois castes est considérée tout aussi infranchissable que celle qui empêche les out-cast ou intouchables d'accéder à l'état du shudra, malgré l'abolition décrétée. Car les Indiens sont respectueux des traditions, censées être une forme de volonté divine.

On pense couramment que l'adjectif portugais casta a donné le terme «caste» en tant que classe sociale. On a même tiré de cet adjectif deux substantifs: la caste et l'inceste, qui n'ont apparemment aucun lien de sens avec la qualité d'être chaste.

La caste a plusieurs équivalents dont hindi varna et jati. On est de la même caste (terme qui s'applique surtout aux privilégiés: caste sacerdotale, guerrière) lorsqu'on se réclame de celui ou celle qui engendre en se coulant, angl. cast, en moulant ses rejetons (cf. jeter et hindi jati) ou ses pousses (cf. all. Trieb, bourgeon, et lat. tribus et stirps), tout comme race est à rattacher à racine, ou raDical, et razza à rhiza.

En Inde il y a une caste par excellence, dite Varna par référence à Varuna (commun aux Indiens et aux Iraniens), dieu invisible qui maintient l'ordre du monde, la face sombre et terrible de la divinité (en tous points complémentaire de Mithra qui est la face claire et bienveillante), dans laquelle on a inséré le Démon, et en effet Ravana, anagramme de Varuna, est le roi des Démons dans le Ramayana. La hiérogamie célébrée par les deux demi-lunes en Varuna, patron des Kshatriya, a été interprétée comme un ordre (all. warnen) pour les rois et les guerriers de se marier entre eux. Il fallait être purs et sans mélange comme leur dieu. Les brahmanes, patronnés par Mitra, et les deux autres classes se sont conformés à l'interdiction de partager le lit et la table avec des étrangers; toutefois il me paraît que le terme «varna» a d'abord visé les seuls rois et guerriers. On remarquera en outre que si varna signifie couleur, Varuna devait être brillant, ouranien. C'est le cas pour verano = été en espagnol, soit pleine lune, antagoniste d'in-vierno qui correspond à la nouvelle lune (les quatre saisons sont dénommées par décalque des quatre phases). Or, l'avestique hvarenah, appliqué à Ahura Mazda, connote bien la splendeur. Il y a donc un retournement de perception quant à Varuna, noir et invisible pour les Indiens, face resplendissante pour les Iraniens, tout comme il y a eu retournement à l'endroit des Devas et des Asuras (dieux et démons en Inde, démons et dieux en Perse). Et Varuna est resté Asura, même en Inde.

Le système des quatre varna ou castes (d'où sectes? c'est-à-dire cercles fermés, rattachés à leur divinité éponyme) étant d'ordre divin, aucune loi humaine ne saurait l'enfreindre, c'est pourquoi les parias pas moins que les brahmanes (entre-temps montés au sommet de l'échelle, s'étant mis au service des conquérants aryens) résistent à l'abolition des barrières sociales. Seulement la réincarnaiton permet de migrer d'une classe à l'autre. Le concubinage avec une femme de caste inférieure était admis seulement après le premier mariage contracté entre égaux. Abraham était un adepte de l'endogamie, ayant épousé sa demi-sœur, ce qui n'étonne pas, puisqu'il y a du brahmane dans son nom. Resté veuf, il a épousé par exogamie.

Chez les Pharaons, qui se réclament de Varuna, il était courant de se marier entre frères et sœurs, usage repris par les Ptolémées.

Le nom de caste se rattache non seulement à l'angl. cast (couler le prototype dans un moule), mais aussi à Hestia, déesse grecque du feu à laquelle on dédiait des temples circulaires même lorsqu'on a appris à bâtir carré. Le feu védique Agni (lat. ignis, ange) était vénéré sur trois foyers (ce qui explique la Trimurti, les trois natures de l'Être Suprême). Le sacrifice offert à Hestia est l'hostie qu'on brûlait sur l'autel (la hasta arrondie par O) avec identité victime et bénéficiaire. Hestia est comparable à l'angl. Ghost, all. Geist et Gast (l'hôte), lat. augustus et hostis (otage), puis à Cast-or, demi-lune, celle qui épouse son âme sœur, son égale et est père-mère des Kshatriya patronnés par Varuna. Loin d'avoir produit l'idée de «caste», l'adjectif chaste en est dérivé: on considère chaste celui ou celle qui ne se commet pas avec les ressortissants d'autres classes, en se conformant au modèle de la «Casta Diva». De la même manière, l'in-ceste signifie endogamie (endo-caste).

Le système des isoglosses permet d'établir que tout comme en Inde les deux classes vraiment privilégiées sont celles des prêtres (brahmanes) et des guerriers (filiation de Castor), les Dravidiens sont, dans la Gaule découverte par César, ces Druides hautement considérés qui s'occupent d'affaires religieuses et de sacrifices et partagent le pouvoir avec la classe des cavaliers-guerriers. Il est aussi possible que les Nerviens soient le nom retourné de Varuna, et que le cheval (Shiva) traduit en lat. equus, soit le père spirituel des Equi (Aquitaine). C'est pourquoi la Gaule pourrait renvoyer au caballus, Gaul en all. (cf. Héliogabale empereur romain) et le coq des Wallons ne serait qu'une adaptation tardive calquée sur la Gallia.

B. *La sotériologie*

C'est à la doctrine du salut qu'on reconnaît la religion fondée par un initié. Mais de quoi l'homme veut-il être sauvé? De la souffrance, dit Bouddha; de la malédiction de la Loi, du péché, dit S. Paul; de son propre corps, qui est la prison de l'âme pour les ascètes et les culteurs du yoga.

Mais si nous réfléchissons sur le prototype céleste, la délivrance concerne surtout le destin de la source de lumière périodiquement persécutée par les forces du mal, escamotée et étouffée. Le samsara, la chaîne infernale de morts et de renaissances, nous concerne tout autant que la lune. En Inde, berceau du culte lunaire (pages 242 ss.), la délivrance domine la religion et la philosophie. Le Bouddhisme est une immense sotériologie, visant à délivrer du désir pour délivrer de la souffrance. Qu'on l'appelle salut, libération ou délivrance, il y a peu d'aspirations aussi enracinées dans l'âme humaine et dont on ait si mal connu l'origine. Le prophétisme hébraïque connaît ce terme aussi: Isaïe par exemple, que Jésus cite selon Luc 4,18 («Dieu m'a envoyé annoncer la délivrance aux prisonniers»). Jésus proclamait surtout le Royaume et la vie éternelle, mais en redonnant la santé aux malades il les délivrait des démons. Les théologiens du christianisme ont présenté le Messie en Sauveur et Rédempteur parce qu'ils se sont formés à l'école de la gnose, elle-même héritière des traditions initiatiques de l'Orient hindouiste. Le trait caractéristique de la gnose est le salut par la connaissance, et même si la philosophie indienne préfère le terme «délivrance», l'enseignement est de la même veine: pour le Samkhya qui prêche un dualisme matière-esprit dans lequel il n'y a pas de place pour la souffrance, qui ne concerne que le corps et est étrangère au «soi», la délivrance viendra de la révélation du Purusha (le Soi), bien que Patanjali recommande aussi les pratiques ascétiques du yoga pour atteindre le Samadhi, autre synonyme de délivrance où l'âme se confond avec le connu. Le but de la connaissance libératrice est donc l'identité du «soi» avec l'Être Suprême (pour une variante du yoga, le Hatayoga, le corps de l'homme se dilate à la dimension de l'univers). Dans l'approche moniste des Vedanta (a-dvaita) qui est propre des sectes çivaïtes, le corollaire de la doctrine est le même: délivrance par jnana, la connaissance.

L'originalité de l'approche vishnuite, qui à la différence des shivaïtes reconnaît la réalité au monde, qui n'est pas Maya ou illusion, consiste dans la Grâce que l'Être Absolu fait aux hommes de «descendre» sur terre sous un aspect humain glorieux et de s'offrir pour l'union mystique avec lui, qui confère la délivrance. Il est intéressant de comparer la théologie paulinienne et surtout augustinienne à ce qu'un docteur télégu affirme au sujet du culte (dévotion ou Bhakti) adressé à Krishna, avatar de Vishnu: la délivrance repose entièrement sur la Grâce divine. Le bon vouloir de Dieu de sauver est gratuit. Mais la grande différence entre cette approche et la théologie de Paul réside dans l'affirmation de ce dernier que c'est la Foi qui sauve (opposée aux œuvres — et il n'est jamais question de connaissance, alors que «révélation» est monnaie courante).

Le Bouddhisme, qui est lui aussi né en Inde, signale par la bouche de son fondateur que ce dont on veut se délivrer est la douleur. Mais le moyen prêché est toujours le même: la connaissance, dont les piliers sont les quatre sacro-saintes vérités, proclamées dans le discours de Benares. Le pilier de la prédication de Jésus était par contre la foi (par la foi vous obtiendrez tout ce que vous demanderez; par la foi on délivre des démons et des esprits de maladie). Les deux approches ne sont pas aussi contradictoires si l'on songe que c'est en *sachant* qu'on triomphe de la peur de rester à jamais orphelins de la source de lumière (on a vu que connaître s'explique par naître: la connaissance délivre du cauchemar), et que cette forme de connaissance n'est autre que la certitude, persuasion intime, *la foi.* «La foi est une ferme assurance des choses qu'on espère, la démonstration des réalités qu'on ne voit pas» (Épître aux Hébreux, 11,1).

C. *L'avatar*

Le retour périodique d'un dieu est éloquent quant à sa signification primaire. L'humanité ne peut pas se passer de cet espoir (cf. par exemple l'imam caché, le retour d'Élie, le IIe avènement du Christ, ou tout simplement des hommes providentiels qui paraissent au moment de crise pour sauver le monde, ou une nation). Mais lorsque ces avatars prennent forme animale, comme ceux de Viçnu, il s'agit de la manifestation de ce qu'on a inscrit au dos (terg-um = aFatar, lat. vertere).

Ce n'est pas pour vous amuser, mais pour vous enseigner des vérités ésotériques que l'illusionniste sort des oiseaux, des lapins, des bouquets de fleurs etc. hors de son haut-de-forme inépuisable.

En connaissant l'importance donnée en sanscrit aux voyelles, **avatar** s'écrit avec **a** degré plein, parce qu'il se révèle (manifestation), tout comme il y a degré plein pour l'all. Wort, le Verbe incarné, tandis qu'il y a degré zéro, *i,* **pour all.** Wirt, l'hôte qui reçoit (Wirt étant le noyau d'Am-phitr-yon, encadrée entre une Mi et le Noûs).

La période correspondant au terg-um représente une pause dans le cycle: la trêve, it. tregua. Elle durait trois jours, d'où la notion latine de 'triduum'.

D. *L'Absolu*

La richesse de la spiritualité indienne est telle qu'épuiser le sujet dans un seul livre s'est avéré impossible et chaque auteur en est réduit à proposer un choix personnel des mythes, des dieux, des doctrines et des pratiques qui lui paraissent plus typiques. Partout on retient cependant le but de l'ascèse, qui est *l'union avec l'Absolu*, à savoir (selon la terminologie occidentale) celui qui, reconnu innocent, est acquitté, absout des crimes imputés. C'est donc l'union avec le Christ qui est le but recherché; christianisme et hindouisme remontent à une même tradition, élaborée comme théologie dans les Épîtres de S. Paul, comme philosophie dans les Védanta.

Définition de l'art

Un inventaire des définitions de l'art devrait donner des résultats amusants, chacun ayant son idée et ses critères d'appréciation (harmonie, somptuosité, sobriété suivant les goûts personnels).

Mes critères à moi les voici: l'art se mesure en *fidélité au message ésotérique* de la collectivité qui le porte, et on peut être assuré qu'une telle fidélité sera d'autant plus évidente que le style (roman, gothique, baroque pour ne citer que ceux qui s'appliquent à l'art européen à partir du triomphe du christianisme) est pur et dépouillé. Chaque peuple a ses expressions qui lui sont propres. L'œuvre d'art est bien là où elle a été conçue. La pyramide du Louvre, fût-elle plaquée d'or, pourrait-elle jamais prétendre à être classée? Un temple gothique aurait-il quelque chose à dire aux Japonais, et une pagode pourrait-elle chez nous remplir le rôle de cathédrale?

Essayons maintenant de faire parler la pierre. On a d'abord tracé des plans circulaires parce qu'on a bâti d'abord en s'inspirant du Grand Architecte de l'Univers.

Les **ordres** qui se rapportent aux différents styles de colonnes (dorique, ionique, corinthien) n'avaient pas à l'origine une fonction portante, mais étaient disposés tout autour comme pour imiter la voûte céleste. Filles des grossiers menhirs ou cromlech, les colonnes (qui s'appelaient stèles, c'est-à-dire étoiles) sont censées reproduire l'ordre du firmament. Par la suite, le souci tout grec d'harmonie et de rationalité l'emporte sur l'ésotérisme. Le numéro d'or des colonnes était 6 x 13 ou 8 x 17. Stonehenge est un site à pierres dressées autour d'un cercle, dont l'axe est à orientation solsticiale. Il correspond aux croyances des druides deux mille ans environ avant J.-C.

L'archéologie nous enseigne que les premières réalisations humaines étaient rondes, et pour cause: de quel modèle carré ou rectangulaire disposaient les hommes primitifs? Les temples et les maisons étaient donc circulaires, et le toit une coupole. Lorsqu'on a bâti carré, les briques sont restées à bosse ronde. On a aussi essayé d'imiter le modèle arc (ou voûte), mais il a fallu de l'ingéniosité pour y arriver; l'arc est entré tard dans l'art de bâtir. Lorsqu'on a quitté le rond pour le carré, on a retenu le bateau comme plan de l'église, qui s'appelle Naos en grec; elle a des «nefs». On s'est aussi inspiré de l'oiseau lorsqu'on dit «les ailes» d'un bâtiment.

Les maçons, ou du moins les maîtres-d'œuvre, exprimaient dans la pierre des secrets ésotériques, dont la notion trinitaire, qui comme on sait existait bien avant les conciles du IVe siècle, c'est pourquoi les églises, les temples, les mausolées ont trois portes (et si la porte est unique, elle est surmontée de trois fenêtres). Souvent, une des trois portes est plus grande que les autres, et donne sur la nef principale, là où on a voulu marquer que, des trois aspects de la divinité, il y en a un qui est plus puissant. Une cathédrale qui ne respectera pas le nombre de portails comme indiqué, ne pourra pas se prétendre bâtie dans un style pur, même si l'ensemble est harmonieux. C'est souvent le cas pour les styles de transition.

Parmi les autres secrets des cathédrales, on rangera les fenêtres: les bifores sont les deux volets de la lune, souvent surmontés d'une rosace (le Noûs); les fenêtres aveugles représentent les jours sans lune.

Les temples gothiques sont, plus que les églises romanes ou baroques, les héritiers des ensembles de menhirs à cause de leurs flèches élancées vers le ciel étoilé.

Depuis le triomphe du christianisme, la notion principale avec celle de la Trinité est la Croix (grecque, latine) mise à la base de l'édifice. Elle n'empêche pas aux nefs de coexister dans le plan.

L'abside est le Saint des Saints, le réceptacle de Ψ, d'epsilon et upsilon, de la basilissa qui a donné le nom à la basilique. Le plan basilical étant plutôt circulaire, on doit arguer que la basilissa était d'abord la lune, mais par la suite a pu devenir l'étoile du nord: on a parfois l'impression que le corps de l'église avec sa structure 4 + 3 vue de l'extérieur, soit une réplique de la constellation de l'Ourse. Ceci s'avère surtout pour les cathédrales gothiques, c'est-à-dire celles qui sont acculturées au nord de l'hémisphère.

*
* *

Ce n'est pas parce qu'elles ont une destination laïque que les maisons de l'Antiquité se dérobent à la nécessité d'être circulaires. Les fouilles des plus anciens sites montrent que les plans étaient ronds. D'ailleurs les peuples restés primitifs et vivant dans les forêts ont pour maisons des paillottes rondes.

Quant à l'urbanisme, les ceintures des villes rappellent l'ancienne forme de la cité. C'est pour rationaliser qu'on est passé du rond au carré. La fondation d'une ville était un rite et nous savons par les Étrusques que la voie principale allait du nord au sud et s'appelait «cardo», avec allusion probable à l'étoile polaire. Elle était coupée transversalement par le Decumanus.

Le nom de la ville en égyptien est n-YOUT=TAW-n, et le hiéroglyphe ⊕ représente le carrefour formé par le Cardo et le Decumanus, à l'instar de la lune coupée en 4 quartiers, archétype de la cité. En retranchant *n* (déterminatif de la pierre), il reste TAU=la croix. A verser dans le dossier: Teno-titlan, ville aztèque conçue comme le modèle en hiéroglyphe.

La ville est une association de quartiers, même si entre-temps leur nombre dépasse largement quatre, cf. Psaume 122,3: Jérusalem bâtie comme une ville *associée à elle-même*.

LE SOUFFLE CRÉATEUR
(le berceau du langage conceptuel)

I

Si α est la première lettre de nos alphabets, il n'y a aucune raison de lui contester cette priorité historique. Le Principe du Tout l'affirme d'autorité dans la Bhagavat Gîtâ, X, 33: «des lettres je suis l'a», à confronter avec l'Apocalypse de Jean.

C'est elle qui a inauguré l'alphabet, parce qu'on l'inspirait consciemment en correspondance des phases lunaires, cf. Bhagavat Gîtâ XV, 14, et mon exposé sur «les deux esprits» à la page 31. Elle est translittérée comme un coup de glotte dans les manuels spécialisés, mais de fait, α s'est travaillée dans la trachée ou même les poumons, où se situe l'inspir (ἀ) et l'expir (ἁ): prâna upanishadique. Le vrai acronyme d'alpha n'est pas a, mais ha- avec ache bien plus souvent inhalé qu'exhalé et très difficile à prononcer dans le langage articulé, c'est pourquoi il a disparu pour laisser la place à la voyelle pivot. Le fait qu'on qualifie «h» de consonne «aspirée» alors que nous l'expirons, prouve qu'il fut un temps où elle était aspirée à l'intérieur. Les Bochimans et les Ottentots le font toujours d'ailleurs: ils articulent en inspirant, en produisant des sons avulsifs, dits «clicks».

L'esprit doux et l'esprit rude ne sont pas une exclusivité grecque parce qu'en Égypte ils correspondent aux deux principes de l'âme humaine: le Akh (aspiré jusqu'à la plénitude) et le Ka (expiré), c'est pourquoi «passer à son Ka» signifie «exhaler le dernier soupir» et c'est au Ka du défunt qu'on érige les monuments funéraires. Si on ne voit pas le rapport, la notion de «Ka» échappe à une définition, comme le reconnaît S. Sauneron à la page 143 du *Dictionnaire Posener de la civilisation égyptienne*, Paris, Éd. Hazan, 1970.

Si le principe du langage est celui d'imiter par ses propres mouvements les paroles inscrites au ciel (cf. phase et grec φασις, parole), on n'a aucune difficulté à admettre que B (abba, babou) se prononçait en soufflant après avoir bien rempli d'air les joues, tandis que P reproduit une tonalité d'exhalation terminale, qui devient emphatique en ph et Φ.

Prononcées isolément, presque toutes les consonnes et toutes les voyelles peuvent être inspirées ou expirées, mais en se joignant dans le langage articulé, seule l'expiration reste possible. S'il a échu à N de représenter le Noûs invisible, et à T de symboliser les tibias ou le bouc émissaire, c'est que ces lettres ne mobilisent qu'une quantité infime d'air, en correspondance de la déflation lunaire (D étant sonore en charrie un peu plus que T).

Il y a toute une gamme de laryngales (on en a recensé six en sémitique: ' dit aYn, ħ dit het, ḥ, h, ‘ et g dit gayn), toute une gamme de gutturales expirées: celle qui se situe le plus bas dans la gorge est le Qoph sémitique, qui préfixe la Qa‘ba, le tombeau Qeber.

Mais dans les langues classées comme indo-européennes, Q fait désormais double emploi avec K, ce qui ne l'empêche pas de rester dans l'alphabet. Cette exhalation venant du fond de la gorge est souvent rendue par G comme le Qeber déjà cité, all. Grab; ou arabe Qatran, fr. goudron; ou lat. loquor, gr. logos. À lat. quattuor correspond angl. gather, qui implique le rassemblement de tous les quartiers dans l'œuf primordial. Ce 'Ge' issu de Q est bien connu comme particule allemande de rassemblement, et coïncide avec la racine du verbe gen-erare et gr. gi-gn-, naître.

Quant à R, n'oublions pas que celle que nous classons comme une liquide, est une expirée dans beaucoup de langues, comme le prouve l'esprit rude du grec ῥ. Dès lors, il est permis d'exploiter cette perspective dans les étymologies. Ex. Gharb et Rharb (en Maroc), Ghadamès et Radamès (en Libye).

Il y a enfin S, défini comme une consonne de déflation totale à l'instar de Ψ (p-s) et de Φ (ph ou f, et même p-f en allemand: p-φ-legen, P-φ-licht, P-φ-anne).

D'après la Bhagavat Gîtâ, VIII, 12-13 et IX, 17, l'unique syllabe impérissable est OM, or M est la seule consonne qui se prononce la bouche fermée, qui permet donc d'intérioriser le souffle (on la considère comme le mantra de base, le Véda secret).

Les Yogin sont les derniers témoins vivants de cette longue chaîne pratiquant la discipline unitive de l'esprit (cf. Bhagavat Gîtâ VI, 10-14 et 75; XVIII, 57) et l'ascèse (*ibidem*, XVIII, 67) pour atteindre le dieu qui, sur une échelle cosmique, aspirait et expirait comme nous et mourait temporairement en exhalant le dernier soupir. Pour ne pas trépasser définitivement, il n'y avait qu'un moyen, réaliser la fusion avec l'Être en retrouvant en soi l'étincelle de vie éternelle (Atman = all. Atem: le Royaume dans le sens gnostique, cf. Jésus disant aux Pharisiens: le Royaume est au-dedans de vous), déposée avec la semence de naissance. Une telle union (yoga) dut être au début l'eveil de la conscience de vibrer à l'unisson avec l'Être qu'on cherche à atteindre, d'où l'importance d'*être*, pour certaines théologies ou philosophies et même psychothérapies. Pour la Maitri Upanishad, être = penser.

Le védantiste moderne Sri Ramana Maharshi a comparé son expérience de respiration samadhique à l'intensité de l'Être au seuil du Manifesté et du Non-Manifesté. Son langage frappe dans le mille, mais sait-il de quoi il parle et s'approprie? Du Dharma de la création. Brahman respire éternellement, en créant l'univers manifesté (pas la Terre!, mais bien les phases toujours plus épaisses) lorsqu'il inspire, le détruisant lorsqu'il expire, jusqu'à se résorber dans le non-manifesté, qui est la Cause (tantôt première, tantôt ultime).

La prière dite «du pèlerin russe» à Jésus, associée au rythme de la respiration, est une forme christianisée de Yoga. Il y a des traditions qui ne meurent jamais. Leur vitalité est due au fait qu'elles coulent de source: source de dévotion, de méditation, de langage. Dans le *Livre de la Création* ou *Safer Yetsira*, il est dit que Dieu a créé les 22 lettres à partir du souffle. La technique du souffle a donné le «la» à l'édification de l'alphabet, à mesure qu'on se rendait compte qu'on pouvait moduler à volonté le bruit produit de façon à l'accorder aux degrés atteints par les phases, et qu'on pouvait aider la mémoire audio-visuelle en dessinant les formes du Poumon Céleste, Pneuma. C'est là toute la différence entre les chimpanzés et l'homme.

À côté des sons découverts à force d'imiter la boule qui gonfle et qui dégonfle, il y avait ceux qu'on émettait à l'instar des animaux pour exprimer la joie, la peur, le dégoût, etc. Certains de ces cris et murmures se sont d'ailleurs conservés dans nos habitudes réflexes, par exemple lorsque nous soulignons par un mm prolongé notre admiration, ou sifflons pour la même raison ou pour la raison contraire: répudiation.

On a donc commencé l'alphabet par ', ', B, C ou G, et on l'a poursuivi en intégrant les autres sons. Si on n'avait pas commencé à enregistrer ces quelques marques, en sachant à quoi elles correspondaient phonétiquement, jamais ne se serait-on avisé de constituer un répertoire complet, avec les autres cris, bruits et murmures. C'est ainsi qu'aux aspirées et aux labiales se sont ajoutées les dentales, les nasales, les liquides, les spirantes. «Des émissions de souffle pour exprimer la pensée», précise le document essénien I QHI, 29.

Les sonores et les aspirées sont normalement dessinées comme deux fois les sourdes parce qu'elles charrient une quantité double d'air.

Dans l'origine du langage il n'y a donc rien d'arbitraire, puisque tout est subordonné à un modèle. Ce n'est que plus tard, à mesure qu'on élaborait en écriture les paraboles célestes, que l'initiative humaine a fait irruption par le choix des affixes, laissé à la discrétion des scribes. À partir d'ici commence notre émancipation.

II

En concluant la première partie du livre, j'avais envisagé la pré- ou co-existence de langages parallèles à celui commandé par l'alphabet magique.

Cette hypothèse est condamnée, parce qu'il n'existe aucun critère logique capable d'expliquer pourquoi les milliers de pictogrammes auraient reçu tel nom plutôt que tel autre: les hommes primitifs étaient incapables d'un acte arbitraire comme celui-ci. Surtout ne se montre pas le modèle qui aurait fait jaillir la faculté langagière — laquelle à défaut d'un organe spécifique, inné, a emprunté des voies détournées et s'est déclarée le jour où on a découvert en soi la similitude entre les mouvements de la lune et les deux temps de notre propre souffle.

Le soleil aurait été un principe logique suffisant pour bâtir une grammaire élémentaire, mais cet astre figé ne suggérant aucune analogie entre lui et nous, ne pouvait pas déclencher le big bang des premiers sons émis en relation consciente avec des formes, célestes d'abord, puis dessinées sur un support terrestre. Il n'y avait même pas de quoi lui fabriquer un nom (pour le lui donner, il a fallu l'inscrire dans la lune: angl. noon, soleil au zénith inscrit dans none, NL, le Noûs ou Noun, ou encore Sin > Sun, ou Sonne en all. contredit par ver-sonnen (rêveur), ou lat. sera > Syria en Inde).

Je vous ai dit, à la page 171, que l'étoile du nord s'appelait bsa. Mais ce nom a d'abord appartenu à la lune. La preuve? L'all. Er-bse, ital. pis-ello, n'est-ce pas une petite lune cachée dans la gousse? La pause, la poisse, relèvent d'une optique optimiste ou pessimiste de considérer le pois.

Le soleil a certainement contribué au développement du lexique, mais n'a pas créé le langage. Son plus grand mérite toutefois est d'avoir éveillé les hommes à la dévotion astrale, qui est très forte, entre autres en Inde, où la lignée solaire côtoie la lignée lunaire. Parmi les princes de race (terme identique à rac-ine) lunaire (dont le siège était Hastanapura), on cite Bharata, roi légendaire d'une épopée, les Pandava, les Kaurava et Krishna Vasudeva lui-même. Le fondateur de la race solaire (dont le siège était Ayodhya) est Ikshvâtar; Rama est rattaché à cette lignée. Des élans mystiques d'union avec le soleil sont témoignés par le *Discours sur Hélios-Basileos*, 1, de Julien l'Apostat.

Il n'y a pas d'autre origine possible pour cette fonction surajoutée qu'est le langage, à moins de tomber dans l'arbitraire, et cette origine, telle une pierre jetée dans un bassin d'eau, est unique et a disparu en faisant des cercles. La découverte a démarré dans le climat dévotionnel d'une poignée d'hommes épris de l'Être Suprême — celui qui englobe l'Être et le Non-Être — qui réalisent d'être comme leur modèle, de respirer comme lui, et donc tout aussi immortels (quoique dans une spéculation ultérieure, typique du bouddhisme, leur éternité soit conçue comme un cercle vicieux de morts et de renaissances, en application rigoureuse des cycles lunaires à l'existence humaine; le soleil se prêtait lui aussi à suggérer des étapes sans fin parce qu'il ressuscite quotidiennement: les hypogées égyptiens montrent que les adeptes du culte solaire en ont tiré parti, et les hymnes du *Livre des Morts* sont de la même veine).

Depuis cette prise de conscience pneumatique on n'a eu cesse de spéculer, surtout en Inde, sur l'identité du Je et du Soi baptisé Atman, Brahman, Absolu, etc., et sur la question du destin de l'homme: libre ou déterminé?

Par la contemplation et la méditation, les ascètes découvraient à quel niveau il fallait rechercher la délivrance de toute contrainte extérieure (c'est ici qu'intervient la gnose qui libère) en participant à la paix de l'Absolu, à son imperturbabilité même devant la mort (Bouddhisme, Jésus). Il n'est nullement nécessaire d'échafauder un séjour de Jésus aux sources de la sagesse indienne pour expliquer certaines convergences idéologiques. Jésus et Bouddha ont été chacun dans son milieu l'aboutissement glorieux d'une chaîne d'initiation. Vivant à l'intérieur d'une tradition qui accepte la métempsychose comme allant de soi, le Gautama, bien décidé à briser cette chaîne infernale, a bâti une doctrine très complexe de la douleur et du chemin pour atteindre le Nirvana, le Non-Désir (abolition, lat. infern-us, c'est-à-dire ◉-Varuna), tandis que Jésus, initié à la Magie et à la Cabale, a promis le Bonheur éternel dès la première, unique mort, à condition de le reconnaître comme Messie (Jean 5,21-25-40; 6,40-68-69) ou de pratiquer les commandements (Mt 19,17: réponse à l'homme riche empreinte de prudence, car il ne veut pas se révéler comme Messie à cet inconnu, aux portes de Jérusalem, voir p. 46 de mon ouvrage *Radioscopie des Évangiles*, Bruxelles, 1989).

Sa propre mort lui parut dans l'ordre des choses, l'accomplissement des prophéties, la fatalité inhérente au Fils de l'Homme, mais pour que son sacrifice eût un sens national et une valeur salvifique, il fallut qu'il n'encoure ni la lapidation, ni la décollation, mais bien une mort acculturée à la mentalité sémitique ancestrale: sur la croix, en bouc émissaire (l'Agneau mystique de l'Apocalypse judéo-alexandrine et celui de Jean le Baptiste). L'ordre moral supérieur respecte les traditions.

En remontant tous les maillons, nous devrions nous arrêter à un palier fatal et prendre contact, sans hélas pouvoir leur donner un visage, avec les mystes nomades, les ascètes qui ont sans le savoir précipité notre évolution. Ces hommes-là prononçaient par exemple ỷo en inspirant, et å en expirant, l'idéal étant la rétention complète du souffle.

Les mystères d'Éleusis sont l'aboutissement grec d'une telle chaîne, ce qu'on peut affirmer non seulement à cause de l'époptie (vision de la lumière au dernier degré d'initiation), mais aussi à cause de la procession de Iacchos (iå-ô) qui personnifiait le *Chant des initiés*. Lorsqu'on sait que l'initiation est une *nouvelle naissance*, il ne reste aucun doute sur l'objet des mystères d'initiation. En adoptant le néophyte, le Parrain prend comme modèle la IIIe Puissance, l'Esprit Saint prononçant dans la tradition prophétique: «aujourd'hui je t'ai (ré)généré».

C'est peut-être le même concept qu'exprime le cabaliste Isaac l'Aveugle dans le commentaire du Sefer Yetsira, I, 1, lorsqu'il oppose à la méditation par la connaissance la méditation par le chemin de la succion (yeniqa: yoga, lat. iu[illegible]go).

La Praçna Upanishad, 13, précise qu'il faut le faire de nuit, et qu'on gaspille le souffle en le faisant de jour, ce à quoi fait allusion aussi la Bhagavat Gîtâ, II, 69.

Cette première forme d'adoration, si féconde en résultats (émission préméditée de sons, écriture, mémoire cyclique, calendrier, calcul, raisonnement inductif et déductif, enfin la bonne et mauvaise conscience — la Conscience de Krishna — que nous plaçons là où prend naissance le souffle: le diaphragme; éprouve-t-on des remords au niveau du cerveau, siège de la pensée?), s'est propagée à des cercles toujours plus larges jusqu'à englober l'humanité entière. Personne n'a été épargné par le séisme, parce que le secret protégeait uniquement la contrepartie écrite de l'expression orale: l'alphabet magique, lunaire. Il faudra donc choisir entre l'hypothèse que, dans tous les recoins du globe, la Parole a été portée aux païens par ceux qui savaient parler et écrire, et un modèle préhistorique selon lequel l'espèce «sapiens» numériquement encore très limitée, mais déjà différenciée en races, aurait séjourné unie et compacte dans cette portion du globe qui est censée être le berceau de la tradition (déserts asiatiques, Inde, Tibet), pour s'éparpiller en vagues successives, chaque tribu emportant avec elle des connaissances correspondant à l'état du langage au moment de la diaspora. Il doit y avoir une raison pourquoi le retour aux sources orientales fait vibrer la sensibilité d'un si grand nombre aux appels d'un berceau des origines. Je propose donc aux paléontologues de résoudre ce dilemme et je leur laisse deux mille ans pour aboutir.

On avait intérêt à généraliser l'expression orale, car cette faculté acquise (dépourvue d'un organe spécifique) permettait de transmettre des ordres et de développer l'esclavage. On sait que les hordes guerrières adoptaient la langue des vaincus pour mieux les soumettre et les exploiter. Les marchands de leur côté s'entendent beaucoup mieux en parole que par le truchement de dessins. On ouvrit donc à tout le monde l'accès au langage, mais on scella la porte des connaissances autour de l'énigme nocturne, source de puissance et de magie; cette science, apprise par révélation (cf. Bhagavat Gîtâ, XV, 20 et la gnose), devint ésotérique, enseignée en cercle fermé dans des ashrams (avec accompagnement de prédications morales, apprentissage musical, méditations sur le souffle) par les dépositaires du savoir, c'est-à-dire le clergé, associé au pouvoir des rois pour de multiples raisons, celles plus ou moins qui tiennent de nos jours encore. La source unique rend compte des similitudes entre les enseignements des Maîtres spirituels, qualifiés aussi à juste titre de «Grands Initiés», cf. par exemple l'Évangile de Jean 14,20 et 15,4-6 avec la Bhagavat Gîtâ, IX, 29; Luc 10,41-42 et Platon qui considère la contemplation comme l'unique voie de perfection; l'éthique de l'*abandon de l'acte* dans la Bhagavat Gîtâ — notamment Chant XVIII, mais aussi III, 47-51 et ailleurs — avec le grand renoncement de Jésus au procès (le fruit de l'acte est le Royaume), sa mort sur la croix qui converge avec Bhagavat Gîtâ, IV, 24:

> «Il faut bien qu'il aille au Brahman
> celui qui se concentre sur l'acte sacrificiel
> qui est Brahman» c'est-à-dire «tat».

et avec le sort de Moïse, enlevé avant de mettre les pieds en Terre Promise, parce qu'il y a une Moralité supérieure que la masse ne comprend pas, s'attendant plutôt à la rétribution des actes; alors les rédacteurs ont exhumé une histoire de doute pour se faire une raison de l'apparent échec.

Une fois réalisé dans le langage l'unité du monde des formes et de celui des sons, la Tour de Babel s'est vite installée et des différences croissantes ont marqué les idiomes entre eux, qui s'expliquent par le degré plus ou moins avancé du développement lors de l'apprentissage, par la stagnation de l'acquis primitif dans une tradition orale sclérosée comme par exemple pour l'étrusque et les langues africaines, par l'inversion de l'écriture et des racines entraînée par les estampilles, par l'écriture syllabique, par le décalage des lettres survenu dans la suite de l'alphabet, par la confusion entre symboles identiques ou presque, ainsi que, à la phase de la grammaire, par les choix concernant les préfixes, les infixes escamotables, les auxiliaires, les marques de pluriel ou de genre, les déterminatifs, etc. Hannon ne paraît pas avoir eu de problèmes de communication le long des côtes africaines avec les autochtones et les nomades juqu'à l'Anti-Atlas, à partir duquel il lui fallut des interprètes.

Il y a actuellement des langues qui paraissent se soustraire à toute comparaison avec les «familles» des langues civilisées, ce qui a favorisé l'hypothèse d'une origine multiple. Il s'agit des idiomes parlés par des peuples vivant en vase clos depuis des millénaires, sans écrire et sans ressentir le besoin d'enrichir le vocabulaire si la société en question persiste dans l'âge du silex taillé. Il faut les étudier de ce point de vue: quelle est la négation? y a-t-il des verbes? comment se distingue le passé du présent, ou le duratif de l'accompli? Si dans la brousse du Togo on mesure le temps en lunes (combien de lunes y a-t-il de cela?), c'est que la pensée indigène est marquée par ce modèle unique. Ceci posé, on a assez écrit d'hérésies sur l'origine et la nature du langage, assez bricolé d'étymologies puériles; et on nous laisse croire que nous avons corrompu des langues mères imaginaires, après les avoir reçues divinement parfaites dans les différents berceaux de l'humanité.

La faculté langagière n'est pas une question de peuples et de races, mais relève plutôt d'une dévotion particulière, celle dirigée à la lune après l'étape du soleil. Tel un Livre ouvert dans le Ciel[16], l'astre changeant a enseigné à lire et à écrire en même temps.

Les noms des ascètes transmis par la tradition (cf. A.-M. Esnoul et A. Lacombe, *La Bhagavat Gîtâ*, Tours, Fayard-Mame, 1977, Série Sagesses, p. 59 et ailleurs) auxquels nous devons de parler, renvoient à l'Inde, mère spirituelle de l'humanité, et même à l'Inde pré-indo-européenne pour ceux qui aiment cette expression ethno-géo-linguistique:

Yogin, kavi (c'est-à-dire Çiva, Açvin, Viç-nu en version satem; les

---

[16] Lu dans l'autre senss, le Coran, le livre tombé du ciel, corr. à *narco* (sommeil, activité nocturne) et *naraca* (enfer, endroit sombre: Bhagavat Gîtâ, I, 44) ainsi que D-*Rakôn* (Monstre des origines, dans la Septante). Il est aussi *Nerg(al)*, nom de l'arc de lune décroissant, adopté comme emblème de cette religion qui fut d'abord un mouvement.

Vaiç-ya-, caste de paysans et marchands), *rshi* (à rattacher à K-rish-na qui, nous dit la Bhagavat Gîtâ, VI, 75-78, était le Maître du Yoga, et qu'on représentait couleur bleu de nuit. L'union mystique avec Krishna était un des buts du yoga, et le prestige de cette pratique était tel que le brahmanisme officiel reconnut au souffle le statut de «sacrifice intériorisé»). Voyons la dispersion de ces rshi, prophètes qui eurent la révélation du Veda: en tant que titre, on a Sir, šar, çri, Sri, et sur le plan transcendantal les Asura ou Ahura-Mazda; la forme centum existait déjà dans le grec kurios.

En tant que prophètes, ils sont les gourous et les ha-pa-rush (pharisiens croyant dans la vie éternelle), les sherpa du Tibet.

Après ces catégories restreintes de personnes, il y a des populations et des pays qu'on peut rattacher à ce Kurios éponyme. Au départ de Kuru terre sainte du brahmanisme, les ethnika recouvrent toute l'aire continentale depuis la Corée jusqu'aux shires en passant par les Sierras, la Sarre, la P-russie, la Russie, Kur-zeme en Lettonie, le Sahara, le Zaïre, Isra-el et Mi-sra-im/Égypte: l'essaimage s'est fait du sub-continent vers la Mésopotamie et le Nil, et non l'inverse, parce qu'au commencement était le yoga.

Ce commencement est relativement récent, à mon avis. Il ne faut pas le chercher dans le pliocène. Nous avons été illettrés pendant le million d'années ou plus qu'on attribue à notre espèce humaine et hominide. Le subconcient collectif, le conditionnement archétypal, la mémoire du passé miniaturisée dans quelques cellules de notre cerveau se sont formés il y a quelques millénaires seulement, juste assez pour qu'on ait oublié comment cela s'est produit. La préhistoire de cet espace de temps court est occupée par le yoga du souffle avec essor du langage en commençant par ʾ et ʿ jusqu'à l'expression écrite et orale de toutes les autres consonnes (et aussi des voyelles, notamment O arrachée par une vision merveilleuse, I au contraire par la déception et la peine, prononcées soit isolément, soit comme pivot des sons émis) et à la rédaction d'un premier lexique entièrement lunaire (noms, attributs, verbes) obtenu en groupant les lettres; puis, création de vocables profanes en inscrivant les choses courantes dans les phases. Malgré son éclat, le soleil lui-même ne nous aurait arraché aucun cri, souffle ou murmure. Il est vrai qu'il n'y a que lui à s'appeler Rê (à Héliopolis), mais Re est inscrit dans la *face* du dieu unique à trois formes (cf. pap. Leid. 350, IV, 21-22), les deux autres étant Amon dieu caché et Ptah le corps. Utu, nom pré-sumérien du soleil, est le démarcage du dieu Tau: un disque traversé d'une croix: ⊕ ou ⊗, après quoi la roue à quatre rayons est devenue le symbole de Shamash, dieu-soleil. De leur côté l'angl. re-ar ou lat. re-tro documentent la nature ré-elle d'une lune à face cachée. L'Ourse, gr. ark-os ou ark-tos, a été baptisée dans l'Arc. La référence lunaire de Sirius et de Sûria, soleil indien, est lat. sera = soir. Mithra était la face éclairée de la lune avant d'être récupérée par les héliolâtres. L'hexagone étoilé de David est moins une étoile que la combinaison de deux demi-lunes tracées en écriture linéaire, (c'est-à-dire schématiséé), ce qui s'appelle Yantra en hindouisme.

Il me paraît normal de relier par un pont les termes suivants: grec glotta (langue), angl. talk (parler) et hindi telegu (dialecte du sud de l'Inde) en isoglosse avec les Celtes (tout comme il y a une isoglosse Dravid- et Druid-) pour reconstituer un des premiers cercles allant s'élargissant autour de l'épicentre, que je ne placerais pas au-delà du seuil du Néolithique en raison de l'accélération du progrès intellectuel, c'est-à-dire une marge pluriséculaire à mont de la fondation des villes les plus anciennes (Jéricho, Çatal Huyuk) qui comptent quelque huit millénaires, datation établie par les archéologues et dont je ne suis pas responsable. Lorsqu'on date des squelettes, des restes de murs, des poteries, des cylindres-sceaux etc. mis à jour en cours de fouilles, il serait impératif d'indiquer sur quoi s'est-on basé pour calculer leur âge. Le Carbone-14? On lui fait dire tout ce qu'on veut.

Considérations terminales

La prolifération d'écoles linguistiques a-t-elle jamais fait progresser d'un seul pas vers la solution du problème le plus fascinant qui se soit posé en matière d'anthropologie? A-t-elle jamais produit une seule hypothèse captivante? C'est aux fruits qu'on juge les arbres. C'est pourquoi l'origine du langage, telle que je l'ai exposée ici, paraîtra si simple qu'elle suscitera de l'irritation, de la frustration, du scepticisme, silence honteux de la part des gardiens du savoir sclérosé. L'idée qu'on ait écrit des centaines ou des milliers de traités inutiles sur le sujet leur est insupportable, ainsi préfèrent-ils traquer les coquilles dans le mien... (appliquer ici la note n° 1, page 11) ou faire semblant, par lâcheté, de ne pas l'avoir lu.

Note concernant la bibliographie

Les ouvrages qui se sont donné pour but la description des alphabets et des écritures restent valables pour un apport d'ordre comparatif, mais leurs auteurs ont tout intérêt à les mettre à jour des découvertes que je viens de faire.

Étant donné l'extrême originalité de mon exposé, les sources traditionnelles ont rarement contribué d'une façon constructive et elles sont bien plus souvent critiquées qu'exploitées. Il y a des traités de linguistique considérés incontournables, que je me suis passée de lire, étant persuadée à l'avance de leur vacuité. Si je peux donner un conseil à ceux qui cherchent une initiation en ce domaine, qu'ils ne lisent rien de ce qui a été publié avant ce volume, sauf peut-être la scolie 20 «in artem grammaticam» de Denys le Thrace (p. 491 d'A. Hilgard): καὶ πανσέληνον μὲν μιμεῖαι διὰ τῆς τῶν φωνηέντων φύσεως, διχότομον δὲ διὰ τῶν ἡμιφώνων, ἀμφίκυρτον δὲ δια της των ἀφώνων τοῦ φθόγγου μειώσεως.

ORIENTALISTE, P.B. 41, B-3000 Leuven